改訂版
坂田アキラの
数列
が面白いほどわかる本

坂田　アキラ
Akira Sakata

※　本書は，小社より2009年に刊行された『新装版　坂田アキラの　数列が面白いほどわかる本』の改訂版です。

史上最強の参考書 降臨

なぜ最強なのか…?? ご覧いただけばおわかりのとおり…

1問やれば10問分，いや20問分の**良問がぎっしり**!!
みなさんが修得しやすいように問題の配列，登場する数値もしっかり吟味してあります。

それはスゴイ!!

前代未聞!! 他に類を見ない**ダイナミック**かつ**詳しすぎる解説**!! 途中計算もまったく省かれていないので，数学が苦手なアナタもスイスイ進めますよ。 
つまり，実力＆テクニック＆スピードがどんどん身についていく仕掛けになっています。

スイスイ進める…

素晴らしい!!

理由その3

かゆ——いところに手が届く**導入**と**補足説明**が満載です。つまり，**なるほどの連続**を体験できます。そして感動の嵐!!

とゆーわけで…

すべてにわたって最強の参考書です!!
そこで!! 本書を有効に活用するためにひと言!!

本書自体，史上最強であるため，よほど下手な使い方をしない限り**絶大な効果**を諸君にもたらすことは言うまでもない!!

しかし!! 最高の効果を心地よく得るためには，本書の特長を把握していただきたい。

本書の解説は，**大きい文字だけを拾い読み**すれば大たいの流れがわかるようになっています。ですから，この拾い読み

だけで理解できた問題に関しては，いちいち周囲に細かい文字で書いてある補足や解説を見る必要はありません。
　しかし，**大きな文字で書いてある解説だけで理解不能となった場合は**，周囲の細かい文字の解説を読んでみてください。**きっとアナタを救ってくれます!!**

細かい文字の解説部分には，**途中計算，使用した公式，もとになる基本事項**など，他の参考書では省略されている解説がしっかり載っています。

問題のレベルが 基礎の基礎 基礎 標準 ちょいムズ モロ難 の5段階に分かれています。

そこで!!　進め方ですが…

　まず，比較的キソ的なものから固めていってください。つまり， 基礎の基礎 と 基礎 レベルをスラスラできるようになるまで，くり返しくり返し**実際に手を動かして**演習してください。

　キソが固まってきたら，ちょっとレベルを上げて 標準 レベルをやってみましょう。このレベルは，特に**重要なテクニック**が散りばめられているので，必修です。これもまた，くり返しくり返し同じ問題でいいから，スラスラできるようになるまで，**実際に手を動かして**演習してください。これで**センターレベル**まではOKです。

　さてさて，ハイレベルを目指すアナタは， ちょいムズ モロ難 レベルから逃れることはできませんよ!!　しかし，安心してください。詳しすぎる解説がアナタをバックアップします。このレベルまでマスターすれば，アナタはもう完璧です。

　いろいろ言いたいことを言わせてもらいましたが，本書を活用する諸君の **幸運** を願わないわけにはいきません。

坂田アキラより ♥ をこめて…

も・く・じ

この本の特長と使い方 …………………………………………… 6

✓ Theme 1 　最初(ハナ)はやっぱり等差数列 …………………… 8

✓ Theme 2 　お次は等比数列でござる ♥ …………………… 20

✓ Theme 3 　3つの数 A，B，C がこの順に… …………… 33

✓ Theme 4 　Σ(シグマ)って何ですか? …………………… 42

Theme 5 　分数がいっぱい並んだら… …………………… 56

Theme 6 　ずらして引くのがポイントです! …………… 65

Theme 7 　階差数列って何? ……………………………… 75

Theme 8 　ヨッ! 待ってましたぁ!! 群数列の登場です ♥ …… 83

Theme 9 　群数列再び… …………………………………… 102

Theme 10 　格子点の攻略! ………………………………… 114

Theme 11 　漸化式(ぜんかしき)はキソのキソのキソから始めよう!! … 128

Theme 12 　最重要の漸化式はこれだ!! ………………… 135

Theme 13 　最重要の漸化式はこれだ! 再び… ………… 146

Theme 14	よくありがちな漸化式【応用パターンA】	154
Theme 15	よくありがちな漸化式【応用パターンB】	164
Theme 16	よくありがちな漸化式【応用パターンC】	179
Theme 17	よくありがちな漸化式【応用パターンD】	191
Theme 18	よくありがちな漸化式【応用パターンE】	196

漸化式ナビ ♥ ……………………………………………… 203

Theme 19	S_n が登場したら…	205
Theme 20	ついに出たぁ!! 3項間漸化式 ♥	214
Theme 21	連立漸化式をぶった斬れ!!	227
Theme 22	数学的帰納法って何?	235
Theme 23	数学的帰納法を用いて不等式をやっつける!!	241
Theme 24	いろんなところで帰納法 ♥	249

問題一覧表 …………………………………………………… 256

この本の特長と使い方

20

Theme 2 お次は等比数列でござる ♥

等比数列ってなぁ～に!?

a_1, a_2, a_3, a_4, a_5, a_6
2, 6, 18, 54, 162, 486, ……
×3 ×3 ×3 ×3 ×3
r r r r r

このとき!!
先頭の数（この場合2）を **初項** → a_1 または a で表す!!
規則を決定する一定の比（この場合3）を **公比** → r で表す!!
さらに，初項（第1項）から順に，第2項 a_2，第3項 a_3，
第4項 a_4，……… と順に表現していく!

> 基本的な概念を，ゼロからわかるように説明しています。

その☞ 第n項（一般項ともいいますよね♥）の公式

$$a_n = a \cdot r^{n-1}$$

> 重要公式を，覚え方のコツとともにまとめています。

証明 のようなもの……
この公式も**アタリマエのアタリマエ**！
あーあ……

そこで!! 上の数列を例にして考えてみるべ……
たとえば第5項つまりa_5を求めたいとき……

$a_5 = 2 \times 3 \times 3 \times 3 \times 3$
$= 2 \times 3^4$

公比3を4つかければOK!!

これもまた，小学校で学習ずみの植木算と同じで，項と項の間にある公比は項数よりも1つ少なくなるワケでっせ！　だから5項目を求めたいときは4回公比をかければいいんだ！

> 受験生が読むのをイヤがる公式の証明や，公式を導く過程を，"坂田流"で楽しく説明しています。

この本は,「数列」の基本から応用,重要公式から㊙テクニックまでを幅広く網羅した決定版です。「数列」が苦手な人でも得意な人でも,好きな人でも嫌いな人でも,だれが読んでも納得・満足の内容だと,自信をもってオススメします！

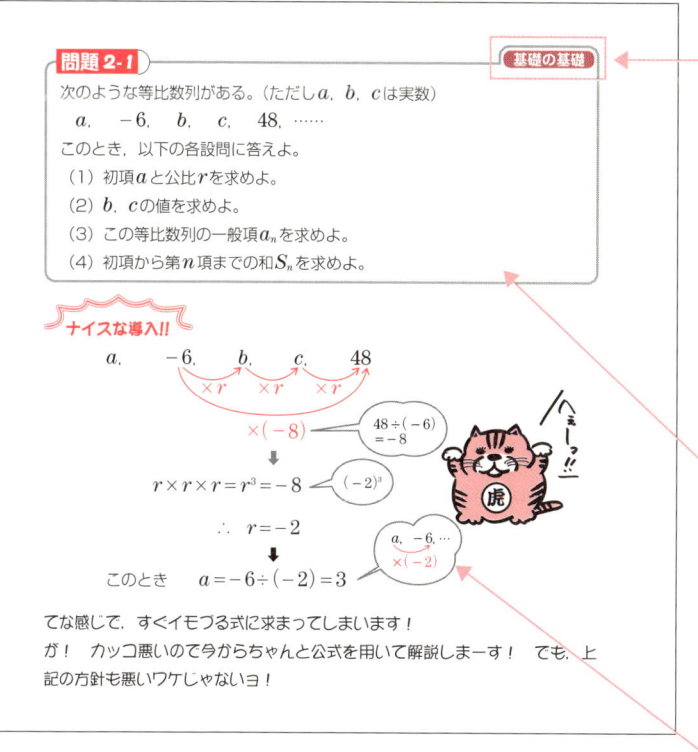

問題のレベルを5段階で表示しているので,学習の目安になります。
- 基礎の基礎
- 基礎
- 標準
- ちょいムズ
- モロ難

掲載している問題は,入試の典型的なパターンをすべて網羅した良問の数々です。

問題を解く際に必要な「思考の流れ」を詳細に追っています。

「なぜそのような解答になるのか」という理由を詳細に記しています。

Theme 1 最初(ハナ)はやっぱり等差数列

等差数列ってなあ〜に!?　何はともあれご覧あれ!!

$$\underbrace{\overset{a_1}{2,}\ \overset{a_2}{5,}\ \overset{a_3}{8,}\ \overset{a_4}{11,}\ \overset{a_5}{14,}\ \overset{a_6}{17,}\ \cdots\cdots}_{\underset{d}{+3}\ \underset{d}{+3}\ \underset{d}{+3}\ \underset{d}{+3}\ \underset{d}{+3}}$$

このとき!!

先頭の数（この場合2）を **初項**（第1項ともいう!）→ a_1 または a で表す!!

規則を決定する一定の差（この場合3）を **公差** → d で表す!!

さらに, 初項 (第1項) から順に, 第2項 a_2, 第3項 a_3,
第4項 a_4, ……… と順に表現していく！

その☞ 第 n 項（一般項ともいいます♥）の公式

$$a_n = a + (n-1)d$$

証明 のようなもの……
　　　このの公式は **アタリマエ**!　えーっ!!

そこで!! 上の数列で考えてみよう！
　　　たとえば第5項つまり a_5 を求めたいとき

$$a_5 = 2 + (\mathbf{3+3+3+3})$$
$$= 2 + 4 \times 3$$

公差3を4つ加えればOK!

小学校で学習した植木算と同じで, 項と項の間にある公差の個数は, 項数よりも1つ少なくなるワケだよ。だから, 第**5**項を求めたいときは公差の個数は **4** となる！

では，この調子で……

$$a_{10} = 2 + 9 \times 3 \qquad a_{100} = 2 + 99 \times 3$$

さぁーっ！ 公式が見えてきたネ♥

そこで， $a_n = 2 + (n-1) \times 3$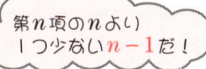

このとき，初項の2をa　公差の3をdに置き換えて，一般化すると

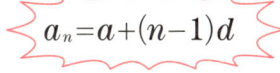 バンバーン!!

となりますネ♥♥

その② 初項から第n項までの和の公式！

タイプA $\quad S_n = \dfrac{n(a_1 + a_n)}{2}$ ← 項数×(頭+ケツ)/2

タイプB $\quad S_n = \dfrac{n\{2a + (n-1)d\}}{2}$

証明 のようなもの…

たとえば， $S_5 = 2 + 5 + 8 + 11 + 14$ を考えてみよう…（a_1 と a_5）

$$\begin{array}{r} S_5 = 2 + 5 + 8 + 11 + 14 \\ +)\ S_5 = 14 + 11 + 8 + 5 + 2 \\ \hline 2S_5 = 16 + 16 + 16 + 16 + 16 \end{array}$$

逆から書きなおしてみたヨ！

おぅ!! 同じ数がぁーっ!!

∴ $S_5 = \dfrac{5 \times 16}{2}$

↓ と，ゆーことは…

$S_5 = \dfrac{5 \times (a_1 + a_5)}{2}$ ← $a_1 = 2, a_5 = 14$　$2 + 14 = 16$だよ

↓ これを一般化してn個にすると…

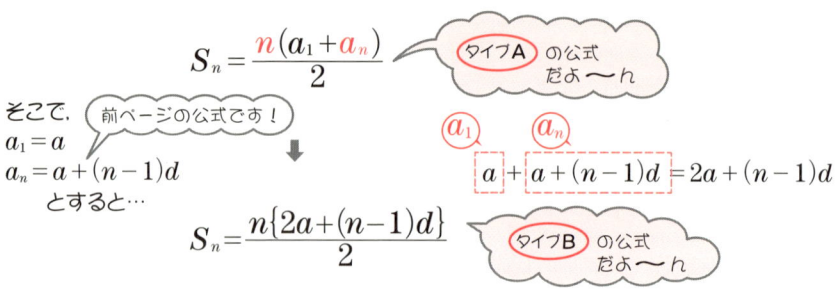

$$S_n = \frac{n(a_1 + a_n)}{2}$$ タイプAの公式だよ〜ん

そこで、前ページの公式です！
$a_1 = a$
$a_n = a + (n-1)d$
とすると…

a_1 a_n
$a + a+(n-1)d = 2a + (n-1)d$

$$S_n = \frac{n\{2a + (n-1)d\}}{2}$$ タイプBの公式だよ〜ん

このあたりで、この公式たちを活用してみようぜ！

問題 1-1　　　　　　　　　　　　　　　　　　　　　　　基礎の基礎

次のような等差数列がある。

　100,　96,　92,　88,　84, ……

このとき、以下の各設問に答えよ。

（1）第50項を求めよ。
（2）この数列の一般項を求めよ。
（3）−24は第何項となるか。
（4）初項から第40項までの和を求めよ。
（5）初項からの和が1260となるのは、初項から第何項までの和のときであるか。

解答でござる

この等差数列の初項は100、公差は−4である。

見れば誰でもわかる!!
つまり、
$a = 100$, $d = -4$
$a_n = a + (n-1)d$
で、$n = 50$です！

（1）$a_{50} = 100 + (50 - 1) \times (-4)$

　　　　　$= 100 - 196$

　　　　　$= \underline{-96}$ …（答）

（2）$a_n = 100 + (n - 1) \times (-4)$

一般項とは、第n項のことだよ。つまり、nのところはnのまま!!

　　　　　$= \underline{-4n + 104}$ …（答）

(3) (2)の結果を用いて

$a_n = -4n + 104 = -24$

$-4n = -128$

$n = 32$

よって，**第32項** …（答）

$a_n = -24$ となるときの n の値を求めれば OK！

(4) $S_{40} = \dfrac{40 \times \{2 \times 100 + (40-1) \times (-4)\}}{2}$

$= \dfrac{40 \times 44}{2}$

$= \mathbf{880}$ …（答）

$S_n = \dfrac{n\{2a + (n-1)d\}}{2}$

この場合，$n = 40$ として計算！

(5) $S_n = 1260$ より

$\dfrac{n \times \{2 \times 100 + (n-1) \times (-4)\}}{2} = 1260$

$\dfrac{n(-4n + 204)}{2} = 1260$

$-4n^2 + 204n = 2520$

$-4n^2 + 204n - 2520 = 0$

$n^2 - 51n + 630 = 0$

$(n - 21)(n - 30) = 0$

∴ $n = 21, 30$

よって，**第21項** または **第30項** …（答）

$S_n = 1260$ となるときの n の値を求めれば OK！

左辺の分母の2を両辺にかけて分母をはらう！
両辺を-4で割ったヨ♥
630は確かにデカイ!!
だからこそ冷静に…

$\begin{array}{r} 2\,)\,630 \\ 3\,)\,315 \\ 3\,)\,105 \\ 5\,)\,35 \\ 7 \end{array}$ → $630 = 2 \times 3 \times 3 \times 5 \times 7$

と分解して，地道に組み合わせを探すべし!!

$\begin{array}{r} 1 \quad -21 = -21 \\ 1 \quad -30 = -30 \,(+ \\ \hline -51 \end{array}$

ナイスフォロー

(5) の答が2つになる理由は…
ビジュアル的に解説しましょう！

a_1 a_2 a_3 a_4 … a_{20} a_{21} a_{22} … a_{25} a_{26} a_{27} … a_{30} a_{31} a_{32} …
100, 96, 92, 88, …, 24, 20, 16, …, 4, 0, −4, …, −16, −20, −24, …

ここまでの和が1260

ここから マイナスとなる → つまり和がどんどん減る！ 加えれば加えるほど減るワケよ！

ここまでの和も1260とな――る!!

問題 1-2 〔基礎の基礎〕

第11項が15, 第21項が10の等差数列がある。この数列の第30項から第100項までの和を求めよ。

解答でござる

題意より初項 a, 公差 d として,
$a_{11} = a + 10d = 15$ …①
$a_{21} = a + 20d = 10$ …②
①②より

$a = 20 \quad d = -\dfrac{1}{2}$

このとき

$a_{30} = 20 + (30-1) \times \left(-\dfrac{1}{2}\right)$
$= \dfrac{11}{2}$

$a_{100} = 20 + (100-1) \times \left(-\dfrac{1}{2}\right)$
$= -\dfrac{59}{2}$

$a_n = a + (n-1)d$

で $n = 11$ とした！

同様に $n = 21$ を代入！

②−①より
$a + 20d = 10$
$\underline{-)\ a + 10d = 15}$
$10d = -5$

∴ $d = -\dfrac{5}{10} = -\dfrac{1}{2}$

このとき①より

$a + 10 \times \left(-\dfrac{1}{2}\right) = 15$

∴ $a = 20$

第30項から第100項までの項数が
$100-30+1=71$ 項である。
よって，求める和は

$$\frac{71 \times (a_{30}+a_{100})}{2}$$
$$= \frac{71 \times \left\{\frac{11}{2}+\left(-\frac{59}{2}\right)\right\}}{2}$$
$$= \frac{71 \times (-24)}{2}$$
$$= \mathbf{-852} \quad \cdots \text{(答)}$$

たとえば1から10までの整数の個数はいくつある？ $10-1=9$ じゃないよネ！ただ引くだけだと1つ少なくなるんだヨ♥
つまーーり！
第30項から第100項までの項数は $100-30+\mathbf{1}$ となります♥

$$\frac{\text{項数} \times (\text{頭}+\text{ケツ})}{2}$$

この公式は途中からの和を求めるときにも役立つ！

別解でござる

和を求めるところで……

$a_1, a_2, \cdots\cdots, a_{29}, a_{30}, a_{31}, \cdots\cdots\cdots\cdots, a_{98}, a_{99}, a_{100}$

S_{29} ← いらない！　　　　求める和

S_{100}

上からもわかるように，求める和は

$$S_{100} - S_{29}$$

そこで！

$$S_{100} = \frac{100 \times \left\{2 \times 20+(100-1) \times \left(-\frac{1}{2}\right)\right\}}{2}$$
$$= -475$$

$$S_{29} = \frac{29 \times \left\{2 \times 20+(29-1) \times \left(-\frac{1}{2}\right)\right\}}{2}$$
$$= 377$$

もう1つの和の公式

$$S_n = \frac{n\{2a+(n-1)d\}}{2}$$

で $a=20$, $d=-\frac{1}{2}$,
$n=100$ としました!!

$a=20$, $d=-\frac{1}{2}$,
$n=29$ として
和の公式を活用!!

よって，求める和は

$$S_{100} - S_{29} = -475 - 377$$
$$= \underline{\underline{-852}} \cdots (\text{答})$$

ちょっと，レベルを上げてみようぜ!!

問題 1-3　　　　　　　　　　　　　　　　　　　基礎

-10と120の間にn個の数を入れて得られる数列が等差数列をなし，その和が1485となるとき，nの値を求めよ。

イメージ

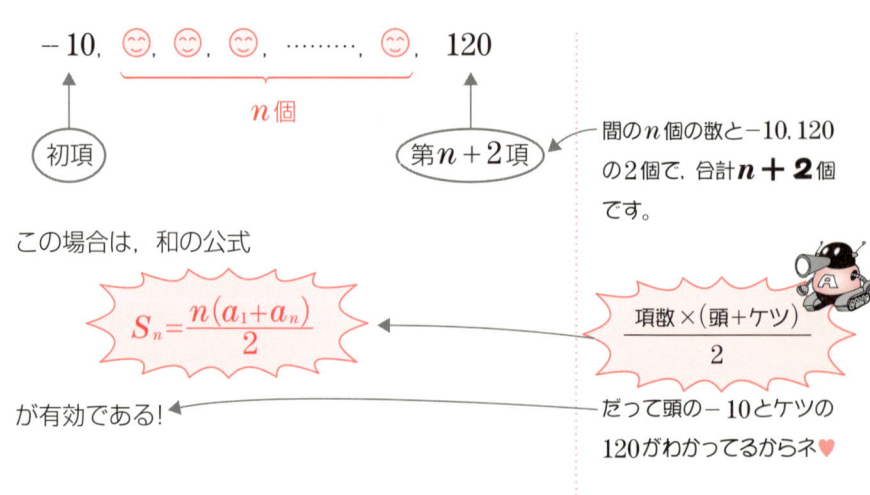

 解答でござる

題意より，-10を初項と考えたとき，
120は第$n+2$項となるから，和の公式より

$$\frac{(n+2)(-10+120)}{2} = 1485$$
$$110(n+2) = 2970$$
$$n+2 = 27$$
$$\therefore \quad n = \underline{25} \quad \cdots (答)$$

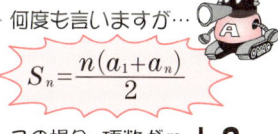

何度も言いますが…
$$S_n = \frac{n(a_1+a_n)}{2}$$
この場合，項数が$n+2$

問題 1-4 標準

数列 $88, 85, 82, 79, \ldots\ldots$ の初項から第n項までの和をS_nとするとき，S_nの最大値と，そのときのnの値を求めよ．

イメージ

まず，なぜ和の最大値が存在するのか，考えよう!!

$88, 85, 82, 79, \ldots\ldots\ldots$

どんどん減っているからいつか，マイナスになりますよ!!

と，ゆ――ことは……

↓

マイナスになったところから先は加えないほうがいいよねぇ？
つまり，プラスのおいしいところだけ加えきったとき，和は最大とな～る！

↓

よって，この数列の第何項までが，正の項かを考えればOK！
ちょっとやってみようか！

$$a_n = 88 + (n-1) \times (-3)$$
$$= \boxed{-3n + 91}$$

公差は見ての通り−3

$a_n = a + (n-1)d$

$a_n > 0$ より
$$-3n + 91 > 0$$
$$-3n > -91$$
$$n < \frac{91}{3} = 30.3\cdots$$

よって，$n = 30$ まで，a_n は正の項でいられます。

⬇

実際に
$a_{30} = \boxed{-3 \times 30 + 91} = \mathbf{1}$, $a_{31} = \boxed{-3 \times 31 + 91} = \mathbf{-2}$

⬇

つま――り!!

| a_1 | a_2 | a_3 | | a_{30} | a_{31} | a_{32} | |
| 88, | 85, | 82, | ……………, | 1, | −2, | −5, | ……… |

ここまでの和が最大となる!!

ここから先は No thank you !

よって，S_n が最大となるのは，$n = 30$ のときであります ♥

🖋 解答でござる

初項88，公差−3より，この数列の第n項a_nは，

$$a_n = 88 + (n-1) \times (-3) = -3n + 91$$

$a_n > 0$ のとき，$-3n + 91 > 0$ より

$$n < \frac{91}{3} = 30.3\cdots$$

よって，a_{30} までが正の項で，a_{31} から負の項となる。
　つまり，S_n が最大となるとき

$$n = \mathbf{30} \quad \cdots \text{（答）}$$

超有名な公式

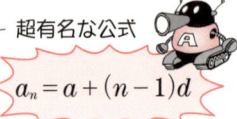

$a_n = a + (n-1)d$

正の項，つまり$a_1 \sim a_{30}$までの和が最大！

このとき，最大値は

$$S_{30} = \frac{30 \times \{2 \times 88 + (30-1) \times (-3)\}}{2}$$

$$= \frac{30 \times 89}{2}$$

$$= \mathbf{1335} \quad \cdots \text{(答)}$$

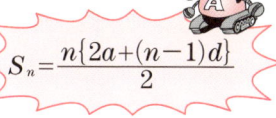

和の公式

$$S_n = \frac{n\{2a + (n-1)d\}}{2}$$

に $a = 88$, $d = -3$, $n = 30$ を代入！

別解でござる 〔この解答は下手くそ〕

$$S_n = \frac{n \times \{2 \times 88 + (n-1) \times (-3)\}}{2}$$

$$= \frac{n(-3n + 179)}{2}$$

$$= -\frac{3}{2} n \left(n - \frac{179}{3} \right)$$

$$S_n = \frac{n\{2a + (n-1)d\}}{2}$$

この式はややこしいから平方完成するのはおバカさん♥　因数分解して横軸との交点を求めたほうが早い！

〔そう来たかぁ…〕

〔ヤバイ人は〕

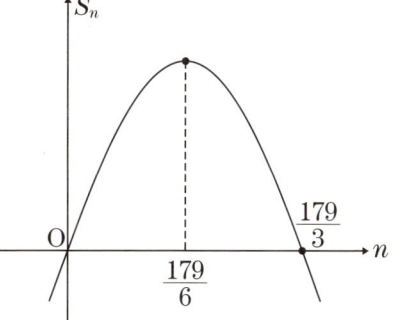

2次関数は左右対称であるから軸の位置は 0 と $\frac{179}{3}$ の真ん中

$$\left(0 + \frac{179}{3} \right) \div 2 = \frac{179}{6}$$

このとき，$\frac{179}{6} = 29.83 \cdots$

つまり，$\frac{179}{6}$ に最も近い整数は 30

よって，S_n が最大となるのは $n = \mathbf{30}$ … (答)

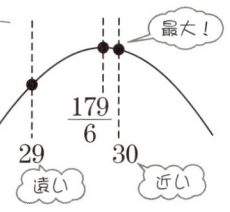

参考です

$y = -3(x-1)(x-13)$ のグラフは…

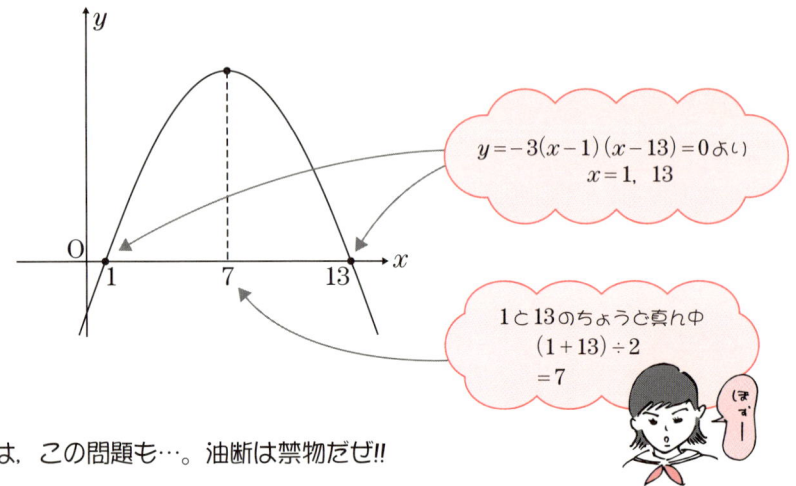

$y = -3(x-1)(x-13) = 0$ より
$x = 1, 13$

1と13のちょうど真ん中
$(1+13) \div 2$
$= 7$

では，この問題も…。油断は禁物だぜ!!

問題 1-5 標準

初項200，公差-5の等差数列がある。この数列の初項から第n項までの和をS_nとするとき，S_nが最大となるときのnの値を求めよ。

イメージ

これは，ちょっとばかり 問題 1-4 とは違うぜ!! まぁ，似てるけどね……って言うか，解き方は同じだよ。では，どこまで正の項か？ 問題 1-4 同様に求めるとしますかぁ！

$a_n = 200 + (n-1) \times (-5)$　　　$a_n = a + (n-1)d$
　　$= -5n + 205$
$a_n > 0$のとき　$-5n + 205 > 0$
　　　　　　$\therefore n < 41$

おーっと!! 前問とは違いぴったり整数になったぜ♥

こーゆーときは，注意しないと **危いよ！**

まぁ，$n<41$だから，a_{40}までは正の項！
ところでa_{41}は？　　$a_{41} = -5 \times 41 + 205 = $ **0**

こっ！これは…

つま――り，

$$a_1 \quad a_2 \quad a_3 \qquad\qquad a_{40} \quad a_{41} \quad a_{42} \quad a_{43}$$
$$200, \ 195, \ 190, \ \cdots\cdots, \ 5, \ 0, \ -5, \ -10, \ \cdots\cdots$$

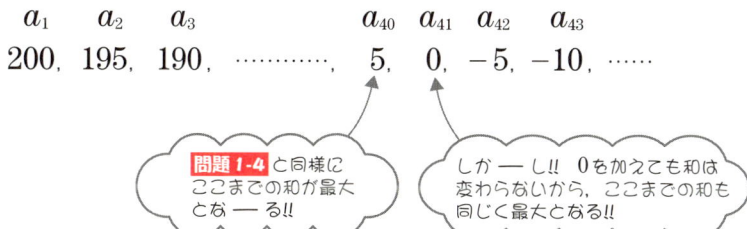

そう!! 0を加えても和は変わらないんだよなぁ……。
つまり，S_n が最大のとき，n の値は，$n=40 \ \& \ 41$

解答でござる

この数列の第 n 項 a_n は

$$a_n = 200 + (n-1) \times (-5)$$
$$= -5n + 205$$

$a_n > 0$ のとき $\quad -5n + 205 > 0$ より
$$n < 41$$

よって，a_{40} までは正の項
$$a_{41} = 0$$
a_{42} からは負の項

つまり，S_n が最大のとき
$$n = \underline{40, \ 41} \ \cdots (答)$$

$a_n = -5n + 205$
↓
$a_{40} = -5 \times 40 + 205$
$= 5 > 0$

$a_{41} = -5 \times 41 + 205$
$= 0$ （これがポイント！）

$a_{42} = -5 \times 42 + 205$
$= -5 < 0$

Theme 2 お次は等比数列でござる ♥

等比数列ってなぁ～に!?

$$\underset{r}{\overset{a_1}{2,}} \underset{\times 3}{\overset{a_2}{6,}} \underset{\times 3}{\overset{a_3}{18,}} \underset{\times 3}{\overset{a_4}{54,}} \underset{\times 3}{\overset{a_5}{162,}} \underset{\times 3}{\overset{a_6}{486,}} \cdots\cdots$$

このとき!!

先頭の数（この場合2）を **初項** → a_1 または a で表す!!
規則を決定する一定の比（この場合3）を **公比** → r で表す!!
さらに，初項（第1項）から順に，第2項 a_2，第3項 a_3，
第4項 a_4，……… と順に表現していく！

その☞ 第n項 〈一般項ともいいますよん♥〉 の公式

$$a_n = a \cdot r^{n-1}$$

証明 のようなもの…… あーあ……
この公式も アタリマエのアタリマエ！

そこで!! 上の数列を例にして考えてみるべ……
たとえば第5項つまり a_5 を求めたいとき……

$$a_5 = 2 \times 3 \times 3 \times 3 \times 3$$
$$= 2 \times 3^4$$

公比3を4つかければOK!!

これもまた，小学校で学習ずみの植木算と同じで，項と項の間にある公比は項数よりも1つ少なくなるワケでっせ！　だから**5**項目を求めたいときは**4**回公比をかければいいんだ！

では，この調子で……

$$a_{10} = 2 \times 3^9 \qquad a_{100} = 2 \times 3^{99}$$

さて，もうわかりましたネ♥

そこで，$a_n = 2 \times \underbrace{3 \times 3 \times \cdots\cdots \times 3}_{n-1 回} = 2 \times 3^{n-1}$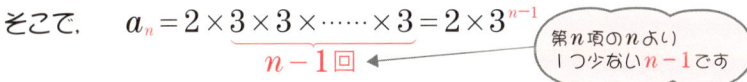

第n項のnより
1つ少ない$n-1$です

このとき，初項の2をa，公比をrに置き換えて一般化!!

すると…　$a_n = a \cdot r^{n-1}$ 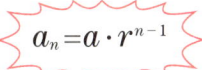 となりまっせ!!

その② 初項から第n項までの和の公式！

$r \neq 1$ のとき（分母の$r-1$が0になるとヤバイから$r \neq 1$）

$$S_n = \frac{a(r^n - 1)}{r - 1} = \frac{a(1 - r^n)}{1 - r}$$

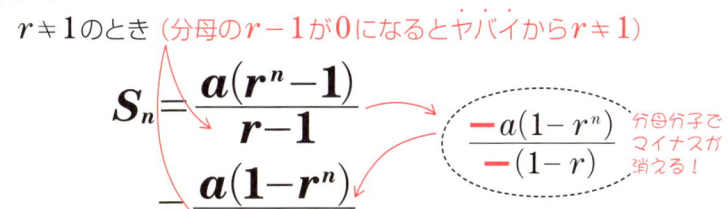

分母分子で
マイナスが
消える！

$r = 1$ のとき

$$S_n = na$$

$r = 1$ のときは nコ
$\underbrace{a, \; a, \; a, \; a, \cdots\cdots, a}_{\times 1 \; \times 1 \; \times 1 \qquad \times 1}$
となり，aがnつできる

これは，**とりあえず覚えてしまって下さい!!** この証明自体がなかなか難しいので，証明問題としてよく扱われます。ですから，後ほど（P.65の 問題6-1 にて），バッチリやりましょうネ♥♥

で，ここでは証明のかわりに例をおひとつ……

（例）等比数列

　　3，　6，　12，　24，　48，……

　　の初項から，第10項までの和を求めよ♥

公式を活用しよう!!

（こたえ）初項 **3** 公比 **2** より　第 **10** 項までの和は
　　　　　　　a　　　　　r　　　　　　　n

$$S_{10} = \frac{3(2^{10}-1)}{2-1}$$

公式　$S_n = \dfrac{a(r^n-1)}{r-1}$

$$= 3(1024-1)$$

$$= \underline{\mathbf{3069}} \text{（答）}$$

大丈夫かな？

よーし！　このあたりで試運転だぁー！

問題 2-1　　　　　　　　　　　　　　　　　　　　基礎の基礎

次のような等比数列がある。（ただし a, b, c は実数）

　　　$a, \quad -6, \quad b, \quad c, \quad 48, \quad \cdots\cdots$

このとき，以下の各設問に答えよ。
（1）初項 a と公比 r を求めよ。
（2）b, c の値を求めよ。
（3）この等比数列の一般項 a_n を求めよ。
（4）初項から第 n 項までの和 S_n を求めよ。

ナイスな導入!!

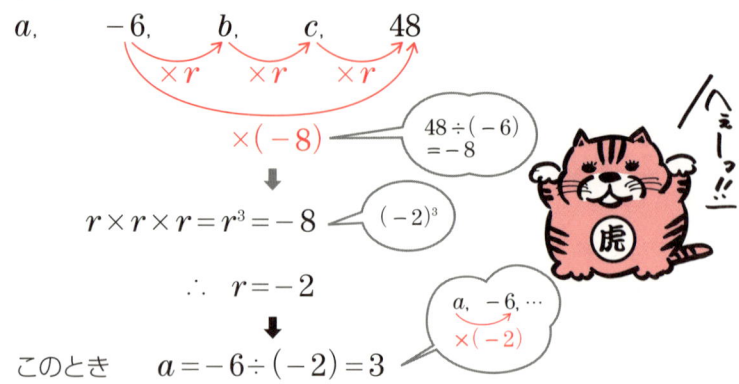

てな感じで，すぐイモづる式に求まってしまいます！
が！　カッコ悪いので今からちゃんと公式を用いて解説しまーす！　でも，上記の方針も悪いワケじゃないョ！

Theme 2　お次は等比数列でござる ♥

解答でござる

(1) 第2項 $a_2 = -6$, 第5項 $a_5 = 48$ より

$$a_2 = ar = -6 \quad \cdots ①$$

$$a_5 = ar^4 = 48 \quad \cdots ②$$

②より　$\underset{①}{ar} \times r^3 = 48$

これに①を用いて

$$-6r^3 = 48$$

$$r^3 = -8 \quad \leftarrow (-2)^3$$

$$\therefore \quad r = -2$$

このとき，①から $a \times (-2) = -6$

$$\therefore \quad a = 3$$

以上まとめて

初項 $a = \mathbf{3}$ … (答)　　公比 $r = \mathbf{-2}$ … (答)

(2) (1) の結果より，$r = -2$，よって

$$b = -6 \times (-2) = \mathbf{12} \quad \cdots (答)$$

$$c = 12 \times (-2) = \mathbf{-24} \quad \cdots (答)$$

(3) (1) の結果より一般項は

$$a_n = \mathbf{3 \cdot (-2)}^{n-1} \quad \cdots (答)$$

$a_n = a \cdot r^{n-1}$
で $n=2$ としたョ ♥

同様に $n=5$ としたョ ♥

$a \neq 0$ かつ $r \neq 0$ は明らかより，ここで
②÷①として
$$\dfrac{ar^4}{ar} = \dfrac{48}{-6}$$
$$r^3 = -8$$
としても全然OKです!!
また，①で
$$a = \dfrac{-6}{r} \quad \leftarrow 両辺を r で割る！$$
として②に代入しても
これもまた全然OK!!

なるほど

$a, \ -6, \ b, \ c, \cdots$
　　$\times(-2)\ \times(-2)$

一般項 = 第 n 項です！
$a_n = a \cdot r^{n-1}$
で，$a = 3, \ r = -2$
ただし!!
$$a_n = -6^{n-1}$$
　　$3 \times (-2)$
とすると 死亡!!
油断すんなョ ♥

(4) (1)の結果より，初項から第n項までの和 S_n は，

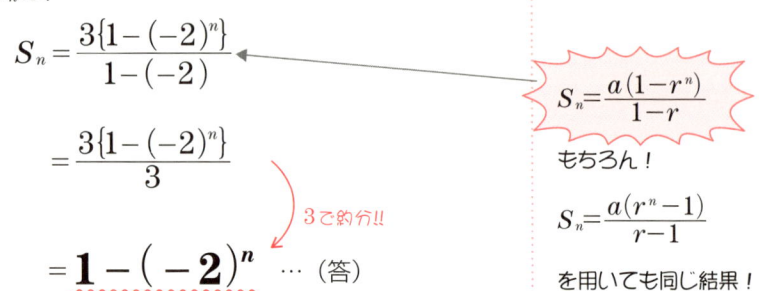

$$S_n = \frac{3\{1-(-2)^n\}}{1-(-2)}$$

$$= \frac{3\{1-(-2)^n\}}{3}$$

3で約分!!

$$= 1-(-2)^n \quad \cdots \text{(答)}$$

$S_n = \dfrac{a(1-r^n)}{1-r}$

もちろん！

$S_n = \dfrac{a(r^n-1)}{r-1}$

を用いても同じ結果！

問題 2-2 （基礎）

第20項が6，第25項が192の等比数列がある。
(1) 公比を求めよ。
(2) 第19項から第27項までの和を求めよ。

ナイスな導入!!

ここでのポイントはまったく**初項**についての話題がナイこと！

公式 $a_n = a \cdot r^{n-1}$ を活用して

$$\begin{cases} a_{20} = ar^{19} = 6 \\ a_{25} = ar^{24} = 192 \end{cases}$$

20−1
25−1

a は無視するのだ!!

の連立方程式からGETするのは**rのみ**でよい!!

↓ r が求まれば……

a_{20} の1つ前の項，つまり第19項 a_{19} はすぐに求まる！

↓ と，なると……

(2)の $a_{19} \sim a_{27}$ までの和は a_{19} を**新しい初項**と考えることにより，

和の公式 $S_n = \dfrac{a(r^n-1)}{r-1}$ を活用して求めればOK！

ただ，注意してほしいのは，a_{19} から a_{27} までの項数である。

$27-19=8$ などとするとダメ！ → **死**

実際考えてみよう…

$$a_{19}, \ a_{20}, \ a_{21}, \ a_{22}, \ a_{23}, \ a_{24}, \ a_{25}, \ a_{26}, \ a_{27}$$

9項!!

つまり，$27-19$では1つ少ない項数が求まってしまうワケよ！
だから，$27-19+1=9$とすれば大丈夫！　**+1** を忘れないようにネ ♥

> （例）第62項から第133項までの項数は？
> $$133-62+1=72 \text{（項）}$$

解答でござる

(1) この等比数列の初項をa，公比をrとおく。

第20項 $a_{20}=6$，第25項 $a_{25}=192$ より

$$a_{20}=ar^{19}=6 \quad \cdots ①$$

$$a_{25}=ar^{24}=192 \quad \cdots ②$$

②より，$\underset{①}{ar^{19}} \times r^5 = 192$

これに①を用いて，

$$6r^5=192$$

$$r^5=32=2^5$$

$$\therefore \ r=2$$

つまり，公比は **2** …（答）

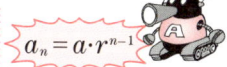

$a_n = a \cdot r^{n-1}$
で，$n=20$ としたョ！
同じく！
$n=25$ としただけ！

$r^{24}=r^{19} \times r^5$
と表せるでしょ！

$$\begin{array}{r} 2 \overline{)32} \\ 2 \overline{)16} \\ 2 \overline{)8} \\ 2 \overline{)4} \\ 2 \end{array}$$

このあと，aを求めよう
とすると ↓

死亡！

(2) (1)より，第19項 $a_{19} = 6 \div 2 = 3$

これを初項と考えると，
$$27 - 19 + 1 = 9 \text{より}$$
第27項 a_{27} は第9項目にあたる。

よって，求める和は
$$\frac{3(2^9 - 1)}{2 - 1}$$
$$= 3 \times (512 - 1)$$
$$= \underline{\mathbf{1533}} \cdots \text{（答）}$$

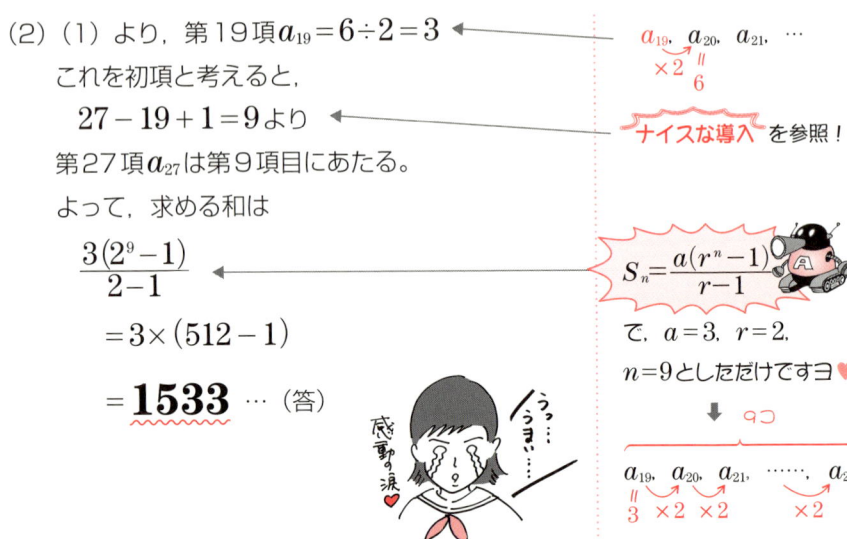

問題 2-3　　　　　　　　　　　　　　　　　　　　　　基礎

初項から第3項までの和が3，初項から第6項までの和が－21である等比数列がある。このとき，以下の設問に答えよ。

（1）公比を求めよ。
（2）初項から第12項までの和を求めよ。

ナイスな導入!!

これはもう，和の公式 $S_n = \dfrac{a(r^n - 1)}{r - 1}$ をフル活用するっきゃない！

しかーーし!!　活用する前に，$r \neq 1$ **の確認**が必要である。

もしも，$r = 1$ だったら…

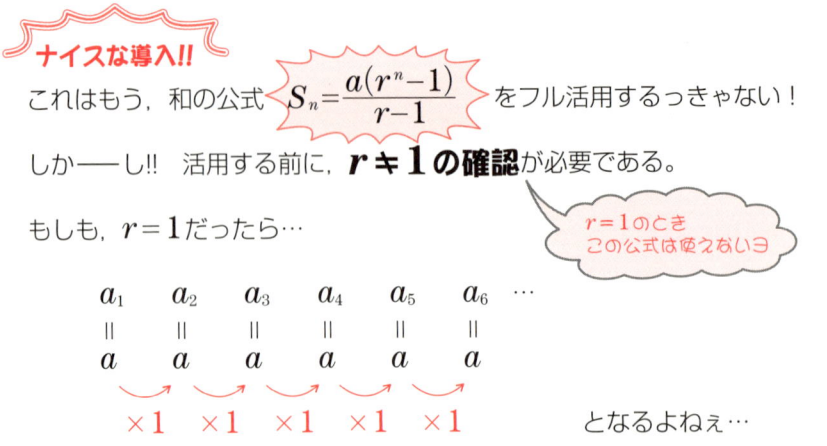

となるよねぇ…

↓ すると…

Theme 2　お次は等比数列でござる　♥　27

初項から第3項までの和　$S_3 = a + a + a = 3a = 3$

$$\therefore\ a = 1$$

初項から第6項までの和　$S_6 = a + a + a + a + a + a = 6a = -21$

$$\therefore\ a = -\frac{21}{6} = -\frac{7}{2}$$

となり，同一となるはずの初項 a の値が 2通り 求まってしまう!!

↓　つまり…

おかしい!!

↓　よって

$r \neq 1$ は明らか!?

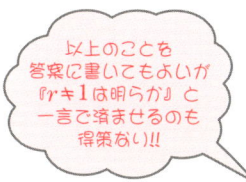
以上のことを答案に書いてもよいが『$r \neq 1$ は明らか』と一言で済ませるのも得策ない!!

となれば，あとは和の公式を用いるのみ…
題意より

$$S_3 = \frac{a(r^3-1)}{r-1} = 3$$

$$S_6 = \frac{a(r^6-1)}{r-1} = -21$$

公式　$S_n = \dfrac{a(r^n-1)}{r-1}$　で，$n=3,\ 6$ とした

ここで…

$$r^6 - 1 = (r^3)^2 - 1^2 = (r^3+1)(r^3-1)$$

$a^2 - b^2 = (a+b)(a-b)$
キホン中のキホン！

を活用すれば

$$S_6 = \frac{a(r^3-1)(r^3+1)}{r-1} = 3 \times (r^3+1)\ \text{と変形できる!!}$$

S_3 の式とまるっきし同一!!

解けそうな気がしてきたでしょ？

解答でござる

(1) この等比数列の初項を a，公比 r とおく。

このとき，条件より $r \neq 1$ は明らかである。

$r \neq 1$ の話は先ほど，
ナイスな導入
でやりましたネ♥

題意より初項から第n項までの和をS_nとすると

$$S_3 = \frac{a(r^3-1)}{r-1} = 3 \quad \cdots ①$$

$$S_6 = \frac{a(r^6-1)}{r-1} = -21 \quad \cdots ②$$

公式
$$S_n = \frac{a(r^n-1)}{r-1}$$
だよ！

②より
$$\frac{a(r^3-1)(r^3+1)}{r-1} = -21$$

$$r^6 - 1$$
$$= (r^3)^2 - 1^2$$
$$= (r^3-1)(r^3+1)$$
↑
$a^2 - b^2 = (a+b)(a-b)$
です！

これに①を代入して
$$3(r^3+1) = -21 \quad \text{両辺} \div 3$$
$$r^3 + 1 = -7$$
$$r^3 = -8 \longrightarrow (-2)^3$$
$$\therefore r = -2$$

つまり，公比は，$\underline{-\mathbf{2}}$ …（答）

(2) (1)で$r = -2$より，①から

$$\frac{a\{(-2)^3-1\}}{-2-1} = 3$$

①に$r = -2$を代入して，
aも求めておこう!!

$$\frac{-9a}{-3} = 3$$

$$3a = 3$$

$$\therefore a = 1$$

和の公式
$$S_n = \frac{a(r^n-1)}{r-1}$$
に，$a = 1$，$r = -2$，
$n = 12$をハメる!!

以上より，初項から第12項までの和S_{12}は

$$S_{12} = \frac{1 \times \{(-2)^{12}-1\}}{-2-1}$$

$$= \frac{4096-1}{-3} = \frac{4095}{-3}$$

$$= \underline{-\mathbf{1365}} \cdots （答）$$

もちろん！
$$S_n = \frac{a(1-r^n)}{1-r}$$
を活用してもOK!!

公式をしっかり覚えようね!!

Theme 2 お次は等比数列でござる

問題 2-4 [標準]

初項から第10項までの和が3,第11項から第30項までの和が18の等比数列がある。このとき,以下の設問に答えよ。

(1) この等比数列の公比をrとしたとき,r^{10}の値を求めよ。
(2) この等比数列の初項から第60項までの和を求めよ。

この等比数列も$r \neq 1$は明らか!! それは 問題2-3 と同様なり ♥
もしも,$r=1$とすると…

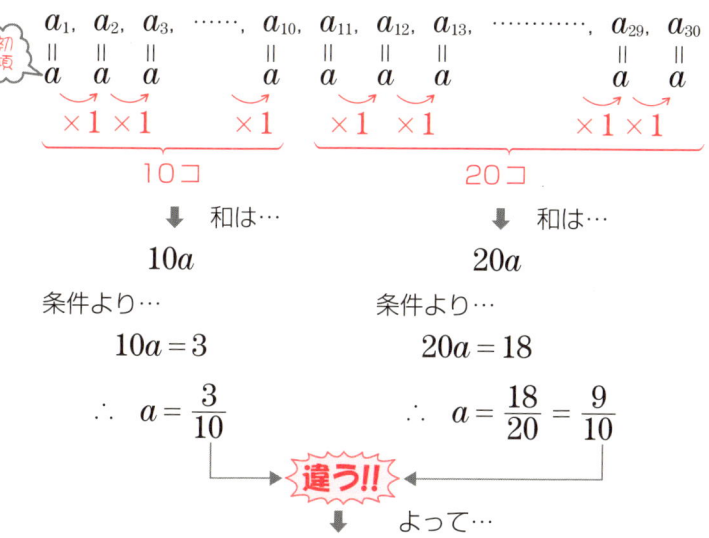

以上のお話は,答案にちゃんと書いてもOK!! むしろ丁寧な答案となります。でも,『$r \neq 1$は明らか』と簡潔にすましたほうが得策でしょうネ♥

あとは,素直に式を立てるだけ…

和の公式 $S_n = \dfrac{a(r^n-1)}{r-1}$ のフル活用で――す!!

ここでポイントとなるのは,条件『第11項から第30項までの和が18』を式にするところである!

$a_1, a_2, a_3, \ldots, a_{10}, a_{11}, a_{12}, a_{13}, \ldots, a_{29}, a_{30}$

a_1 から a_{10}：和が3
a_{11} から a_{30}：和が18
和が21　　$3+18=21$

ここでは，無理に a_{11} から a_{30} までの和の式を立てるより，a_1 から a_{30} までの和の式を立てるほうが楽チン！

つま——り！

$$S_{30} = \frac{a(r^{30}-1)}{r-1} = 21$$ 　てな感じです！

あとは…

$$r^{30} - 1 = (r^{10})^3 - 1^3 = (r^{10}-1)\{(r^{10})^2 + r^{10} + 1\}$$

$a^3 - b^3 = (a-b)(a^2+ab+b^2)$ の公式だよ！

などと因数分解すると，(1)で必要な r^{10} が出現！

解答でござる

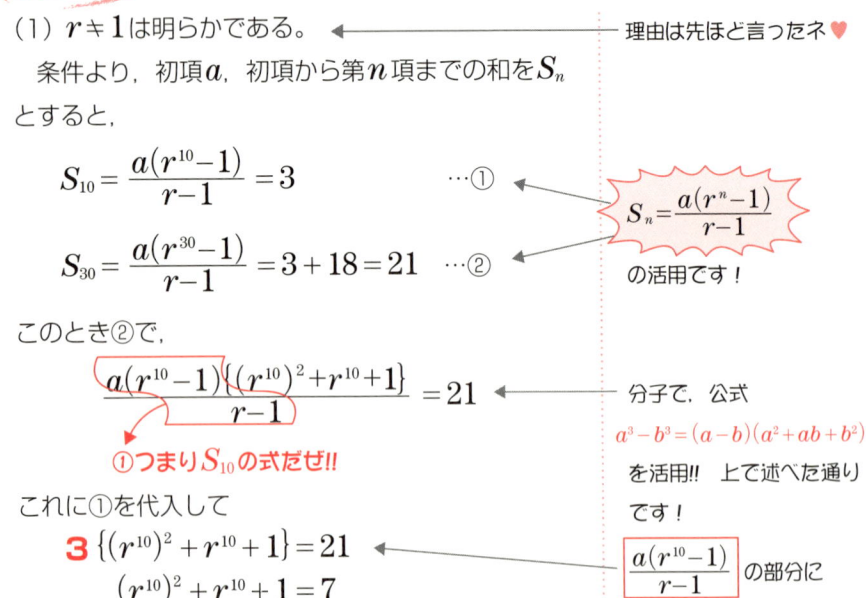

(1) $r \neq 1$ は明らかである。　← 理由は先ほど言ったネ♥

条件より，初項 a，初項から第 n 項までの和を S_n とすると，

$$S_{10} = \frac{a(r^{10}-1)}{r-1} = 3 \quad \cdots ①$$

$$S_{30} = \frac{a(r^{30}-1)}{r-1} = 3 + 18 = 21 \quad \cdots ②$$

$S_n = \frac{a(r^n-1)}{r-1}$ の活用です！

このとき②で，

$$\frac{a(r^{10}-1)\{(r^{10})^2 + r^{10} + 1\}}{r-1} = 21$$

①つまり S_{10} の式だぜ!!

分子で，公式 $a^3-b^3 = (a-b)(a^2+ab+b^2)$ を活用!! 上で述べた通りです！

これに①を代入して

$$3\{(r^{10})^2 + r^{10} + 1\} = 21$$
$$(r^{10})^2 + r^{10} + 1 = 7$$
$$(r^{10})^2 + r^{10} - 6 = 0$$

$\frac{a(r^{10}-1)}{r-1}$ の部分に①より **3** がハマる!!

Theme 2　お次は等比数列でござる ♥

$$(r^{10}+3)(r^{10}-2)=0$$

$r^{10}>0$ より　　$r^{10}=\underline{\mathbf{2}}$ …（答）

$r^{10}=t$ とおくと
$$t^2+t-6=0$$
$$\begin{array}{cc}1 & 3= 3 \\ 1 & -2=-2 \end{array}(+$$
$$1$$
$$(t+3)(t-2)=0$$

(2)　(1) より

$$S_{60}=\frac{a(r^{60}-1)}{r-1}$$

$$=\underbrace{\frac{a(r^{30}-1)}{r-1}}_{\text{②つまり }S_{30}\text{ の式}}(r^{30}+1)$$

$$=\mathbf{21}\times(r^{30}+1)\qquad\text{(②より)}$$

$$=21\times\{(\boxed{r^{10}})^3+1\}\quad\text{(1) の答だったよ！}$$

$$=21\times(\mathbf{2}^3+1)\qquad\text{((1) より)}$$

$$=21\times 9$$

$$=\underline{\mathbf{189}}\text{ …（答）}$$

r^{10} は 10 が 偶数 だから
マイナスになるワケが
ナイ!! よって $r^{10}=-3$
はボツ!!

$r^{60}-1=(r^{30})^2-1^2$
$\phantom{r^{60}-1}=(r^{30}-1)(r^{30}+1)$
公式　↑
$a^2-b^2=(a+b)(a-b)$

$\boxed{\dfrac{a(r^{30}-1)}{r-1}}$ の部分に
②より **21** がハマる！
$\boxed{r^{10}}$ の部分に (1) より 2
がハマる！

（ちょっと言わせて）

(1) で…　　$a_n=ar^{n-1}$

$a_{11}=ar^{10}$ より，これを初項と考えると，
a_{11} から a_{30} までの**和は**

$$\frac{ar^{10}(r^{\boxed{20}}-1)}{r-1}$$

と表せる！

初項 ar^{10}，公比 r，項数 20

↓　よって…

$$\frac{ar^{10}(r^{20}-1)}{r-1}=18\qquad\text{と，式を立ててもOK!!}$$

あとは，$\boxed{r^{20}-1}=(r^{10})^2-1^2=(r^{10}+1)(r^{10}-1)$ などとすれば解けます！

公式　$a^2-b^2=(a+b)(a-b)$

では，やってみますかぁーっ！
条件より

$$\frac{ar^{10}(r^{20}-1)}{r-1} = 18$$

$$\frac{ar^{10}(r^{10}+1)(r^{10}-1)}{r-1} = 18$$

$r^{20}-1$
$= (r^{10})^2 - 1^2$
$= (r^{10}+1)(r^{10}-1)$

よって，$\boxed{\dfrac{a(r^{10}-1)}{r-1}} \times r^{10}(r^{10}+1) = 18$

S_{10}の式ですネ！　$S_{10}=3$をハメる！

$$3 r^{10}(r^{10}+1) = 18$$

$$r^{10}(r^{10}+1) = 6$$

両辺÷3

$$(r^{10})^2 + r^{10} - 6 = 0$$ ← 同じ式が登場!!

以下，同文でございます♥♥

プロフィール
みっちゃん(17才)
究極の癒し系!!　あまり勉強は得意ではないようだが，「やればデキる!!」タイプ♥
「みっちゃん」と一緒に頑張ろうぜ!!
ちなみに豚山さんとはクラスメイトです

Theme 3 3つの数 A, B, C がこの順に…

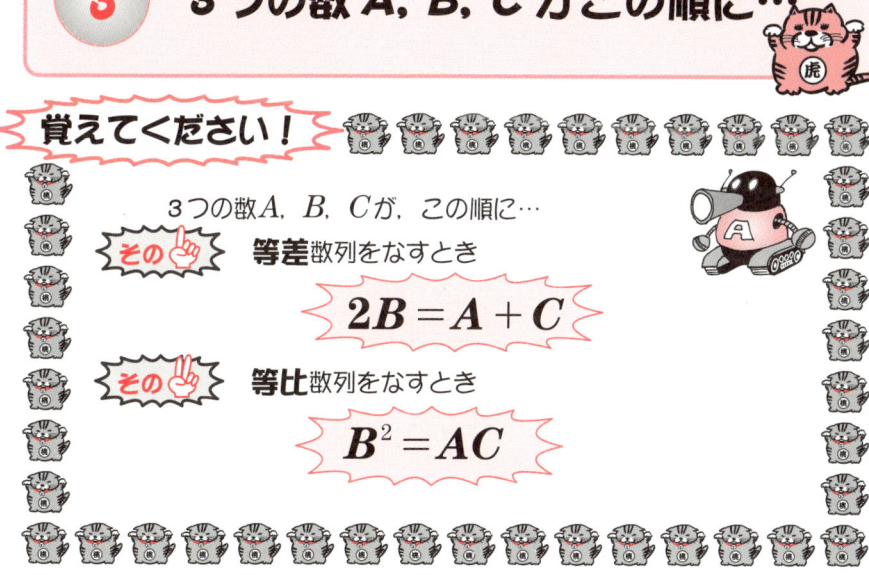

覚えてください！

3つの数 A, B, C が，この順に…

その① 等差数列をなすとき

$$2B = A + C$$

その② 等比数列をなすとき

$$B^2 = AC$$

証明 のようなもの……

その① 3つの数 A, B, C がこの順に **等差**数列のとき

初項 a　公差 d　とおくと

$$\underset{\parallel}{A}\ \ \underset{\parallel}{B}\ \ \underset{\parallel}{C}$$
$$a\quad a+d\quad a+2d$$

　　　$+d$　　$+d$

このとき，　$2B = 2(a+d) = 2a + 2d$　…①

　　　　　$A + C = a + a + 2d = 2a + 2d$　…②

①②より $2B = A + C$

その3 3つの数 A, B, C がこの順に**等比**数列のとき

初項 a　　公比 r　とおくと

$$A = a \qquad B = ar \qquad C = ar^2$$

$\times r$　　$\times r$

このとき，　$B^2 = (ar)^2 = a^2r^2$　　…①

　　　　　　$AC = a \times ar^2 = a^2r^2$　　…②

①②より　　$B^2 = AC$

では，早速！　特訓だぁ——っ！

問題 3-1　【基礎】

3つの数 $8, a, b$ がこの順に等差数列となり，$a, b, 36$ がこの順に等比数列になるとき，a, b の値を求めよ。

解答でござる

3数 $8, a, b$ がこの順に等差数列であることから
$$2a = 8 + b \quad \cdots ①$$

3数 $a, b, 36$ がこの順に等比数列であることから
$$b^2 = 36a \quad \cdots ②$$

①より　$b = 2a - 8$　…③

③を②に代入して
$$(2a-8)^2 = 36a$$
$$4a^2 - 32a + 64 = 36a$$
$$4a^2 - 68a + 64 = 0 \quad \text{両辺÷4}$$
$$a^2 - 17a + 16 = 0$$
$$(a-1)(a-16) = 0$$
$$\therefore \ a = 1, \ 16$$

3数 A, B, C がこの順に等差数列のとき
$$2B = A + C$$

3数 A, B, C がこの順に等比数列のとき
$$B^2 = AC$$

②の b のところに③より $2a-8$ をハメる！

タスキガケ

$1 \diagdown\ -1 = -1$
$1 \diagup\ -16 = -16$　(+
　　　　　　　-17

③より

$a=1$ のとき　$b=2\times1-8=-6$

$a=16$ のとき　$b=2\times16-8=24$

③で
$b=2a-8$
だったネ！

以上まとめて

$(a, b)=(\mathbf{1}, \mathbf{-6}), (\mathbf{16}, \mathbf{24})$ …（答）

ちょっと言わせて

②で，$b^2=18\times\mathbf{2a}$　として

これに①の　$\mathbf{2a}=8+b$　を代入すると
$b^2=18(8+b)$　となるヨ！

つまり，先に b が求まる。

問題 3-2　　標準

3つの数 x，8，y はこの順に等比数列となり，3つの数 x，$\dfrac{32}{5}$，y はこの順に調和数列になるという。このとき，x，y の値を求めよ。

ナイスな導入!!

ここでの最大のポイントは，『調和数列』の意味であ――る！

そこで!!　調和数列って何？

調和数列とは，**逆数をとると，等差数列**となる数列のことです！
たとえば…

$$\dfrac{1}{2}, \dfrac{2}{5}, \dfrac{1}{3}, \dfrac{2}{7}, \dfrac{1}{4}, \cdots\cdots$$

⬇　逆数をとると…　　分母と分子を
ひっくり返すことだよ！

$$\dfrac{2}{1}, \dfrac{5}{2}, \dfrac{3}{1}, \dfrac{7}{2}, \dfrac{4}{1}, \cdots\cdots$$

つまり…

$$2, \ \frac{5}{2}, \ 3, \ \frac{7}{2}, \ 4, \ \cdots\cdots$$

$+\frac{1}{2}$ $+\frac{1}{2}$ $+\frac{1}{2}$ $+\frac{1}{2}$ 　等差です♥

↓　逆数は等差数列になりました！

と，ゆーーわけで…

$$\frac{1}{2}, \ \frac{2}{5}, \ \frac{1}{3}, \ \frac{2}{7}, \ \frac{1}{4}, \ \cdots\cdots$$

は**調和数列**でござる！

では，本問に入りましょう！

ここでは，『$x, \ \frac{32}{5}, \ y$ がこの順に調和数列となる』とあります！　つまり，$x, \ \frac{32}{5}, \ y$ の逆数 $\frac{1}{x}, \ \frac{5}{32}, \ \frac{1}{y}$ が等差数列となりゃイイわけです！

x つまり $\frac{x}{1}$ の逆数　　　てなワケで…　　　y つまり $\frac{y}{1}$ の逆数

$$2 \times \frac{5}{32} = \frac{1}{x} + \frac{1}{y}$$

← 公式　$2B = A + C$

となりますネ♥

これを解きやすいように整理していけばOK！　あとは計算力の勝負ですよ♥

解答でござる

3つの数 $x, \ 8, \ y$ がこの順に等比数列であることから

$$8^2 = xy$$

∴　$xy = 64$　…①

A, B, C がこの順に等比数列 ⇔ $B^2 = AC$

3つの数 $x, \ \frac{32}{5}, \ y$ がこの順に調和数列であることから，数列 $\frac{1}{x}, \ \frac{5}{32}, \ \frac{1}{y}$ はこの順に等差数列．

よって

$$2 \times \frac{5}{32} = \frac{1}{x} + \frac{1}{y}$$

もう大丈夫でしょ!!

A, B, C がこの順に等差数列 ⇔ $2B = A + C$

Theme 3　3つの数 A, B, C がこの順に…　37

$$\therefore \frac{5}{16} = \frac{1}{x} + \frac{1}{y} \quad \cdots ②$$

②より

$$\frac{5}{16} = \frac{x+y}{xy}$$

$$5xy = 16(x+y)$$

通分したヨ！

$$\frac{1}{x} + \frac{1}{y}$$
$$= \frac{1 \times y + 1 \times x}{x \times y}$$
$$= \frac{x+y}{xy}$$

$\dfrac{5}{16} \diagdown \dfrac{x+y}{xy}$

分母をはらった！

これに①を代入して

$$5 \times 64 = 16(x+y)$$

両辺 ÷16

$$\therefore x + y = 20 \quad \cdots ③$$

③より、　$y = 20 - x \quad \cdots ③'$

これを①に代入して

①の y のところに、③' より 20 − x をハメる！

$$x(20 - x) = 64$$

$$x^2 - 20x + 64 = 0$$

$$(x - 4)(x - 16) = 0$$

タスキガケ

$$\therefore x = 4, \ 16$$

$\begin{array}{ccc} 1 & & -4 = -4 \\ 1 & & -16 = -16 \end{array}$ (+
$\qquad\qquad\qquad -20$

③'から

$x = 4$ のとき　$y = 20 - 4 = 16$

$x = 16$ のとき　$y = 20 - 16 = 4$

以上をまとめて

$$(x, \ y) = (\mathbf{4, \ 16}), \ (\mathbf{16, \ 4}) \quad \cdots \text{(答)}$$

ほ〜っ

ちょっと言わせて

①　$\longrightarrow$　$xy = 64$　　積が64

③　$\longrightarrow$　$x + y = 20$　　和が20

ご存じの方もいらっしゃるでしょうが…

$x, \ y$ を 2 解にもつ 2 次方程式は…

$$(t - x)(t - y) = 0 \quad \text{と表せる!!}$$

↓　展開すると…

$$t^2 - (\boldsymbol{x+y})t + \boldsymbol{xy} = 0$$

これを逆手にとってやると，このような解き方も…

$$\begin{cases} x+y=20 \\ xy=64 \end{cases} \text{より}$$

x，yを2解にもつ2次方程式は，

（うっ！ うまい!!）

$$t^2 - 20t + 64 = 0$$

と表せる。

$$(t-4)(t-16) = 0$$
$$\therefore \ t = 4, \ 16$$

これらがx，yであーる!!

$\begin{cases} x=4 \\ y=16 \end{cases}$ or $\begin{cases} x=16 \\ y=4 \end{cases}$

よって
$$(x, y) = (\boldsymbol{4, 16}), (\boldsymbol{16, 4}) \cdots \text{(答)}$$

問題 3-3 [標準]

3つの数 -1，a，b は適当な順に並べると等差数列となり，また，ある順に並べると等比数列となる。ただし，$-1 < a < 0 < b$ とする。このとき，a，b の値を求めよ。

ナイスな導入!!

適当な順に並べる!?　こいつはヘビーだぜ…

↓　しかーし!!

ここで注目すべきは次の条件

$-1 < a < 0 < b$　である！

（ヘビーだ..）

↓　いったいこの条件は何のために…

ところで，等差数列ってどんな数列だったっけ？

Theme 3　3つの数 A, B, C がこの順に… 39

2, 5, 8 や 10, 6, 2 のように，**増加**していくか，**減少**していくか，し
　+3 +3　　−4 −4

かないよネ。

つまり，条件より $\boxed{-1 < a < b}$ なんだから，等差数列のときの順番は，

−1, a, b　or　b, a, −1　しかありません!!
　増加　　　　　減少

↓ と，ゆーワケで…（この言い方を覚えておくと便利！）

等差数列のときのまん中の項，つまり**中項**は必ず a となりまーす!!

↓ つまーり!!

等差数列のときの条件式は　（等差のときの公式　$2B = A + C$）

$$2a = -1 + b$$ とな―る！

↓ もう1つの条件！

等比数列ってどんな数列だった？

2, −6, 18 や −2, 6, −18 のように，正の項と負の項が同居
　×(−3) ×(−3)　　×(−3) ×(−3)

するときは必ず，**正，負，正** や **負，正，負** という具合に正の項と負の項
は，交互となる！　そこで，条件で $\boxed{-1 < a < 0 < b}$ となっているから，
−1とaは負，bは正であるとわかる！

↓ つまーり！

等比数列のときの順番は，−1, b, a　or　a, b, −1　しかありませんネ♥
　　　　　　　　　　　　　負 正 負　　　負 正 負

↓ てなワケで…

等比数列のとき**中項**は必ず b となります！

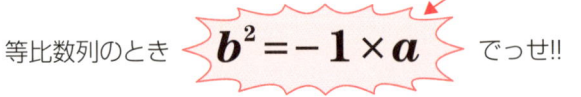

等比数列のとき $b^2 = -1 \times a$ でっせ!!

等比のときの公式
$B^2 = AC$

なるほどね…

解答でござる

$-1 < a < 0 < b$ …①

①より，等差中項は a である。 ← 理由は先ほどの通り！

よって

$2a = -1 + b$ …② ← A, B, C が等差数列
$\Leftrightarrow 2B = A + C$

①より，等比中項は b である。 ← 理由は大丈夫かい？

よって

$b^2 = -1 \times a$ ← A, B, C が等比数列
$\Leftrightarrow B^2 = AC$

$\therefore\ a = -b^2$ …③

③を②に代入して

$2 \times (-b^2) = -1 + b$

$2b^2 + b - 1 = 0$

$(2b - 1)(b + 1) = 0$

タスキガケ
$\begin{array}{cc} 2 & -1 = -1 \\ 1 & 1 = \underline{\ 2}(+ \\ & 1 \end{array}$

$\therefore\ b = \dfrac{1}{2},\ -1$

①から，$0 < b$ より $b = \dfrac{1}{2}$

③で $a = -b^2$ でした！

このとき③から $a = -\left(\dfrac{1}{2}\right)^2 = -\dfrac{1}{4}$

以上まとめて

$(a,\ b) = \left(-\dfrac{1}{4},\ \dfrac{1}{2}\right)$ …（答）

Theme 3　3つの数 A, B, C がこの順に… 41

プロフィール
　　クリスティーヌ
　おむちゃんを救うべく，遠い未来から現れた教育プランナー。見た感じはロボットのようですが，詳細は不明♥
　虎君はクリスティーヌが大好きのようですが，桃君はクリスティーヌが発言すると，迷惑そうです。

プロフィール
　オムちゃん（28才）
　5匹の猫を飼う謎の女性！
　実は未来のみっちゃんです。
　高校生時代の自分が心配になってしまい様子を見にタイムマシーンで……

Theme 4 ∑(シグマ)って何ですか？

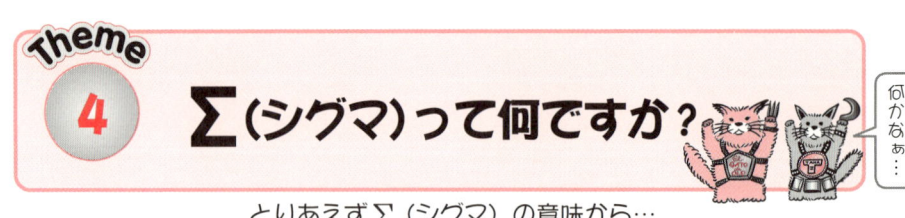

何かなぁ…

とりあえず ∑(シグマ) の意味から…

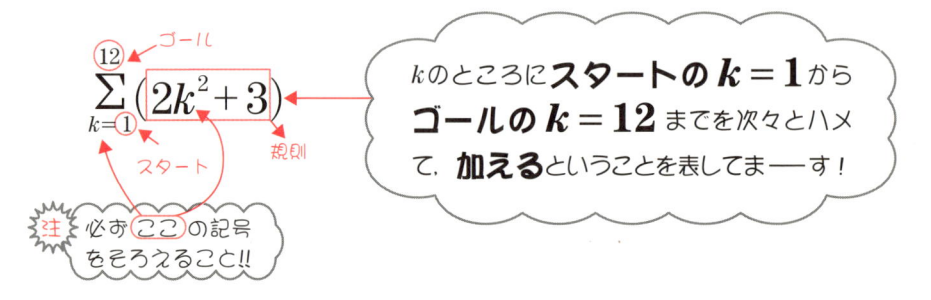

$$\sum_{k=1}^{12} (2k^2+3)$$

ゴール / スタート / 規則

注 必ず ここ の記号をそろえること!!

kのところに**スタートの $k=1$ から ゴールの $k=12$ まで**を次々とハメて，**加える**ということを表してまーす！

↓ つまーり!!

$$2 \times 1^2 + 3$$
$$2 \times 2^2 + 3$$
$$2 \times 3^2 + 3$$
$$\vdots$$
$$+) \; 2 \times 12^2 + 3$$

ほぉー

虎

ということです♥

そこで，このような計算を円滑に行うために次の公式たちが…

Theme 4 Σ（シグマ）って何ですか？　43

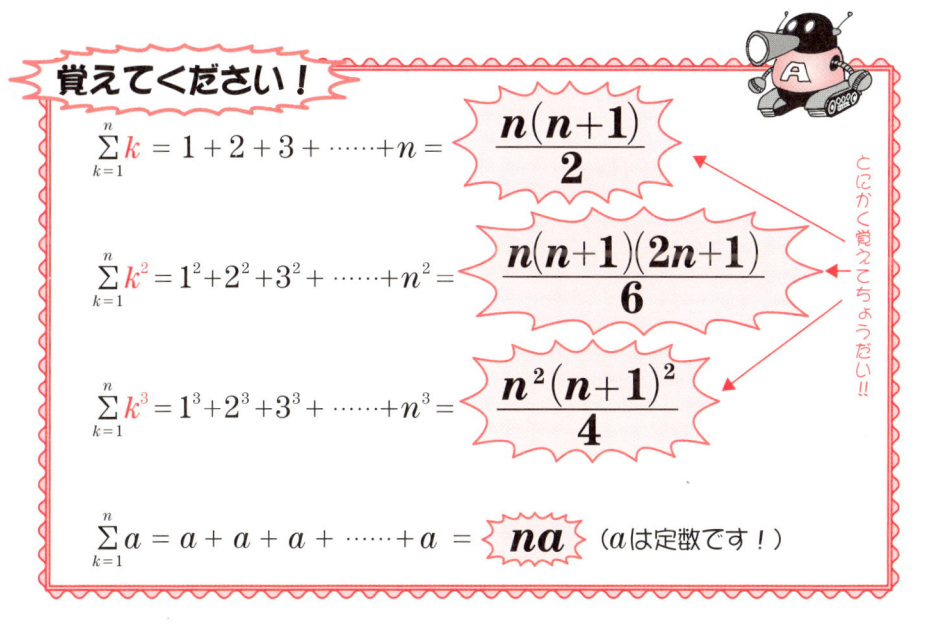

覚えてください！

$$\sum_{k=1}^{n} k = 1 + 2 + 3 + \cdots + n = \frac{n(n+1)}{2}$$

$$\sum_{k=1}^{n} k^2 = 1^2 + 2^2 + 3^2 + \cdots + n^2 = \frac{n(n+1)(2n+1)}{6}$$

$$\sum_{k=1}^{n} k^3 = 1^3 + 2^3 + 3^3 + \cdots + n^3 = \frac{n^2(n+1)^2}{4}$$

$$\sum_{k=1}^{n} a = a + a + a + \cdots + a = na \quad (aは定数です！)$$

とにかく覚えてちょうだい！！

この公式たちを用いてどんな計算ができるの？
では，先ほどの例を用いて…

例 $\sum_{k=1}^{12}(2k^2+3)$

$$\begin{array}{r}2\times 1^2 + 3\\ 2\times 2^2 + 3\\ 2\times 3^2 + 3\\ \vdots\\ +)\ 2\times 12^2 + 3\\ \hline 2(1^2+2^2+3^2+\cdots+12^2) + 12\times 3\end{array}$$

12コ

つまり…

$$2\sum_{k=1}^{12} k^2 + \sum_{k=1}^{12} 3$$

$$= 2\sum_{k=1}^{12} k^2 + \sum_{k=1}^{12} 3$$

分解できる√！

$$= 2\times \frac{12(12+1)(2\times 12+1)}{6} + 12\times 3$$

3が12コ

公式 $\sum_{k=1}^{n} k^2 = \frac{n(n+1)(2n+1)}{6}$

nのところに12をハメる!!

$= 1300 + 36$

$= \underline{1336}$ …（答）

問題 4-1　　　　　　　　　　　　　　　基礎の基礎

次の各計算をせよ。

(1) $\displaystyle\sum_{k=1}^{20}(2k^2+3k+4)$

(2) $\displaystyle\sum_{k=1}^{n}(2k+3)(3k-1)$

(3) $\displaystyle\sum_{k=11}^{20}(k^2+3)$

ナイスな導入!!

(1) ⟶ これは先ほどの説明を読んでいれば大丈夫だね!!

$$2\sum_{k=1}^{20}k^2 + 3\sum_{k=1}^{20}k + \sum_{k=1}^{20}4$$

（バラバラにするべし!!）

という具合に分解して公式をブチ込むだけ!!

(2) ⟶ ちゃんと展開してくださいネ♥　つまり，

$$\sum_{k=1}^{n}(6k^2+7k-3)$$

（中身は展開!!）

$$= 6\sum_{k=1}^{n}k^2 + 7\sum_{k=1}^{n}k - \sum_{k=1}^{n}3$$

（それからバラバラにする!!）

あとは，公式をブチ込むだけ♥

(3) ⟶ $\displaystyle\sum_{k=11}^{20}(k^2+3)$　これがヤバイ！　公式が使えない!!

↓ そこでひと工夫する!!

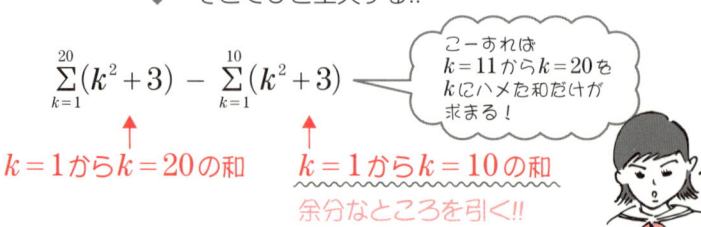

$$\sum_{k=1}^{20}(k^2+3) - \sum_{k=1}^{10}(k^2+3)$$

（こーすれば $k=11$ から $k=20$ を k にハメた和だけが求まる！）

↑ $k=1$ から $k=20$ の和　　↑ $k=1$ から $k=10$ の和
余分なところを引く!!

（なるほど）

解答でござる

(1) $\sum_{k=1}^{20}(2k^2+3k+4)$

$= 2\sum_{k=1}^{20}k^2 + 3\sum_{k=1}^{20}k + \sum_{k=1}^{20}4$

$= 2 \times \dfrac{20(20+1)(2\times 20+1)}{6} + 3 \times \dfrac{20(20+1)}{2} + 20\times 4$

$= 5740 + 630 + 80$

$= \underline{\mathbf{6450}}$ …(答)

まずバラバラにするべし!! でも慣れてきたらこの一行は省略してよし!

$\sum_{k=1}^{n}k^2 = \dfrac{n(n+1)(2n+1)}{6}$

nのところに**20**を入れる!

$\sum_{k=1}^{n}k = \dfrac{n(n+1)}{2}$

nのところに**20**を入れる!

$\sum_{k=1}^{20}4 = \underbrace{4+4+4+\cdots+4}_{20\,つ} = 20\times 4$

(2) $\sum_{k=1}^{n}(2k+3)(3k-1)$

$= \sum_{k=1}^{n}(6k^2+7k-3)$

$= 6\sum_{k=1}^{n}k^2 + 7\sum_{k=1}^{n}k - \sum_{k=1}^{n}3$

$= 6 \times \dfrac{n(n+1)(2n+1)}{6} + 7 \times \dfrac{n(n+1)}{2} - 3n$

$= n(n+1)(2n+1) + \dfrac{7n(n+1)}{2} - 3n$

$= \dfrac{2n(n+1)(2n+1) + 7n(n+1) - 6n}{2}$

$= \underline{\dfrac{\mathbf{4n^3+13n^2+3n}}{\mathbf{2}}}$ …(答)

まずは展開!!

$\sum_{k=1}^{n}k^2 = \dfrac{n(n+1)(2n+1)}{6}$

今回はnのままでOK!

$\sum_{k=1}^{n}k = \dfrac{n(n+1)}{2}$

同じくnのままでOK!!

$\sum_{k=1}^{n}3 = \underbrace{3+3+3+\cdots+3}_{n\,つ} = 3n$

因数分解して

$\dfrac{n(4n+1)(n+3)}{2}$

としてもOKですヨ♥

(3) $\sum\limits_{k=11}^{20}(k^2+3)$ ← $k=11$ がスタートとなっています！ これでは，いつもの公式が使えません！

$= \sum\limits_{k=1}^{20}(k^2+3) - \sum\limits_{k=1}^{10}(k^2+3)$ ← $k=1$ から $k=20$ までを加えておき

$k=1$ から $k=10$ までの和を引けば

$= \sum\limits_{k=1}^{20}k^2 + \sum\limits_{k=1}^{20}3 - \left(\sum\limits_{k=1}^{10}k^2 + \sum\limits_{k=1}^{10}3\right)$

$k=11$ から $k=20$ までの和が残る！

$= \dfrac{20(20+1)(2\times 20+1)}{6} + 20\times 3$

$\sum\limits_{k=1}^{n}k^2 = \dfrac{n(n+1)(2n+1)}{6}$

n のところに 20 をハメる！

$- \left\{\dfrac{10(10+1)(2\times 10+1)}{6} + 10\times 3\right\}$

$\sum\limits_{k=1}^{20}3 = 20\times 3$

3が20コ

$= 2870 + 60 - (385 + 30)$

$\sum\limits_{k=1}^{n}k^2 = \dfrac{n(n+1)(2n+1)}{6}$

n のところに 10 をハメる！

$= \mathbf{2515}$ …（答）

$\sum\limits_{k=1}^{10}3 = 10\times 3$

3が10コ

なせばなる なさねばならぬ なにごとも…

問題 4-2 【基礎】

次のそれぞれの数列の初項から第n項までの和を求めよ。

(1)　$3\cdot2,\ 5\cdot5,\ 7\cdot8,\ 9\cdot11,\ \cdots\cdots$

(2)　$1\cdot3,\ 4\cdot7,\ 7\cdot11,\ 10\cdot15,\ \cdots\cdots$

(3)　$1^2\cdot3,\ 2^2\cdot6,\ 3^2\cdot9,\ 4^2\cdot12,\ \cdots\cdots$

ナイスな導入!!

本問では，いかに規則を式に表すか？ がポイントでっせ！
つまり，第k項をkの式で表現することがカギです！

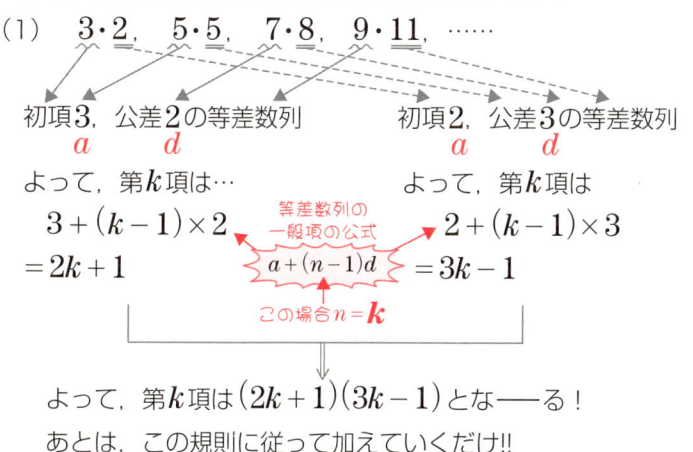

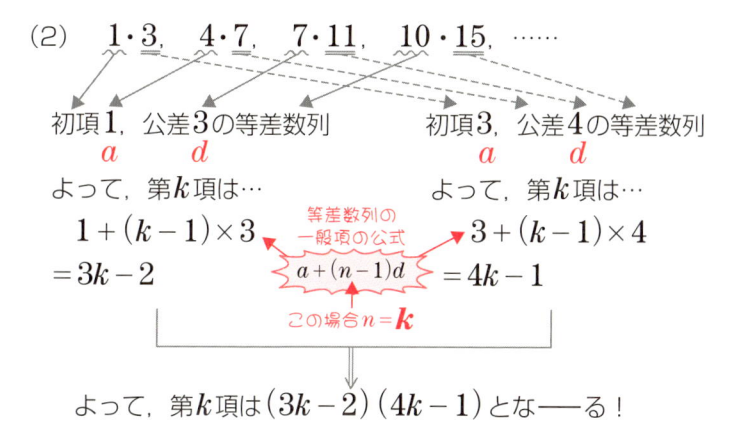

(1)　$3\cdot2,\ 5\cdot5,\ 7\cdot8,\ 9\cdot11,\ \cdots\cdots$

初項3，公差2の等差数列　　　　初項2，公差3の等差数列
　　a　　d　　　　　　　　　　　a　　d

よって，第k項は…　　　　　　よって，第k項は

$\quad 3+(k-1)\times 2 \qquad\qquad 2+(k-1)\times 3$

$\quad =2k+1 \qquad\qquad\qquad\ \ =3k-1$

（等差数列の一般項の公式 $a+(n-1)d$ この場合 $n=k$）

よって，第k項は $(2k+1)(3k-1)$ とな――る！
あとは，この規則に従って加えていくだけ!!

(2)　$1\cdot3,\ 4\cdot7,\ 7\cdot11,\ 10\cdot15,\ \cdots\cdots$

初項1，公差3の等差数列　　　　初項3，公差4の等差数列
　　a　　d　　　　　　　　　　　a　　d

よって，第k項は…　　　　　　よって，第k項は…

$\quad 1+(k-1)\times 3 \qquad\qquad 3+(k-1)\times 4$

$\quad =3k-2 \qquad\qquad\qquad\ \ =4k-1$

（等差数列の一般項の公式 $a+(n-1)d$ この場合 $n=k$）

よって，第k項は $(3k-2)(4k-1)$ とな――る！

(3) $1^2 \cdot 3,\ 2^2 \cdot 6,\ 3^2 \cdot 9,\ 4^2 \cdot 12,\ \cdots\cdots$

こっ！ これは!! 　　　初項3，公差3，の等差数列
　　　　　　　　　　　　　　　a　　　　d

ズバリ!!! 第k項は…　　　よって，第k項は…

k^2 モロや!!　　　　　　　$3 + (k-1) \times 3$

でしょうねぇ！　　　　　　$= 3k$

← 等差数列の一般項の公式
$a + (n-1)d$

よって第k項は，$k^2 \times 3k = 3k^3$　となりまーーす!!

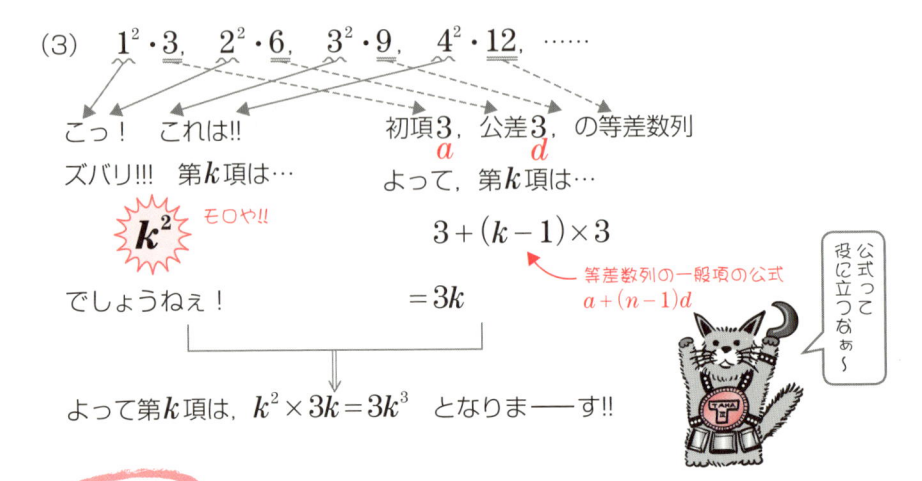

解答でござる

(1) 　第k項が $(2k+1)(3k-1)$ と表せる。 ← さっき説明したネ ♥

　　よって，求める和は

$$\sum_{k=1}^{n}(2k+1)(3k-1)$$ ← 初項から第n項までの和です！

$$= \sum_{k=1}^{n}(6k^2 + k - 1)$$

$$= 6 \times \boxed{\frac{n(n+1)(2n+1)}{6}}$$

$$\quad\quad + \boxed{\frac{n(n+1)}{2}} - 1 \times n$$

$\sum_{k=1}^{n} k^2 = \dfrac{n(n+1)(2n+1)}{6}$

$\sum_{k=1}^{n} k = \dfrac{n(n+1)}{2}$

-1 が n コ

$$= \frac{2n(n+1)(2n+1) + n(n+1) - 2n}{2}$$

$$= \underline{\frac{4n^3 + 7n^2 + n}{2}} \cdots （答）$$

分子を n でくくって

$\dfrac{n(4n^2 + 7n + 1)}{2}$

として答えてもよし!!

(2) 　第k項は $(3k-2)(4k-1)$ と表せる。 ← さっきの解説参照！

　　よって，求める和は

$$\sum_{k=1}^{n}(3k-2)(4k-1)$$ ← 初項から第n項までの和です！

$$= \sum_{k=1}^{n}(12k^2 - 11k + 2)$$

Theme 4 Σ（シグマ）って何ですか？　49

$$= 12 \times \boxed{\frac{n(n+1)(2n+1)}{6}}$$
$$- 11 \times \boxed{\frac{n(n+1)}{2}} + 2 \times n$$

$\sum_{k=1}^{n} k^2 = \dfrac{n(n+1)(2n+1)}{6}$

$\sum_{k=1}^{n} k = \dfrac{n(n+1)}{2}$

2がnコ

$$= 2n(n+1)(2n+1) - \frac{11n(n+1)}{2} + 2n$$

$$= \frac{4n(n+1)(2n+1) - 11n(n+1) + 4n}{2}$$

分子を因数分解して

$\dfrac{n(8n^2+n-3)}{2}$

としてもOK!!

$$= \underline{\underline{\frac{8n^3+n^2-3n}{2}}} \cdots \text{（答）}$$

(3) 第k項は $3k^3$ と表せる。
よって，求める和は

先ほどの解説参照！

$$\sum_{k=1}^{n} 3k^3$$

$\sum_{k=1}^{n} k^3 = \dfrac{n^2(n+1)^2}{4}$

$$= 3 \times \boxed{\frac{n^2(n+1)^2}{4}}$$

展開して

$\dfrac{3n^4+6n^3+3n^2}{4}$

としても，もちろんOKです！

$$= \underline{\underline{\frac{3n^2(n+1)^2}{4}}} \cdots \text{（答）}$$

⟡ちょっと言わせて

(1)〜(3)まで初項から第n項までの和を求めたワケだけど，果たして正解なのか!?　心配になったとしましょう。テストのときなんて，そんなことはよくありますネ。そこで，ウマイ確認の仕方を…

⬇ それは…

3でもなんでもいいよ！
でも2ぐらいがやりやすい!!

たとえば，(1)のときの答えのnのところに**2**なんかをハメてみてごらん！

すると… $\dfrac{4 \times 2^3 + 7 \times 2^2 + 2}{2} = \dfrac{32+28+2}{2} = \textbf{31}$　となります！

これは，最初の2項の和　$3 \cdot 2 + 5 \cdot 5 = \textbf{31}$　と**一致する**ヨ!!

つま——り！　正解であることの確認ができたってワケです♥

問題 4-3 [基礎]

次のそれぞれの計算をせよ。

(1) $\displaystyle\sum_{k=1}^{n} 3^k$

(2) $\displaystyle\sum_{k=1}^{n} 2^{k+1}$

(3) $\displaystyle\sum_{k=1}^{n+1} 3 \cdot 4^{k-1}$

(4) $\displaystyle\sum_{k=1}^{n+2} 3 \cdot \left(-\frac{1}{2}\right)^k$

ナイスな導入!!

ここでの目的は $\displaystyle\sum_{k=1}^{n} p \cdot q^{k}$ の攻略であーーる!!

（$k-1$ や $k+1$ などでもOK!!）

まずは(1)を例にして解法の糸口を明らかにしましょう。

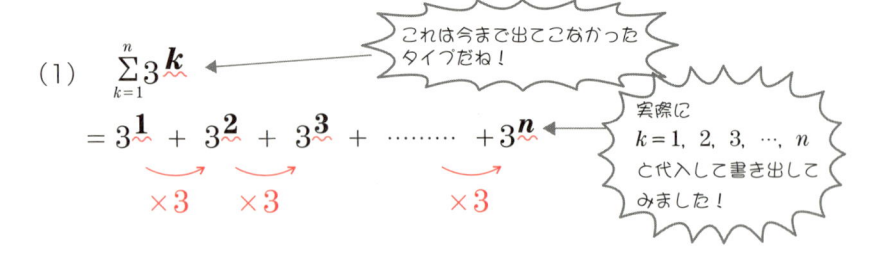

(1) $\displaystyle\sum_{k=1}^{n} 3^k$ ← これは今まで出てこなかったタイプだね！

$= 3^{1} + 3^{2} + 3^{3} + \cdots\cdots + 3^{n}$

（×3　×3　×3）

← 実際に $k=1, 2, 3, \cdots, n$ と代入して書き出してみました！

初項3，公比3の**等比数列**の初項から第 n 項までの和である！
そーです！ **等比数列**なんです!!

↓ と, ゅーことは…

等比数列の和の公式

$$S_n = \frac{a(r^n - 1)}{r - 1} \text{ or } \frac{a(1 - r^n)}{1 - r}$$

を活用するっきゃないネ ♥

↓ そこで…

本問では，初項 $a=3$，公比 $r=3$，項数 n より

$$\sum_{k=1}^{n} 3^k = \frac{3(3^n-1)}{3-1} = \frac{3(3^n-1)}{2}$$

となりまする!!

しかーーし!! わざわざ，$k=1, 2, 3, \cdots, n$ とハメて

$$3^1, \quad 3^2, \quad 3^3, \quad \cdots\cdots, \quad 3^n \quad として$$

初項 a，公比 r と求めるのはカッコ悪いで!!
　　$\parallel$　　$\parallel$
　　3　　3

そこで… ⬇

等比数列の一般項の公式は

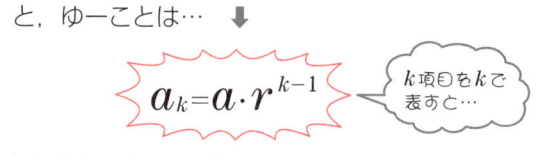

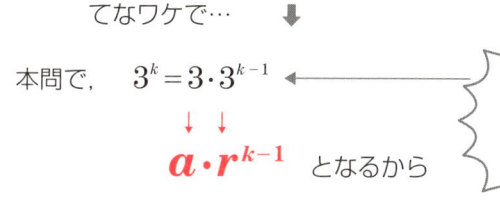

$$a_n = a \cdot r^{n-1}$$

（覚えてるかい？）

だったよネ♥

と，ゆーことは… ⬇

$$a_k = a \cdot r^{k-1}$$

（k項目をkで表すと…）

てなワケで… ⬇

本問で，$3^k = 3 \cdot 3^{k-1}$
　　　　　↓　　↓
　　　　　$a \cdot r^{k-1}$　となるから

（たとえば $x^{10} = x \times x^9$
$3^{10} = 3 \times 3^9$
などと同じ計算）

初項 a が 3，公比 r が 3 に対応!!

⬇

わざわざ，さっきのように書き出さなくてもイッ発で a と r が求まるってことよ…。スゴイだろ！

では，この要領でLet's (2)！

(2) $\displaystyle\sum_{k=1}^{n} 2^{k+1} = \sum_{k=1}^{n} 2^2 \times 2^{k-1}$

とにかく $a \cdot r^{k-1}$ の形にする!!

$2+k-1$ と表せる

$= \displaystyle\sum_{k=1}^{n} \underset{a}{4} \cdot \underset{r}{2}^{k-1}$

$x^{10} = x^2 \times x^8$
$2^{10} = 2^2 \times 2^8$
などの計算と同じ！

⬇

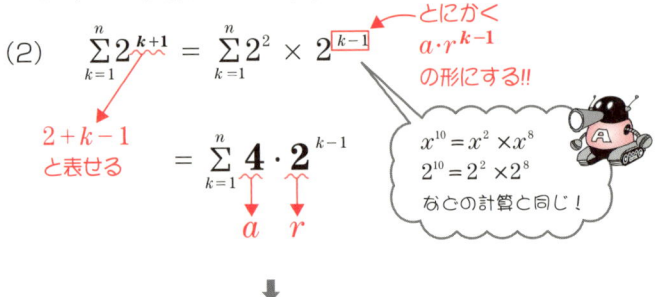

初項 $a=4$，公比 $r=2$ の等比数列の初項から第 n 項までの和を求めればよい!!

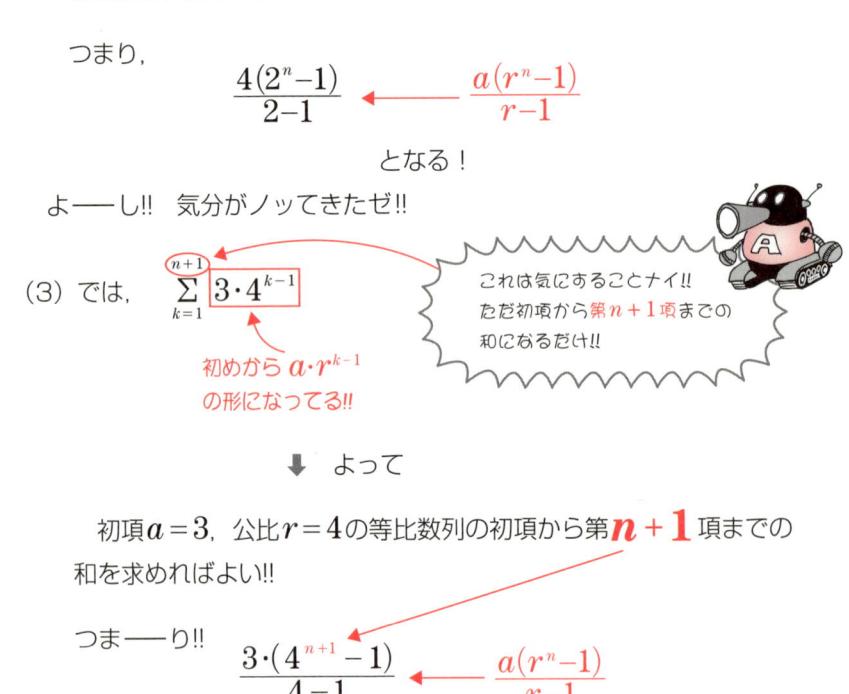

つまり，

$$\dfrac{4(2^n-1)}{2-1} \quad \longleftarrow \quad \dfrac{a(r^n-1)}{r-1}$$

となる！

よーし!! 気分がノッてきたゼ!!

(3) では，$\displaystyle\sum_{k=1}^{n+1} 3 \cdot 4^{k-1}$

初めから $a \cdot r^{k-1}$ の形になってる!!

これは気にすることナイ!! ただ初項から第 $n+1$ 項までの和になるだけ!!

⬇ よって

初項 $a=3$，公比 $r=4$ の等比数列の初項から第 $n+1$ 項までの和を求めればよい!!

つまーり!!

$$\dfrac{3 \cdot (4^{n+1}-1)}{4-1} \quad \longleftarrow \quad \dfrac{a(r^n-1)}{r-1}$$

となーる!!

Theme 4 Σ（シグマ）って何ですか？ 53

(4) では，$\sum_{k=1}^{n+2} 3 \cdot \left(-\frac{1}{2}\right)^k = \sum_{k=1}^{n+2} 3 \times \left(-\frac{1}{2}\right) \times \left(-\frac{1}{2}\right)^{k-1}$

とにかく $a \cdot r^{k-1}$ の形に!!

$= \sum_{k=1}^{n+2} \left(-\frac{3}{2}\right) \cdot \left(-\frac{1}{2}\right)^{k-1}$

　　　　　　　a　　　　r

初項から第 $n+2$ 項までの和！

↓ よって…

初項 $a = -\frac{3}{2}$，公比 $-\frac{1}{2}$ の等比数列の初項から第 $n+2$ 項までの和を求めればよい!!

つま——り!!

$$\frac{-\frac{3}{2}\left\{1-\left(-\frac{1}{2}\right)^{n+2}\right\}}{1-\left(-\frac{1}{2}\right)}$$

← $\frac{a(1-r^n)}{1-r}$ となーる!!

注 (4) の場合，公比 $-\frac{1}{2}$ が **1より小さい**ので，和の公式は

$\frac{a(r^n-1)}{r-1}$ より $\frac{a(1-r^n)}{1-r}$ のほうが使いやすい！

理由は，**分母にマイナス**がつくと，少し計算が**面倒**になる！

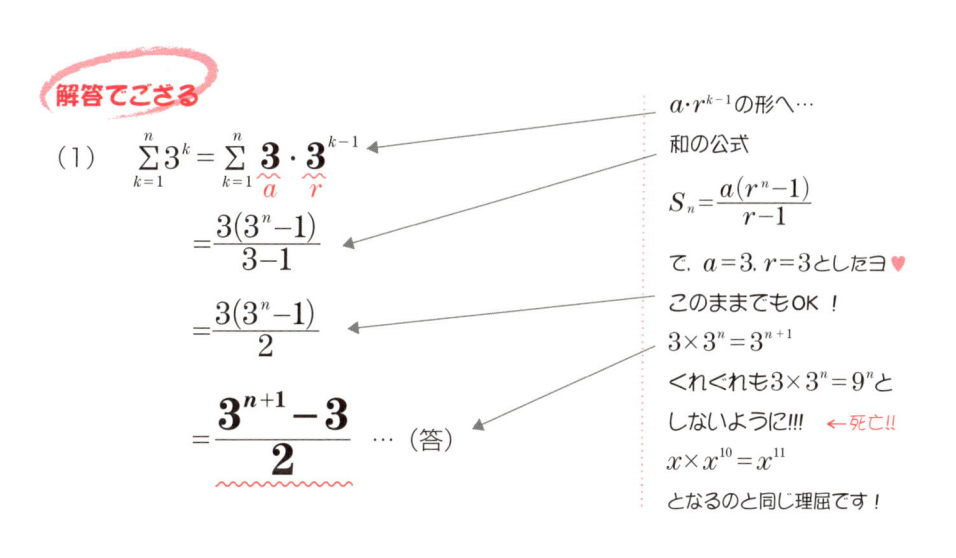

解答でござる

(1) $\sum_{k=1}^{n} 3^k = \sum_{k=1}^{n} \underset{a}{\underline{3}} \cdot \underset{r}{\underline{3}}^{k-1}$

$a \cdot r^{k-1}$ の形へ…

和の公式
$S_n = \frac{a(r^n-1)}{r-1}$

$= \frac{3(3^n-1)}{3-1}$

で，$a=3, r=3$ としたヨ ♥

$= \frac{3(3^n-1)}{2}$

このままでも OK！
$3 \times 3^n = 3^{n+1}$

$= \frac{3^{n+1}-3}{2}$ … （答）

くれぐれも $3 \times 3^n = 9^n$ としないように!!! ←死亡!!

$x \times x^{10} = x^{11}$

となるのと同じ理屈です！

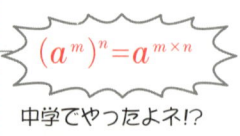

(2) $\sum_{k=1}^{n} 2^{k+1} = \sum_{k=1}^{n} 2^2 \times 2^{k-1}$

$\phantom{(2)\sum_{k=1}^{n} 2^{k+1}} = \sum_{k=1}^{n} \underset{a}{\underline{4}} \cdot \underset{r}{\underline{2}}^{k-1}$ ← $a \cdot r^{k-1}$ の形へ…

$\phantom{(2)\sum_{k=1}^{n} 2^{k+1}} = \dfrac{4(2^n - 1)}{2 - 1}$ ← 和の公式

$S_n = \dfrac{a(r^n - 1)}{r - 1}$

$\phantom{(2)\sum_{k=1}^{n} 2^{k+1}} = 4(2^n - 1)$ ← で、$a = 4$, $r = 2$ としました ♥

$\phantom{(2)\sum_{k=1}^{n} 2^{k+1}} = 4 \times 2^n - 4$ このままでもOKなんですが…

$\phantom{(2)\sum_{k=1}^{n} 2^{k+1}} = 2^2 \times 2^n - 4$ ← こーするとカッコイイ ♥♥

$x^2 \times x^{10} = x^{12}$

$\phantom{(2)\sum_{k=1}^{n} 2^{k+1}} = \underline{\mathbf{2^{n+2} - 4}}$ …（答） と同じ理屈でーーす！

(3) $\sum_{k=1}^{n+1} \underset{a}{\underline{3}} \cdot \underset{r}{\underline{4}}^{k-1}$ ← こっ、これは…
初めから $a \cdot r^{k-1}$ の形になってるぜぇ！

$ = \dfrac{3(4^{n+1} - 1)}{4 - 1}$ ← 和の公式

$S_n = \dfrac{a(r^n - 1)}{r - 1}$

$ = \dfrac{3(4^{n+1} - 1)}{3}$ で、$a = 3$, $r = 4$

さらに n のところに $n + 1$ を…

$ = \underline{\mathbf{4^{n+1} - 1}}$ …（答）

注 この場合、さらに以下のように変形してもOK!!

$ 4^{n+1} - 1 = (2^2)^{n+1} - 1$

$ = 2^{2(n+1)} - 1$ ← $(a^m)^n = a^{m \times n}$

$ = \underline{\mathbf{2^{2n+2} - 1}}$ …（答） 中学でやったよネ!?

Theme 4 Σ（シグマ）って何ですか？ 55

(4) $\sum_{k=1}^{n+2} 3 \cdot \left(-\frac{1}{2}\right)^k = \sum_{k=1}^{n+2} 3 \times \left(-\frac{1}{2}\right) \times \left(-\frac{1}{2}\right)^{k-1}$ ← $a \cdot r^{k-1}$ の形へ…

$= \sum_{k=1}^{n+2} \underbrace{\left(-\frac{3}{2}\right)}_{a} \cdot \underbrace{\left(-\frac{1}{2}\right)^{k-1}}_{r}$

$= \dfrac{-\dfrac{3}{2}\left\{1-\left(-\dfrac{1}{2}\right)^{n+2}\right\}}{1-\left(-\dfrac{1}{2}\right)}$

和の公式
$S_n = \dfrac{a(1-r^n)}{1-r}$
で、$a = -\dfrac{3}{2}$, $r = -\dfrac{1}{2}$

$= \dfrac{-\dfrac{3}{2}\left\{1-\left(-\dfrac{1}{2}\right)^{n+2}\right\}}{\dfrac{3}{2}}$

さらに n のところに
$n+2$ を…

$= -\left\{1-\left(-\dfrac{1}{2}\right)^{n+2}\right\}$ ←

$-\left(-\dfrac{1}{2}\right)^{n+2}$
$= \left(\dfrac{1}{2}\right)^{n+2}$ このマイナスをカッコの中に入れるなヨ!!
死亡!!

$= \left(-\dfrac{1}{2}\right)^{n+2} - 1$ …（答）

オレにだってオレなりの悲しみがあるんだぜ…

Theme 5 分数がいっぱい並んだら…

まずは分数を引き算の形に変形することを勉強してもらいやす…

例1
$$\frac{1}{n+1} - \frac{1}{n+2} = \frac{n+2-(n+1)}{(n+1)(n+2)} \quad \leftarrow 通分!$$

差が 1　一致！

$$= \frac{1}{(n+1)(n+2)}$$

例2
$$\frac{1}{n+2} - \frac{1}{n+5} = \frac{n+5-(n+2)}{(n+2)(n+5)} \quad \leftarrow 通分!$$

差が 3　一致！

$$= \frac{3}{(n+2)(n+5)}$$

例3
$$\frac{1}{n-3} - \frac{1}{n+4} = \frac{n+4-(n-3)}{(n-3)(n+4)} \quad \leftarrow 通分!$$

差が 7　一致！

$$= \frac{7}{(n-3)(n+4)}$$

例1～**例3** の性質をよーく見てください！
この性質を逆手にとれば以下の変形ができます。

例1 では，
$$\frac{1}{(n+1)(n+2)} = \frac{1}{n+1} - \frac{1}{n+2} \quad \leftarrow 引き算に分ける！$$

例2 では，
$$\frac{1}{(n+2)(n+5)} = \frac{1}{3}\left(\boxed{\frac{1}{n+2} - \frac{1}{n+5}}\right)$$

分子の3を1にするために $\frac{1}{3}$ をかける！

上の計算より $\frac{3}{(n+2)(n+5)}$

Theme 5　分数がいっぱい並んだら… 57

例3 では、 $\dfrac{1}{(n-3)(n+4)} = \dfrac{1}{7}\left(\dfrac{1}{n-3} - \dfrac{1}{n+4}\right)$

分子の7を1にするために $\dfrac{1}{7}$ をかける！

$\dfrac{7}{(n-3)(n+4)}$ だったネ！

では、$\dfrac{1}{(2n-1)(2n+4)}$ を引き算の形にしてみよう！

$$\dfrac{1}{(2n-1)(2n+4)} = \dfrac{1}{5}\left(\dfrac{1}{2n-1} - \dfrac{1}{2n+4}\right)$$

差が5

この **2n** にダマされるな!!
今までと同じだよ！

( ) 内は

$\dfrac{5}{(2n-1)(2n+4)}$

となるはず！

ドカンと演習

以下の分数たちを先ほどのように引き算の形に変形しておくれ ♥

(1) $\dfrac{1}{(3n-1)(3n+4)}$ 　　(2) $\dfrac{1}{(2n-3)(2n+5)}$

(3) $\dfrac{1}{(4n+2)(4n-7)}$ 　　(4) $\dfrac{2}{(2n-1)(2n+2)}$

こたえです

(1) $\dfrac{1}{(3n-1)(3n+4)} = \dfrac{1}{\color{red}5}\left(\dfrac{1}{3n-1} - \dfrac{1}{3n+4}\right)$

差が5！

(2) $\dfrac{1}{(2n-3)(2n+5)} = \dfrac{1}{\color{red}8}\left(\dfrac{1}{2n-3} - \dfrac{1}{2n+5}\right)$

差が8！

(3) **ひっかかるなよ!!** ん!?

$$\frac{1}{(4n+2)(4n-7)} = \frac{1}{(4n-7)(4n+2)}$$

$\dfrac{1}{\triangle} - \dfrac{1}{\square}$ の形にするとき，必ず △ < □ 小さい 大きい とすること!!

$$= \frac{1}{9}\left(\frac{1}{4n-7} - \frac{1}{4n+2}\right)$$

差が9！

これがポイント！

(4) $\dfrac{2}{(2n-1)(2n+2)} = 2 \times \dfrac{1}{(2n-1)(2n+2)}$

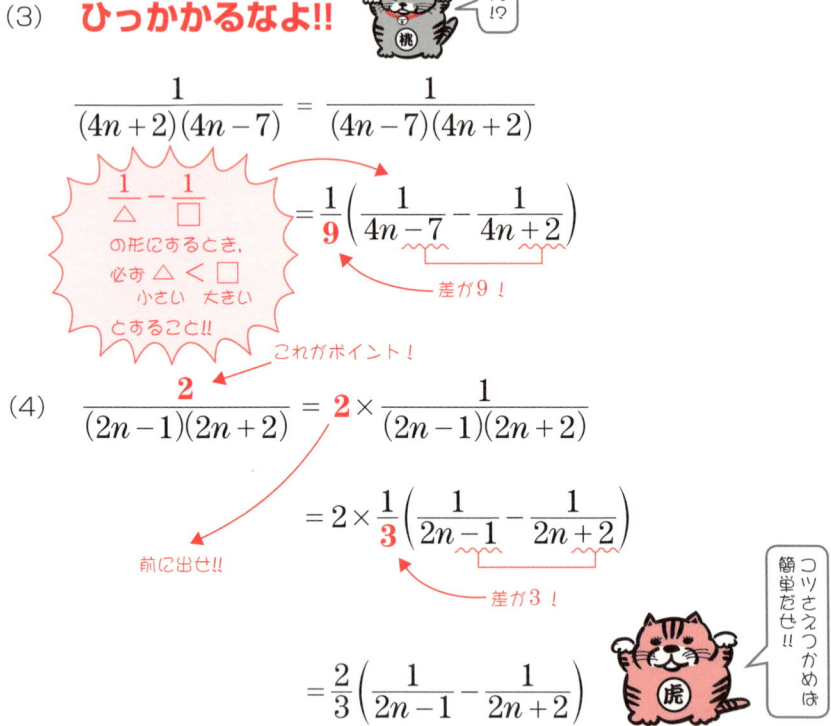

前に出せ!!

$$= 2 \times \frac{1}{3}\left(\frac{1}{2n-1} - \frac{1}{2n+2}\right)$$

差が3！

コツさえつかめば簡単だぜ!!

$$= \frac{2}{3}\left(\frac{1}{2n-1} - \frac{1}{2n+2}\right)$$

これらの変形を活用して，いっぱい並んでいる分数の和が求まるんだ…

なぜかな？ では，問題を通してコツってやつを修得していきましょう！

Theme 5 分数がいっぱい並んだら…

問題 5-1 　　　　　　　　　　　　　　　　　　　　　　基礎

次の数列の初項から第 n 項までの和を求めよ。

$$\frac{1}{2\cdot 5},\ \frac{1}{5\cdot 8},\ \frac{1}{8\cdot 11},\ \frac{1}{11\cdot 14},\ \cdots\cdots$$

ナイスな導入!!

Step 1 とりあえず，第 n 項を求めよう！

等差数列の一般項の公式
$a_n = a + (n-1)d$

初項 2，公差 3 の等差数列 $\Rightarrow$ $2 + (n-1)\times 3 = 3n - 1$

分母に注目！

$2\cdot 5,\ 5\cdot 8,\ 8\cdot 11,\ 11\cdot 14,\ \cdots\cdots$

初項 5，公差 3 の等差数列 $\Rightarrow$ $5 + (n-1)\times 3 = 3n + 2$

よって，第 n 項は $\dfrac{1}{(3n-1)(3n+2)}$ となりま――す!!

Step 2 先ほど特訓した**引き算の形**に変形！

$$\frac{1}{(3n-1)(3n+2)} = \frac{1}{3}\left(\frac{1}{3n-1} - \frac{1}{3n+2}\right)$$

差が 3！

↓ これは，第 n 項のみに起こることではナイ!!

$$\frac{1}{2\cdot 5} = \frac{1}{3}\left(\frac{1}{2} - \frac{1}{5}\right)$$

$$\frac{1}{5\cdot 8} = \frac{1}{3}\left(\frac{1}{5} - \frac{1}{8}\right)$$

$$\frac{1}{8\cdot 11} = \frac{1}{3}\left(\frac{1}{8} - \frac{1}{11}\right)$$

他の項も同様の変形が…

⋮

Step 3 仕上げは実際に書き出して加えるべし!!

$$\frac{1}{2\cdot5} + \frac{1}{5\cdot8} + \frac{1}{8\cdot11} + \frac{1}{11\cdot14} + \cdots + \frac{1}{(3n-1)(3n+2)}$$

$$= \frac{1}{3}\left(\frac{1}{2} \boxed{-\frac{1}{5} + \frac{1}{5}} \boxed{-\frac{1}{8} + \frac{1}{8}} \boxed{-\frac{1}{11} + \frac{1}{11}} \boxed{-\frac{1}{14} + \cdots + \frac{1}{3n-1}} - \frac{1}{3n+2}\right)$$

↑残る!!　すべて消える!!　残る!!

すべての項に $\frac{1}{3}$ がつくから前にくくり出しました!!　　残るのはこれだけ！　　前で $\frac{1}{2}$ が1つ残ったとゆーことは，後もこの1つが残る

$$= \frac{1}{3}\left(\frac{1}{2} - \frac{1}{3n+2}\right)$$

あとは通分して整理すればできあがり ♥

解答でござる

この数列の第 n 項は

$$\frac{1}{(3n-1)(3n+2)}$$ である。 ← 先ほどの **Step 1** だよ!!

これは次のように変形できる。

$$\frac{1}{(3n-1)(3n+2)} = \frac{1}{3}\left(\frac{1}{3n-1} - \frac{1}{3n+2}\right)$$ ← 先ほどの **Step 2** です！いっぱい特訓したもんネ ♥

このとき

$$\frac{1}{2\cdot5} + \frac{1}{5\cdot8} + \frac{1}{8\cdot11} + \cdots + \frac{1}{(3n-1)(3n+2)}$$ ← これから **Step 3** だぜ！

$$= \frac{1}{3}\left(\frac{1}{2} - \frac{1}{5} + \frac{1}{5} - \frac{1}{8} + \frac{1}{8} - \frac{1}{11} + \cdots + \frac{1}{3n-1} - \frac{1}{3n+2}\right)$$ ← どんどん消えて気持ちイイ！

$$= \frac{1}{3}\left(\frac{1}{2} - \frac{1}{3n+2}\right)$$

$$= \frac{1}{3} \times \frac{3n+2-2}{2(3n+2)}$$ ← ( ) 内を通分！

$$= \frac{1}{3} \times \frac{3n}{2(3n+2)}$$

$$= \frac{n}{2(3n+2)}$$ … (答) ← 分母を展開して $\frac{n}{6n+4}$ としてもOK！

Theme 5 分数がいっぱい並んだら… 61

では，いっぱい練習しようぜ!!

問題 5-2　　　　　　　　　　　　　　　　　　　　　　　　基礎

次のそれぞれの計算をせよ。

(1) $\displaystyle\sum_{k=1}^{n}\frac{1}{k(k+1)}$ 　　　(2) $\displaystyle\sum_{k=1}^{n}\frac{1}{4k^2-1}$

(3) $\displaystyle\sum_{k=1}^{n}\frac{1}{k(k+2)}$ 　　　(4) $\displaystyle\sum_{k=1}^{n}\frac{1}{(k+1)(k+2)(k+3)}$

ナイスな導入!!

本問は，前問の 問題5-1 を Σ（シグマ）を用いて表しただけのようなものです！ ですから（1），（2）は後の解説を参照してください。
（3）は一味違いますョ ♥

$$\sum_{k=1}^{n}\frac{1}{k(k+2)} = \sum_{k=1}^{n}\frac{1}{2}\left(\frac{1}{k}-\frac{1}{k+2}\right)$$

（ここまでは同じ！　差が2！）

↓ 実際書き出してみよう！

$$\frac{1}{2}\left(\underbrace{\frac{1}{1}-\frac{1}{3}}_{k=1}+\underbrace{\frac{1}{2}-\frac{1}{4}}_{k=2}+\underbrace{\frac{1}{3}-\frac{1}{5}}_{k=3}+\underbrace{\frac{1}{4}-\frac{1}{6}}_{k=4}+\underbrace{\frac{1}{5}-\frac{1}{7}}_{k=5}+\cdots\cdots\right.$$

$$\left.\cdots\cdots+\underbrace{\frac{1}{n-1}-\frac{1}{n+1}}_{k=n-1}+\underbrace{\frac{1}{n}-\frac{1}{n+2}}_{k=n}\right)$$

↓ では，どのように消える？

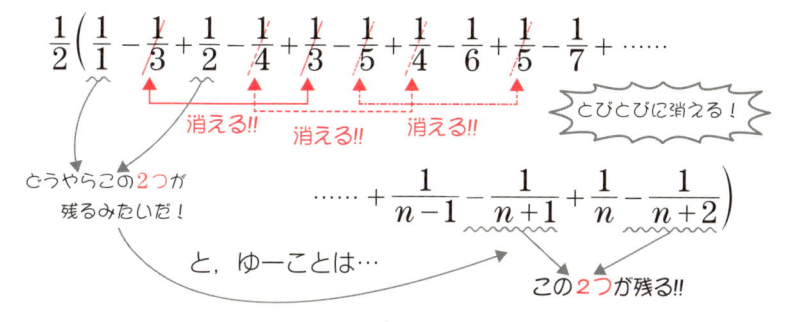

$$\frac{1}{2}\left(\frac{1}{1}-\frac{\cancel{1}}{\cancel{3}}+\frac{1}{2}-\frac{\cancel{1}}{\cancel{4}}+\frac{\cancel{1}}{\cancel{3}}-\frac{\cancel{1}}{\cancel{5}}+\frac{\cancel{1}}{\cancel{4}}-\frac{1}{6}+\frac{\cancel{1}}{\cancel{5}}-\frac{1}{7}+\cdots\cdots\right.$$

消える!!　消える!!　消える!!　　とびとびに消える！

どうやらこの2つが残るみたいだ！

$$\left.\cdots\cdots+\frac{1}{n-1}-\frac{1}{n+1}+\frac{1}{n}-\frac{1}{n+2}\right)$$

と，ゆーことは…　　この2つが残る!!

理由は簡単

前のほうで△ー□と引き算に分けた△が2つ残るんだから，後のほうでは，△ー□と引き算に分けた□が2つ残る!!

そーしないと，数が合わないでしょ？

⬇ てなワケで

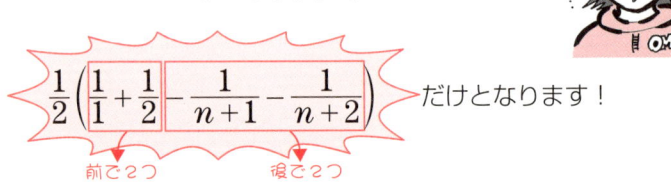

残るのは $\dfrac{1}{2}\left(\dfrac{1}{1}+\dfrac{1}{2}-\dfrac{1}{n+1}-\dfrac{1}{n+2}\right)$ だけとなります！

前で2つ　　　後で2つ

(4) もいい味出してるよ!!

これも覚えておいて！

ここに何が入るかな？

$$\dfrac{1}{(k+1)(k+2)(k+3)} = \boxed{?}\left\{\dfrac{1}{(k+1)(k+2)} - \dfrac{1}{(k+2)(k+3)}\right\}$$

3つある!!　　　まん中の $k+2$ をダブらせる!!

⬇ そこで…

{ } 内を通分してみよう!!

$$\dfrac{1}{(k+1)(k+2)} - \dfrac{1}{(k+2)(k+3)} = \dfrac{k+3-(k+1)}{(k+1)(k+2)(k+3)}$$

$$= \dfrac{2}{(k+1)(k+2)(k+3)}$$

⬇ と，ゆーことは…

$\boxed{?}$ に入る分数は，この **2** を1にする目的で $\dfrac{1}{2}$ が入る!!

⬇ 以上より

$$\dfrac{1}{(k+1)(k+2)(k+3)} = \dfrac{1}{2}\left\{\dfrac{1}{(k+1)(k+2)} - \dfrac{1}{(k+2)(k+3)}\right\}$$

と変形できます！

あとは，いつも通り書き出して加えるのみ!!

解答でござる

(1) $\displaystyle\sum_{k=1}^{n}\dfrac{1}{k(k+1)}=\sum_{k=1}^{n}\left(\dfrac{1}{k}-\dfrac{1}{k+1}\right)$

$=\underbrace{\boxed{\dfrac{1}{1}}-\dfrac{1}{2}}_{k=1}+\underbrace{\dfrac{1}{2}-\dfrac{1}{3}}_{k=2}+\underbrace{\dfrac{1}{3}-\dfrac{1}{4}}_{k=3}+\cdots+\underbrace{\dfrac{1}{n}-\boxed{\dfrac{1}{n+1}}}_{k=n}$

$=1-\dfrac{1}{n+1}$

$=\boldsymbol{\dfrac{n}{n+1}}$ …（答）

$\dfrac{1}{k(k+1)}$
$=\dfrac{1}{k}-\dfrac{1}{k+1}$
差が1！
だから，前に分数はいらん！
バシバシ消える！

通分です!!
$\dfrac{n+1}{n+1}-\dfrac{1}{n+1}$ より

(2) $\displaystyle\sum_{k=1}^{n}\dfrac{1}{4k^2-1}=\sum_{k=1}^{n}\dfrac{1}{(2k-1)(2k+1)}$

$=\displaystyle\sum_{k=1}^{n}\dfrac{1}{2}\left(\dfrac{1}{2k-1}-\dfrac{1}{2k+1}\right)$ 　差が2！

$=\dfrac{1}{2}\left(\underbrace{\boxed{\dfrac{1}{1}}-\dfrac{1}{3}}_{k=1}+\underbrace{\dfrac{1}{3}-\dfrac{1}{5}}_{k=2}+\underbrace{\dfrac{1}{5}-\dfrac{1}{7}}_{k=3}+\cdots\right.$

$\left.\cdots+\underbrace{\dfrac{1}{2n-1}-\boxed{\dfrac{1}{2n+1}}}_{k=n}\right)$

$=\dfrac{1}{2}\left(1-\dfrac{1}{2n+1}\right)$

$=\dfrac{1}{2}\times\dfrac{2n}{2n+1}$

$=\boldsymbol{\dfrac{n}{2n+1}}$ …（答）

$4k^2-1$
$=(2k)^2-1^2$
$=(2k+1)(2k-1)$
$a^2-b^2=(a+b)(a-b)$
です！
（ ）内を
$\dfrac{1}{2k+1}-\dfrac{1}{2k-1}$
としないように!!
分母が小さいほうが前！
残るのはこれだけ!!
$\dfrac{1}{2}\times\left(\dfrac{2n+1}{2n+1}-\dfrac{1}{2n+1}\right)$ より

(3) $\displaystyle\sum_{k=1}^{n}\dfrac{1}{k(k+2)}=\sum_{k=1}^{n}\dfrac{1}{2}\left(\dfrac{1}{k}-\dfrac{1}{k+2}\right)$

$=\dfrac{1}{2}\left(\underbrace{\boxed{\dfrac{1}{1}}-\dfrac{\cancel{1}}{\cancel{3}}}_{k=1}+\underbrace{\boxed{\dfrac{1}{2}}-\dfrac{\cancel{1}}{\cancel{4}}}_{k=2}+\underbrace{\dfrac{\cancel{1}}{\cancel{3}}-\dfrac{\cancel{1}}{\cancel{5}}}_{k=3}+\underbrace{\dfrac{\cancel{1}}{\cancel{4}}-\dfrac{\cancel{1}}{\cancel{6}}}_{k=4}+\cdots\right.$

$\left.\cdots+\underbrace{\dfrac{\cancel{1}}{\cancel{n-1}}-\boxed{\dfrac{1}{n+1}}}_{k=n-1}+\underbrace{\dfrac{\cancel{1}}{\cancel{n}}-\boxed{\dfrac{1}{n+2}}}_{k=n}\right)$

この消え方が最大のポイント!! 先ほどの解説をよく読んでネ♥

$= \dfrac{1}{2}\left(1+\dfrac{1}{2}-\dfrac{1}{n+1}-\dfrac{1}{n+2}\right)$ ← 残るのはこれだけ！

$= \dfrac{1}{2}\left(\dfrac{3}{2}-\dfrac{1}{n+1}-\dfrac{1}{n+2}\right)$

$= \dfrac{1}{2} \times \dfrac{3(n+1)(n+2)-2(n+2)-2(n+1)}{2(n+1)(n+2)}$ ← 通分でござる！

$= \dfrac{3n^2+5n}{4(n+1)(n+2)}$ ← このままでもOK！

$= \dfrac{\boldsymbol{n(3n+5)}}{\boldsymbol{4(n+1)(n+2)}}$ … （答）

分母, 分子ともに展開して

$\dfrac{3n^2+5n}{4n^2+12n+8}$

としてもOK！
でも, カッコ悪いよ…

(4) $\displaystyle\sum_{k=1}^{n}\dfrac{1}{(k+1)(k+2)(k+3)}$

$= \displaystyle\sum_{k=1}^{n}\dfrac{1}{2}\left\{\dfrac{1}{(k+1)(k+2)}-\dfrac{1}{(k+2)(k+3)}\right\}$ ← さっきの解説の通り, この変形がポイント！

$= \dfrac{1}{2}\Big\{\boxed{\dfrac{1}{2\cdot3}}-\dfrac{1}{3\cdot4}+\dfrac{1}{3\cdot4}-\dfrac{1}{4\cdot5}+\dfrac{1}{4\cdot5}-\dfrac{1}{5\cdot6}+\cdots$
$\qquad\qquad\quad k=1 \qquad\quad k=2 \qquad\quad k=3$

$\qquad\cdots+\dfrac{1}{(n+1)(n+2)}-\boxed{\dfrac{1}{(n+2)(n+3)}}\Big\}$
$\qquad\qquad\qquad\qquad\qquad k=n$

← バンバン消えるよ♥

$= \dfrac{1}{2}\left\{\dfrac{1}{6}-\dfrac{1}{(n+2)(n+3)}\right\}$ ← 残るのはこれだけ！

$= \dfrac{1}{2}\times\dfrac{(n+2)(n+3)-6}{6(n+2)(n+3)}$ ← 通分しなきゃネ♥

$= \dfrac{1}{2}\times\dfrac{n^2+5n}{6(n+2)(n+3)}$

$= \dfrac{\boldsymbol{n(n+5)}}{\boldsymbol{12(n+2)(n+3)}}$ … （答）

分母＆分子を展開して

$\dfrac{n^2+5n}{12n^2+60n+72}$

としてもOK！
あまり, おすすめしませんが…

Theme 6 ずらして引くのがポイントです！

最初はコレ!! 等比数列の和の公式の証明です。

問題 6-1　　　　　　　　　　　　　　　　　　　　　　**基礎**

初項 a，公比 r の等比数列の初項から第 n 項までの和を S_n とするとき

$$S_n = \frac{a(r^n-1)}{r-1}$$

となることを証明せよ。

ただし $r \neq 1$ とする。

解答でござる

$S_n = a + ar + ar^2 + ar^3 + \cdots\cdots + ar^{n-1}$ …①　← 等比数列の第 n 項は $a \cdot r^{n-1}$ でしたネ ♥

このとき，①の両辺を r 倍すると

$rS_n = ar + ar^2 + ar^3 + ar^4 + \cdots\cdots + ar^n$ …②　← すべてを r 倍する！

②－①を考える

　　　　　　　　　　　　　　　　　消える！
$$rS_n = \boxed{ar + ar^2 + ar^3 + ar^4 + \cdots + ar^{n-1}} + ar^n$$
$$-)\ \ S_n = a\boxed{+ ar + ar^2 + ar^3 + ar^4 + \cdots + ar^{n-1}}$$
$$\overline{(r-1)S_n = -a \hspace{4cm} + ar^n}$$

ar^n の１つ前は $a \cdot r^{n-1}$

これがウワサの **ずらし引き** だ！

$(r-1)S_n = a(r^n - 1)$

$\therefore\ S_n = \dfrac{a(r^n-1)}{r-1}$ 　($r \neq 1$ より)　← $r \neq 1$ だから，分母の $r-1$ が０になる心配がナイ!!

（証明おわり）

これからが本番だぁ―っ！

問題 6-2 　標準

次のそれぞれの計算をせよ。

(1) $\sum_{k=1}^{n} k \cdot 2^k$ 　　　　(2) $\sum_{k=1}^{n} (2k-1) \cdot 3^k$

ナイスな導入!!

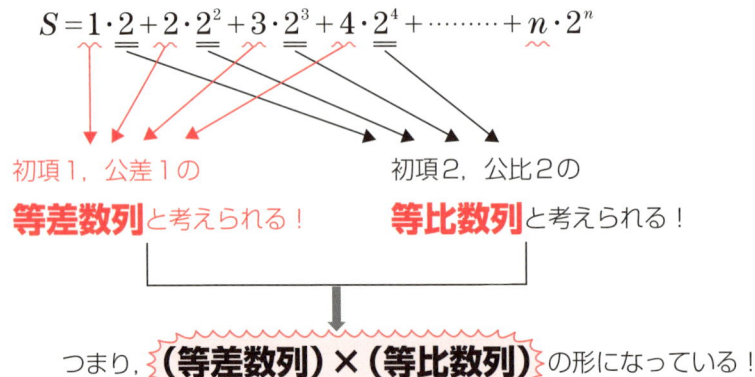

(1) $\sum_{k=1}^{n} k \cdot 2^k = S$ とおきます！

この S を実際に書き出してみましょう ♥

$$S = 1 \cdot 2 + 2 \cdot 2^2 + 3 \cdot 2^3 + 4 \cdot 2^4 + \cdots\cdots + n \cdot 2^n$$

初項1，公差1の **等差数列** と考えられる！

初項2，公比2の **等比数列** と考えられる！

つまり，**(等差数列)×(等比数列)** の形になっている！

↓ こーゆーときは…

ずらし引きだ!!

えーっ

Theme 6 ずらして引くのがポイントです！

ではやってみましょう！

イメージは，等比数列の公比を r とすると（この場合は **2**）

$$S - rS$$ を求めることです！

$n \cdot 2^n$ の1つ前は $(n-1) \cdot 2^{n-1}$ がある！

$S - 2S$ を求める！

$$
\begin{array}{l}
 S = 1\cdot 2 + 2\cdot 2^2 + 3\cdot 2^3 + 4\cdot 2^4 + \cdots\cdots + n\cdot 2^n \\
-)\; 2S = 1\cdot 2^2 + 2\cdot 2^3 + 3\cdot 2^4 + \cdots\cdots + (n-1)\cdot 2^n + n\cdot 2^{n+1} \\
\hline
-S = 2 + 2^2 + 2^3 + 2^4 + \cdots\cdots + 2^n - n\cdot 2^{n+1}
\end{array}
$$

$2^\triangle$ が1コずつ登場する！

$$S = -(2 + 2^2 + 2^3 + 2^4 + \cdots\cdots + 2^n) + n\cdot 2^{n+1}$$

初項2，公比2，項数 n の等比数列の和

$$S = -\boxed{\dfrac{2(2^n - 1)}{2 - 1}} + n\cdot 2^{n+1}$$

等比数列の和の公式 $\dfrac{a(r^n - 1)}{r - 1}$ で $a = 2$，$r = 2$ としたヨ！

あとは，これを計算してオシマイ!!

(2) も同様です。(1)で活躍した**ずらし引き**を使いまっせ♥

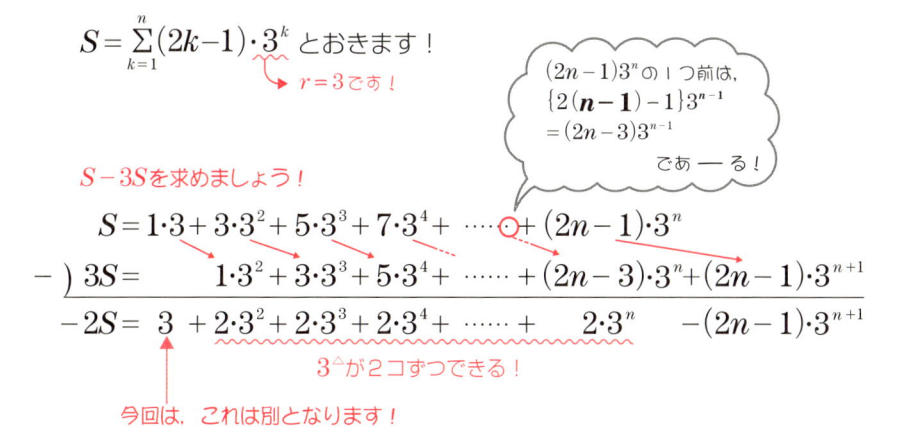

$$S = \sum_{k=1}^{n}(2k-1)\cdot 3^k \text{ とおきます！}$$

$r = 3$ です！

$(2n-1)3^n$ の1つ前は，
$\{2(\boldsymbol{n-1})-1\}3^{n-1}$
$= (2n-3)3^{n-1}$
であーる！

$S - 3S$ を求めましょう！

$$
\begin{array}{l}
 S = 1\cdot 3 + 3\cdot 3^2 + 5\cdot 3^3 + 7\cdot 3^4 + \cdots\cdots + (2n-1)\cdot 3^n \\
-)\; 3S = 1\cdot 3^2 + 3\cdot 3^3 + 5\cdot 3^4 + \cdots\cdots + (2n-3)\cdot 3^n + (2n-1)\cdot 3^{n+1} \\
\hline
-2S = 3 + 2\cdot 3^2 + 2\cdot 3^3 + 2\cdot 3^4 + \cdots\cdots + 2\cdot 3^n - (2n-1)\cdot 3^{n+1}
\end{array}
$$

$3^\triangle$ が2コずつできる！

今回は，これは別となります！

$$2S = -3 - 2(3^2 + 3^3 + 3^4 + \cdots + 3^n) + (2n-1) \cdot 3^{n+1}$$

<u>初項</u>$3^2 = 9$, <u>公比</u>3, <u>項数</u>$\boldsymbol{n-1}$の等比数列の和

2からnまで$\boldsymbol{n-1}$つ

$$2S = -3 - 2 \times \boxed{\dfrac{9(3^{n-1}-1)}{3-1}} + (2n-1) \cdot 3^{n+1}$$

等比数列の和の公式 $\dfrac{a(r^n-1)}{r-1}$ で,

$a = 9$, $r = 3$ さらに, nのところに $\boldsymbol{n-1}$ を入れたよ！

あとはこれをまとめるだけです！

$S = \cdots$ の形にすればお望みの答えが!!

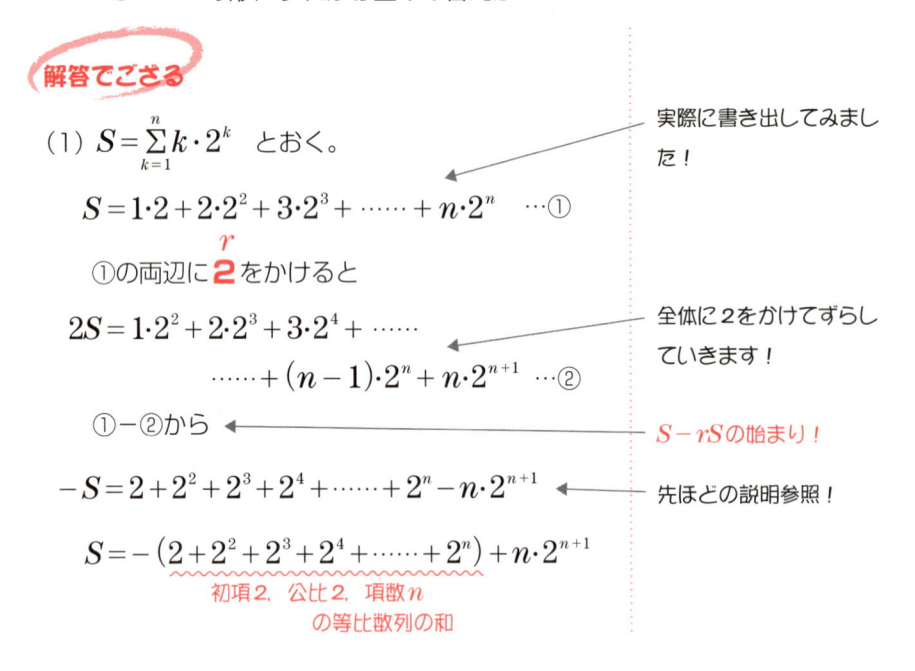

解答でござる

(1) $S = \displaystyle\sum_{k=1}^{n} k \cdot 2^k$ とおく。

$S = 1 \cdot 2 + 2 \cdot 2^2 + 3 \cdot 2^3 + \cdots + n \cdot 2^n$ …①

実際に書き出してみました！

①の両辺に $\overset{r}{\boldsymbol{2}}$ をかけると

$2S = 1 \cdot 2^2 + 2 \cdot 2^3 + 3 \cdot 2^4 + \cdots$
$\quad \cdots + (n-1) \cdot 2^n + n \cdot 2^{n+1}$ …②

全体に2をかけてずらしていきます！

①-②から

$S - rS$の始まり！

$-S = 2 + 2^2 + 2^3 + 2^4 + \cdots + 2^n - n \cdot 2^{n+1}$

先ほどの説明参照！

$S = -(2 + 2^2 + 2^3 + 2^4 + \cdots + 2^n) + n \cdot 2^{n+1}$

初項2, 公比2, 項数nの等比数列の和

Theme 6　ずらして引くのがポイントです！　69

$$S = -\boxed{\dfrac{2(2^n-1)}{2-1}} + n\cdot 2^{n+1}$$

$$S = -2(2^n-1) + n\cdot 2^{n+1}$$

$$S = -2\times 2^n + 2 + n\cdot 2^{n+1}$$

$$S = -2^{n+1} + 2 + n\cdot 2^{n+1}$$

$$\therefore\ S = (\boldsymbol{n-1})\cdot \boldsymbol{2}^{\boldsymbol{n+1}} + \boldsymbol{2}\ \cdots\text{(答)}$$

等比数列の和の公式
$$\dfrac{a(r^n-1)}{r-1}$$
の活用!!

$2\times 2^n = 2^{n+1}$
これは
　$x\times x^{10} = x^{11}$
　$2\times 2^{10} = 2^{11}$
　　　　と同様です！

(2)　$S = \displaystyle\sum_{k=1}^{n}(2k-1)\cdot 3^k$　とおく。

$$S = 1\cdot 3 + 3\cdot 3^2 + 5\cdot 3^3 + \cdots + (2n-1)\cdot 3^n\ \cdots①$$

①の両辺に $\overset{r}{\boldsymbol{3}}$ をかけると

$$3S = 1\cdot 3^2 + 3\cdot 3^3 + 5\cdot 3^4 + \cdots\cdots$$
$$\cdots\cdots + (2n-3)\cdot 3^n + (2n-1)\cdot 3^{n+1}\ \cdots②$$

①-②から

$$-2S = 3 + 2\cdot 3^2 + 2\cdot 3^3 + \cdots\cdots$$
$$\cdots\cdots + 2\cdot 3^n - (2n-1)\cdot 3^{n+1}$$

$$2S = -3 - 2(3^2 + 3^3 + \cdots + 3^n) + (2n-1)\cdot 3^{n+1}$$

　　　初項$3^2=9$，公比3，項数$n-1$
　　　の等比数列の和

実際に書き出してみました！

うまくずれたネ♥

$S-rS$ の始まり！
先ほどの説明参照！

$$2S = -3 - 2 \times \boxed{\frac{9(3^{n-1}-1)}{3-1}} + (2n-1)\cdot 3^{n+1}$$

$$2S = -3 - 2 \times \frac{9 \times 3^{n-1} - 9}{2} + (2n-1)\cdot 3^{n+1}$$

$$2S = -3 - \mathbf{9 \times 3^{n-1}} + 9 + (2n-1)\cdot 3^{n+1}$$

$$2S = -3 - \mathbf{3^{n+1}} + 9 + (2n-1)\cdot 3^{n+1}$$

$$2S = (2n-2)\cdot 3^{n+1} + 6$$

$$\therefore\ S = \underline{(\boldsymbol{n-1})\cdot \mathbf{3}^{n+1} + 3}\ \cdots (答)$$

等比数列の和の公式

$$\frac{a(r^n-1)}{r-1}$$

の活用！

↓

$a=9$, $r=3$, n のところに **$n-1$** をブチ込む！

$9 \times 3^{n-1}$
$= 3^2 \times 3^{n-1}$
$= 3^{n+1}$

$2+n-1 = n+1$

両辺を2で割ったヨ！

感動的なテクニックだ…

Theme 6 ずらして引くのがポイントです！

レベルを上げて，ダメ押しや!!

問題 6-3　ちょいムズ

次のそれぞれの値を求めよ。

(1) $\sum_{k=1}^{n} k \cdot 3^{k-1}$　　　(2) $\sum_{k=1}^{n} k^2 \cdot 3^{k-1}$

ナイスな導入!!

(1) は 問題 6-2 とほとんど同じです！　っていうかまったく同じと言っても過言ではないという噂が…

(2) はちょーーっと**ムズカシイ**っすよ♥

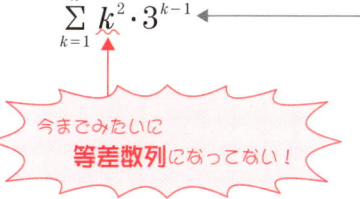

$$\sum_{k=1}^{n} k^2 \cdot 3^{k-1}$$

(1) に似てることは確かだ…
今までの方針は使えないかな…

今までみたいに**等差数列**になってない！

⬇　で，今まで通り**ずらし引き**をやってみようよ♥　$S - rS$

$S = \sum_{k=1}^{n} k^2 \cdot 3^{k-1}$ とおいてみよう！

実際に書き出してみると…

$$S = 1^2 \cdot 1 + 2^2 \cdot 3 + 3^2 \cdot 3^2 + 4^2 \cdot 3^3 + \cdots + \underset{(n-1)^2 3^{n-2}}{\bigcirc} + n^2 \cdot 3^{n-1}$$

($3^0 = 1$)

$$-\underline{)\, 3S = \qquad 1^2 \cdot 3 + 2^2 \cdot 3^2 + 3^2 \cdot 3^3 + \cdots + (n-1)^2 \cdot 3^{n-1} + n^2 \cdot 3^n}$$

$$-2S = 1 + (2^2 - 1^2) \cdot 3 + (3^2 - 2^2) \cdot 3^2 + (4^2 - 3^2) \cdot 3^3 + \cdots$$
$$\cdots + (2n-1) \cdot 3^{n-1} - n^2 \cdot 3^n$$

$$-2S = \boxed{1 + 3 \cdot 3 + 5 \cdot 3^2 + 7 \cdot 3^3 + \cdots + (2n-1) \cdot 3^{n-1}} - n^2 \cdot 3^n$$

$1 \cdot 3^0$ だったよネ♥

$n^2 - (n-1)^2$
$= n^2 - n^2 + 2n - 1$
$= 2n - 1$

⬇ シグマで書きなおすと…

$$-2S = \boxed{\sum_{k=1}^{n} (2k-1) \cdot 3^{k-1}} - n^2 \cdot 3^n$$

nをkに…

$$-2S = \boxed{2 \sum_{k=1}^{n} k \cdot 3^{k-1} - \sum_{k=1}^{n} 3^{k-1}} - n^2 \cdot 3^n$$

$\sum_{k=1}^{n}(2k-1) \cdot 3^{k-1}$
$= \sum_{k=1}^{n}(2k \cdot 3^{k-1} - 3^{k-1})$
と分解!!

このとき

☞ $\sum_{k=1}^{n} k \cdot 3^{k-1}$ は（1）の答!!

☞ $\sum_{k=1}^{n} 3^{k-1}$ は，問題 **4-3** で特訓したよネ♥

$$\sum_{k=1}^{n} 3^{k-1} = \sum_{k=1}^{n} \underset{a\ \ r}{1 \cdot 3^{k-1}} \text{より，初項}\underset{a}{1}，\text{公比}\underset{r}{3}，\text{項数}\underset{n}{n}\text{の}$$

等比数列の和である！

よーし!! 解けそうな感じがしてきたかな？

Theme 6 ずらして引くのがポイントです！

解答でござる

(1) $A = \sum_{k=1}^{n} k \cdot 3^{k-1}$ とおく。

このとき、（$3^0 = 1$）

$$A = 1\cdot 1 + 2\cdot 3 + 3\cdot 3^2 + 4\cdot 3^3 + \cdots + n\cdot 3^{n-1} \quad \cdots ①$$

← 実際に書き出してみよう!!

①の両辺を3倍して

$$3A = 1\cdot 3 + 2\cdot 3^2 + 3\cdot 3^3 + 4\cdot 3^4 + \cdots\cdots$$
$$\cdots\cdots + (n-1)\cdot 3^{n-1} + n\cdot 3^n \quad \cdots ②$$

← よーし！ うまくずれたゾ!!

①-②から

$$\begin{array}{r} A = 1\cdot 1 + 2\cdot 3 + 3\cdot 3^2 + 4\cdot 3^3 + \cdots + n\cdot 3^{n-1} \\ -)\ 3A = 1\cdot 3 + 2\cdot 3^2 + 3\cdot 3^3 + \cdots + (n-1)3^{n-1} + n\cdot 3^n \\ \hline -2A = 1 + 3 + 3^2 + 3^3 + \cdots + 3^{n-1} - n\cdot 3^n \end{array}$$

$$2A = -(1 + 3 + 3^2 + 3^3 + \cdots\cdots + 3^{n-1}) + n\cdot 3^n$$

初項 1　公比 3　項数 n の等比数列の和

n つ
$1, 3, 3^2, 3^3, \cdots\cdots, 3^{n-1}$
$\times 3\ \times 3\ \times 3\ \times 3$

$$2A = -\boxed{\dfrac{1\cdot (3^n - 1)}{3-1}} + n\cdot 3^n$$

$\dfrac{a(r^n - 1)}{r-1}$ ← 和の公式

$$2A = -\dfrac{3^n - 1}{2} + \dfrac{2n\cdot 3^n}{2}$$

← 通分しまーす！

$$2A = \dfrac{(2n-1)\cdot 3^n + 1}{2}$$

← 3^n でくくりました！

$$\therefore\ A = \underline{\dfrac{(2n-1)\cdot 3^n + 1}{4}} \quad \cdots \text{(答)}$$

(2) $S = \sum_{k=1}^{n} k^2 \cdot 3^{k-1}$ とおく。

$$S = 1^2 \cdot 1 + 2^2 \cdot 3 + 3^2 \cdot 3^2 + 4^2 \cdot 3^3 + \cdots + n^2 \cdot 3^{n-1} \quad \cdots ①$$

$3^0 = 1$

とにかく書き出してみようよ ♥

①の両辺を3倍して

$$3S = 1^2 \cdot 3 + 2^2 \cdot 3^2 + 3^2 \cdot 3^3 + 4^2 \cdot 3^4 + \cdots$$
$$\cdots + (n-1)^2 \cdot 3^{n-1} + n^2 \cdot 3^n \quad \cdots ②$$

とりあえず **ずらし**ましたよ ♥

① − ②より

$$-2S = 1 + (2^2 - 1^2) \cdot 3 + (3^2 - 2^2) \cdot 3^2 + (4^2 - 3^2) \cdot 3^3$$
$$+ \cdots + \{n^2 - (n-1)^2\} \cdot 3^{n-1} - n^2 \cdot 3^n$$

"ずらし引き" です！

$$-2S = 1 + 3 \cdot 3 + 5 \cdot 3^2 + 7 \cdot 3^3 + \cdots$$
$$\cdots + (2n-1) \cdot 3^{n-1} - n^2 \cdot 3^n$$

$2^2 - 1^2 = 3$
$3^2 - 2^2 = 5$
$\vdots$
$n^2 - (n-1)^2 = 2n - 1$
と計算しました！

$$-2S = \sum_{k=1}^{n} (2k-1) \cdot 3^{k-1} - n^2 \cdot 3^n$$

$$-2S = 2\sum_{k=1}^{n} k \cdot 3^{k-1} - \sum_{k=1}^{n} 3^{k-1} - n^2 \cdot 3^n$$

$k=1$とすると
  $(2 \times 1 - 1) 3^{1-1}$
  $= 1 \cdot 3^0$
  $= 1 \cdot 1$
  $= 1$
つまり1も仲間！

(1)の**A**

初項1，公比3，項数nの等比数列の和

(1)の**A**より

$$-2S = 2\boldsymbol{A} - \frac{1 \cdot (3^n - 1)}{3 - 1} - n^2 \cdot 3^n$$

$$-2S = 2 \times \frac{(2n-1) \cdot 3^n + 1}{4} - \frac{3^n - 1}{2} - \frac{2n^2 \cdot 3^n}{2}$$

$$-2S = \frac{-(2n^2 - 2n + 2) \cdot 3^n + 2}{2}$$

$$\therefore \quad S = \frac{(\boldsymbol{n^2 - n + 1}) \cdot \boldsymbol{3^n} - 1}{\boldsymbol{2}} \cdots \text{(答)}$$

$\sum_{k=1}^{n} 3^{k-1}$
$= \sum_{k=1}^{n} \underset{a}{1} \cdot \underset{r}{3}^{k-1}$

$-2S = \dfrac{-2(n^2 - n + 1) \cdot 3^n + 2}{2}$

両辺を−2で割る!!

Theme 7 階差数列って何？

とりあえず**例**を…

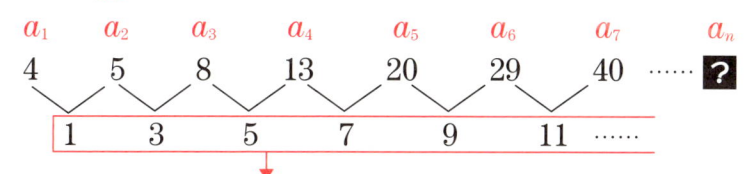

a_1 a_2 a_3 a_4 a_5 a_6 a_7 …… a_n
4　5　8　13　20　29　40 …… ?

差：1　3　5　7　9　11 ……

この隣り合う2項間の差を並べた数列を

階差数列と申します!!

⬇ で，目的は…

a_nをいかに求めるか？　です

ここで，この例を生かしていろいろ考えてみましょ♥

👉　a_{10}は，どーなるかな？

$a_{10} = 4 + \underbrace{1 + 3 + 5 + 7 + 9 + \cdots\cdots}_{9 \text{コ}}$

イメージ

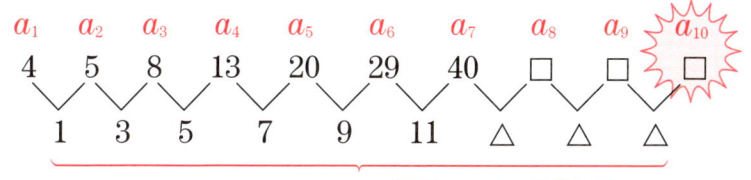

a_1 a_2 a_3 a_4 a_5 a_6 a_7 a_8 a_9 a_{10}
4　5　8　13　20　29　40　□　□　□

差：1　3　5　7　9　11　△　△　△

$\underbrace{}_{9 \text{コ}}$　←小学校でやった植木算と同じ！
間の数は10より1つ少ない9になります

このとき，階差数列の1，3，5，7，…は初項1，公差2の等差数列であるから，第k項をkの式で表すと…

$\underset{a}{1} + (\underset{d}{k-1}) \times 2$ ← $a + \underbrace{(n-1)}_{k\text{にある}}d$

$= 2k - 1$ となります。♥

⬇ と，ゆーワケで…

シグマを使ってカッコよく表現すると…

$$a_{10} = 4 + \sum_{k=1}^{9}(2k-1)$$

a_1

→ なぜ9かがポイント！10より1つ少ない**9**

この調子で…

$$a_{100} = 4 + \sum_{k=1}^{99}(2k-1)$$

a_1

→ 100より1つ少ない**99**

$$a_{500} = 4 + \sum_{k=1}^{499}(2k-1)$$

→ 500より1つ少ない**499**

⬇ これを一般化すると…

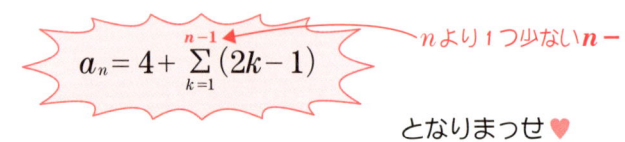

$$a_n = 4 + \sum_{k=1}^{n-1}(2k-1)$$

→ nより1つ少ない**n-1**

となりまっせ♥

なるほど!!

これを計算して,

$$a_n = 4 + 2 \times \frac{(n-1)n}{2} - 1 \times (n-1)$$

← -1がn-1コ

$$a_n = 4 + n^2 - n - n + 1$$

∴ $a_n = n^2 - 2n + 5$ …（＊）

$\sum_{k=1}^{n} k = \frac{n(n+1)}{2}$

のnを**n-1**に置き換える！

$\frac{(n-1)(n-1+1)}{2}$

しかし，この答は，

$$a_n = 4 + \sum_{k=1}^{n-1}(2k-1)$$

n=1のときヤバイ!!

から求めたため,

$n=1$のとき

$$a_1 = 4 + \sum_{k=1}^{0}(2k-1)$$

← おかしくなる!!

となり，式として成立しない!!

つまり，初項a_1でうまくいく保証がナイのだ!!

そこで，a_1がうまくいくかどうかを確認してホシイ!!
（＊）で$n=1$とすると，$a_1 = 1^2 - 2 \times 1 + 5 = 4$ となり，ここで初めて
（＊）でa_1もうまく求めることができると判明する！

これを確認した上で

$$a_n = n^2 - 2n + 5$$ と解答してください♥

> nに1, 2, 3, 4, ……とハメていってごらん♥
> ちゃんと, a_1 a_2 a_3 a_4 a_5
> 　　　　　4,　5,　8,　13,　20,　…… と求まるヨ♥♥

では，この練習をやりましょうか！

問題 7-1　　　　　　　　　　　　　　　　　　　　　　　　標準

次のそれぞれの数列の一般項を求めよ。
(1)　2, 4, 7, 11, 16, 22, ……
(2)　5, 17, 35, 59, 89, 125, ……
(3)　1, 3, 7, 15, 31, 63, ……

ナイスな導入!!

先ほどのお話をここらで一般化しておきます！

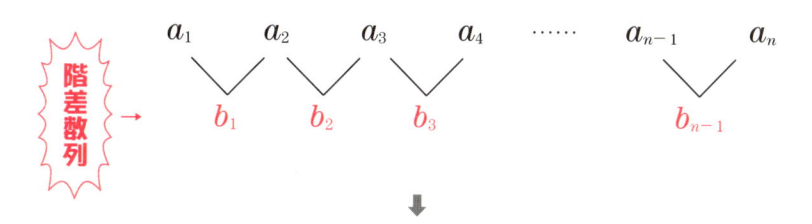

階差数列 →
a_1　a_2　a_3　a_4　……　a_{n-1}　a_n
　　b_1　b_2　b_3　　　　　b_{n-1}

↓

$$a_n = a_1 + (b_1 + b_2 + b_3 + \cdots + b_{n-1})$$

$$\therefore\ a_n = a_1 + \sum_{k=1}^{n-1} b_k$$

> さっきの例と照らし合わせてごらんよ♥

解答でござる

(1) 2, 4, 7, 11, 16, 22, ……

階差: 2, 3, 4, 5, 6 ……

このとき階差数列の第 k 項は

$$b_k \to k+1$$ と表せる。

そこで，一般項を a_n とすると

$$a_n = 2 + \sum_{k=1}^{n-1}(k+1)$$

$$= 2 + \frac{(n-1)n}{2} + 1 \times (n-1)$$

$$= \frac{n^2+n+2}{2}$$

（これは，$a_1 = 2$ をみたす）

$$\therefore\ a_n = \frac{n^2+n+2}{2} \quad \cdots\text{(答)}$$

※ これはすぐわかるネ！
まぁ初項2，公差1の等差数列と考え
$2+(k-1)\times 1 = k+1$
$a+(n-1)d$ としてもいいよ！

$$a_n = a_1 + \sum_{k=1}^{n-1} b_k$$

$$\sum_{k=1}^{n-1} k = \frac{(n-1)(n-1+1)}{2}$$

通分してまとめたヨ！
必ず a_1 の確認を…
理由は先ほど言いましたネ♥

(2) 5, 17, 35, 59, 89, 125, ……

階差: 12, 18, 24, 30, 36 ……

このとき，階差数列の第 k 項は，

$$b_k \to 12+(k-1)\times 6$$

$$= 6k+6 \text{ となる。}$$

そこで，一般項を a_n とすると，

$$a_n = 5 + \sum_{k=1}^{n-1}(6k+6)$$

$$= 5 + 6\times\frac{(n-1)n}{2} + 6\times(n-1)$$

$$= 3n^2 + 3n - 1$$

初項12，公差6の等差数列の第 k 項より
$a+(n-1)d$
12, k, 6

$$a_n = a_1 + \sum_{k=1}^{n-1} b_k$$

$$\sum_{k=1}^{n-1} k = \frac{(n-1)(n-1+1)}{2}$$

（これは，$a_1 = 5$ をみたす）　←　必ず a_1 の確認をしてネ ♥

$$\therefore a_n = \underline{3n^2 + 3n - 1} \cdots \text{(答)}$$

(3) 　1,　3,　7,　15,　31,　63,　……
　　　 2　4　8　16　32 ……

このとき，階差数列の第 k 項は，

$b_k \to \ 2 \cdot 2^{k-1}$　←　初項 2，公比 2 の等比数列の第 k 項より

$= 2^k$

$$\overbrace{a \cdot r^{n-1}}$$
　　2　2　k

$2^1 \times 2^{k-1}$
$= 2^{1+k-1} = 2^k$

となる。
そこで一般項を a_n とすると

$$a_n = 1 + \sum_{k=1}^{n-1} 2^k$$

$$a_n = a_1 + \sum_{k=1}^{n-1} b_k$$

$$= 1 + \frac{2(2^{n-1} - 1)}{2 - 1}$$

初項 2，公比 2，項数 $n-1$ の等比数列の和

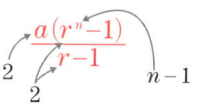

$$= 1 + 2(2^{n-1} - 1)$$

$$\overbrace{\frac{a(r^n - 1)}{r - 1}}$$
　2　　　　　$n-1$
　　2

$$= 1 + 2 \times 2^{n-1} - 2$$

このタイプの計算は
問題 **4-3** 参照！

$$= 2^n - 1$$

$2^1 \times 2^{n-1}$
$= 2^{1+n-1} = 2^n$

（これは，$a_1 = 1$ をみたす）

必ず a_1 の確認を…

$$\therefore a_n = \underline{2^n - 1} \cdots \text{(答)}$$

のってきたせ!!

問題 7-2 〔標準〕

数列 $1, \dfrac{1}{3}, \dfrac{1}{6}, \dfrac{1}{10}, \dfrac{1}{15}, \cdots$ がある。

(1) この数列の一般項 c_n を n の式で表せ。
(2) この数列の初項から第 n 項までの和を求めよ。

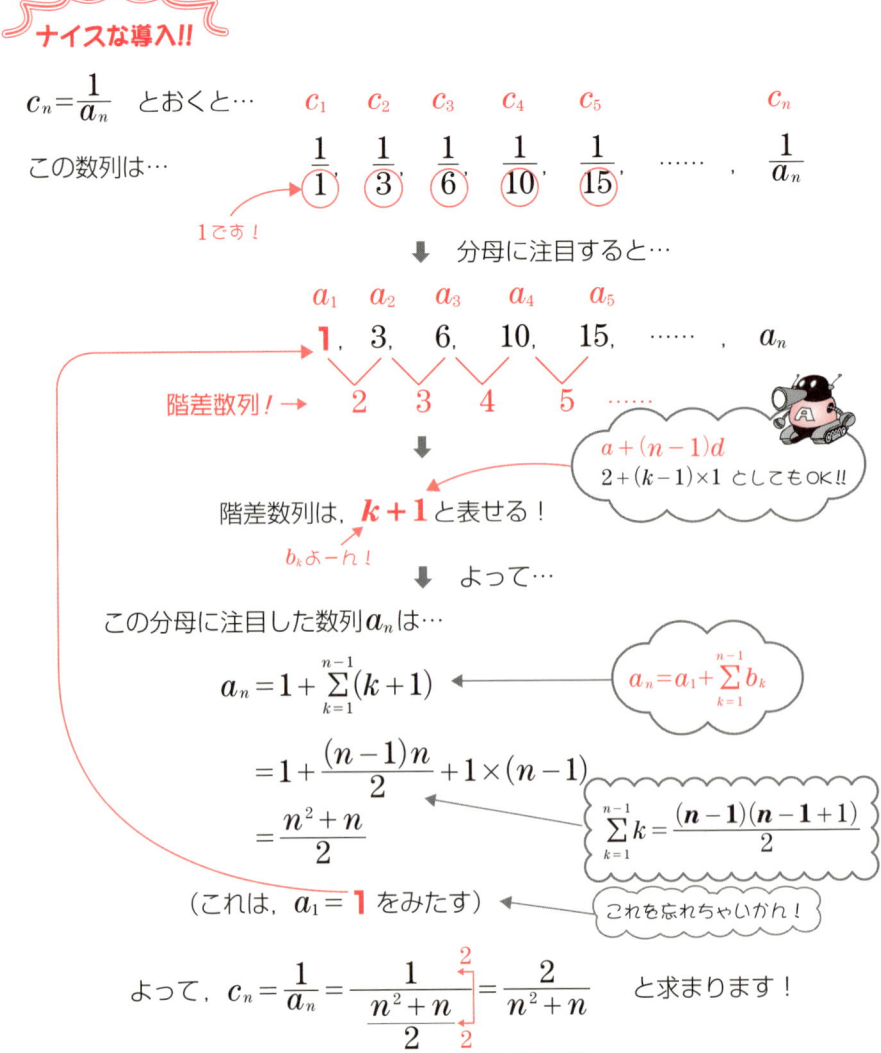

ナイスな導入!!

$c_n = \dfrac{1}{a_n}$ とおくと…

この数列は…

$\underset{c_1}{\dfrac{1}{\boxed{1}}}, \underset{c_2}{\dfrac{1}{\boxed{3}}}, \underset{c_3}{\dfrac{1}{\boxed{6}}}, \underset{c_4}{\dfrac{1}{\boxed{10}}}, \underset{c_5}{\dfrac{1}{\boxed{15}}}, \cdots , \underset{c_n}{\dfrac{1}{a_n}}$

1 です！

↓ 分母に注目すると…

$\underset{a_1}{1}, \underset{a_2}{3}, \underset{a_3}{6}, \underset{a_4}{10}, \underset{a_5}{15}, \cdots , a_n$

階差数列！ → $2, 3, 4, 5, \cdots$

↓

階差数列は，$k+1$ と表せる！　← b_kよーん！

$a+(n-1)d$
$2+(k-1)\times 1$ としてもOK!!

↓ よって…

この分母に注目した数列 a_n は…

$a_n = 1 + \displaystyle\sum_{k=1}^{n-1}(k+1)$ ← $a_n = a_1 + \displaystyle\sum_{k=1}^{n-1} b_k$

$\quad = 1 + \dfrac{(n-1)n}{2} + 1\times(n-1)$

$\quad = \dfrac{n^2+n}{2}$

$\displaystyle\sum_{k=1}^{n-1} k = \dfrac{(n-1)(n-1+1)}{2}$

（これは，$a_1 = 1$ をみたす）　これを忘れちゃいかん！

よって，$c_n = \dfrac{1}{a_n} = \dfrac{1}{\dfrac{n^2+n}{2}} = \dfrac{2}{n^2+n}$ と求まります！

分母&分子×2

(2)は大丈夫だよネ ♥　嫌だなぁ…　Theme 5 でいっぱいやったけど。

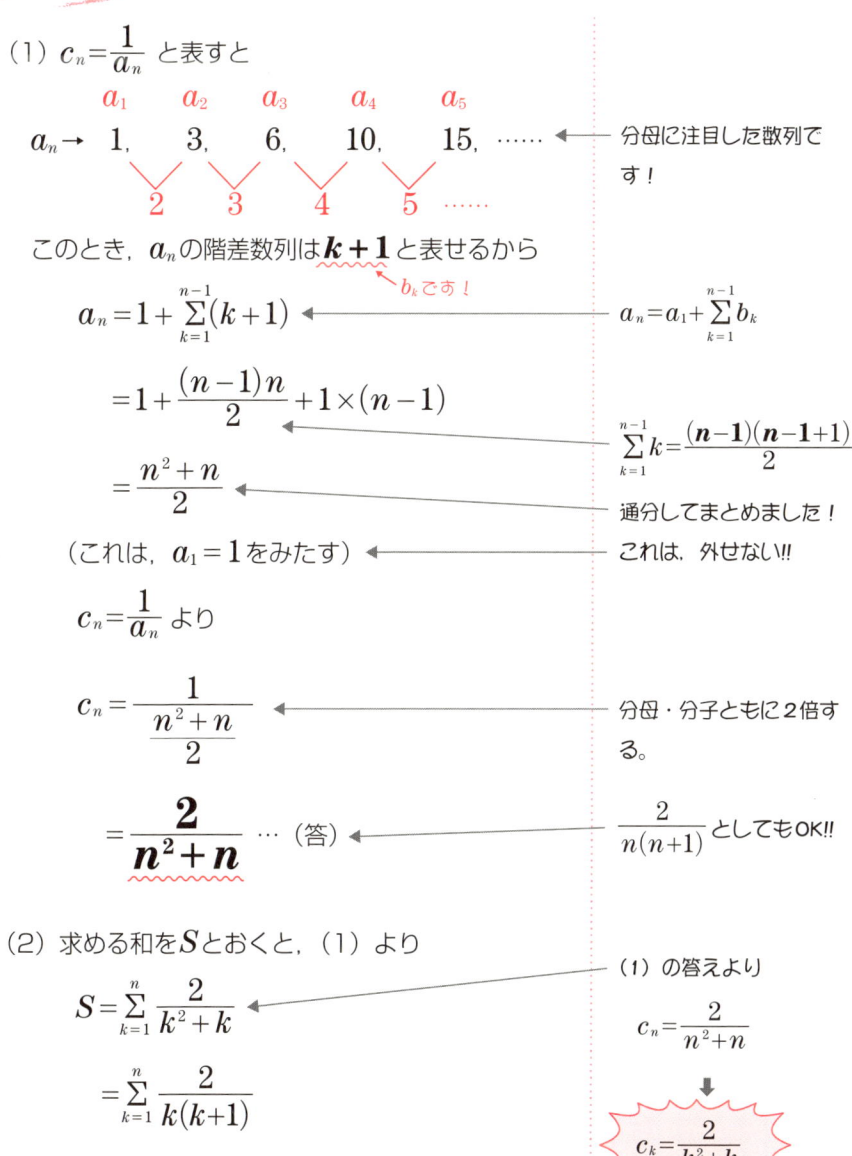

解答でござる

(1) $c_n = \dfrac{1}{a_n}$ と表すと

$$a_n \to \underset{a_1}{1},\ \underset{a_2}{3},\ \underset{a_3}{6},\ \underset{a_4}{10},\ \underset{a_5}{15},\ \cdots\cdots$$

階差：2, 3, 4, 5, ……

← 分母に注目した数列です！

このとき，a_n の階差数列は **k+1** と表せるから（b_k です！）

$$a_n = 1 + \sum_{k=1}^{n-1}(k+1)$$

← $a_n = a_1 + \sum_{k=1}^{n-1} b_k$

$$= 1 + \dfrac{(n-1)n}{2} + 1\times(n-1)$$

← $\sum_{k=1}^{n-1} k = \dfrac{(n-1)(n-1+1)}{2}$

$$= \dfrac{n^2+n}{2}$$

← 通分してまとめました！

（これは，$a_1 = 1$ をみたす）← これは，外せない!!

$c_n = \dfrac{1}{a_n}$ より

$$c_n = \dfrac{1}{\dfrac{n^2+n}{2}}$$

← 分母・分子ともに2倍する。

$$= \dfrac{\mathbf{2}}{\mathbf{n^2+n}} \quad \cdots\text{(答)}$$

$\dfrac{2}{n(n+1)}$ としてもOK!!

(2) 求める和を S とおくと，(1) より

$$S = \sum_{k=1}^{n} \dfrac{2}{k^2+k}$$

$$= \sum_{k=1}^{n} \dfrac{2}{k(k+1)}$$

(1)の答えより

$c_n = \dfrac{2}{n^2+n}$

↓

$c_k = \dfrac{2}{k^2+k}$

$$= \sum_{k=1}^{n} 2\left(\frac{1}{k} - \frac{1}{k+1}\right)$$

$$= 2\left(\frac{1}{1} - \frac{1}{2} + \frac{1}{2} - \frac{1}{3} + \frac{1}{3} - \frac{1}{4} + \cdots\right.$$
$$\underbrace{}_{k=1} \underbrace{}_{k=2} \underbrace{}_{k=3}$$
$$\left. \cdots + \frac{1}{n} - \frac{1}{n+1}\right)$$
$$\underbrace{}_{k=n}$$

$$= 2\left(1 - \frac{1}{n+1}\right)$$

$$= 2\left(\frac{n+1}{n+1} - \frac{1}{n+1}\right)$$

$$= 2 \times \frac{n}{n+1}$$

$$= \frac{2n}{n+1} \quad \cdots (答)$$

右側の注釈:
$$\frac{2}{k(k+1)} = 2 \times \frac{1}{k(k+1)} = 2 \times \left(\frac{1}{k} - \frac{1}{k+1}\right)$$

Theme 5 を参照!!

書き出してみようよ ♥

これだけ残ります！

通分です!!

ふーん…

ちょっと言わせて

(1) の答で…

$$c_n = \frac{2}{n^2 + n}\ \text{となったよネ…}$$

$$c_n \to \frac{1}{1},\ \frac{1}{3},\ \frac{1}{6},\ \frac{1}{10},\ \frac{1}{15},\ \cdots\cdots$$

てな具合に分子はすべて **1** なのに $\frac{2}{n^2+n}$ の分子が **2** でおかしいとか言い出す奴が必ずいるんだ…

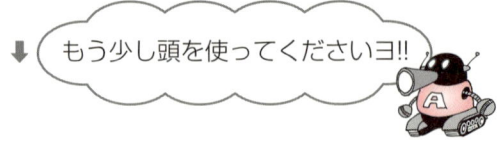

もう少し頭を使ってくださいヨ!!

たとえば $n=3$ のとき

$$c_3 = \frac{2}{3^2 + 3} = \frac{2}{12} = \frac{1}{6}$$

約分ができてホラ！うまくいった∃!!

確かめるんなら**ちゃんと**確かめてくださいね!!

Theme 8 ヨッ! 待ってましたぁ!! 群数列 の登場です ♥

問題 8-1　　　　　　　　　　　　　　　　　　　標準

1, 2, 2, 3, 3, 3, 4, 4, 4, 4, 5, 5, 5, 5, 5, ……
のように自然数 n が n 個ずつ並んでいる数列がある。
(1) 初めて 30 が現れるのは，第何項か。
(2) 第 200 項を求めよ。
(3) 初項から第 200 項までの和を求めよ。

ナイスな導入!!

次のように群に分けます！

第1群	第2群	第3群	第4群	……	第k群
1	2, 2	3, 3, 3	4, 4, 4, 4	……	$k, k, k, \cdots, k$
1コ	2コ	3コ	4コ		kコ

(1) は **項数のイメージ** がわかればOK！

第1群	第2群	第3群	第4群	第5群	……	第29群	第30群
1	2, 2	3, 3, 3	4, ……	5, ……	……	29, ……	㉚ ……
1コ	2コ	3コ	4コ	5コ		29コ	1コ

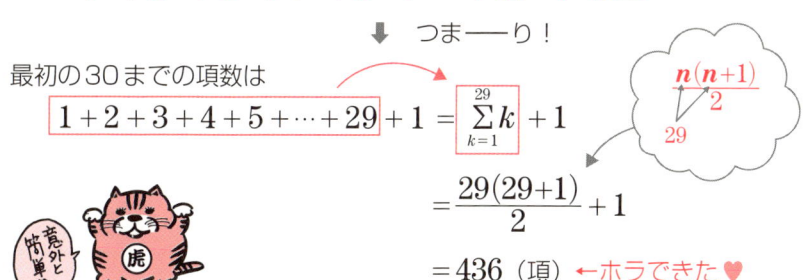

1コ + 2コ + 3コ + 4コ + 5コ + …… + 29コ + **1コ**

↓ つま――り！

最初の30までの項数は

$$1+2+3+4+5+\cdots+29 + 1 = \sum_{k=1}^{29} k + 1$$

（$\dfrac{n(n+1)}{2}$, 29）

$$= \dfrac{29(29+1)}{2} + 1$$

$= 436$ （項） ←ホラできた ♥

(2) も**項数のイメージ**がカギとなりますヨ♥

そこで，第200項が第n群に属するとします。

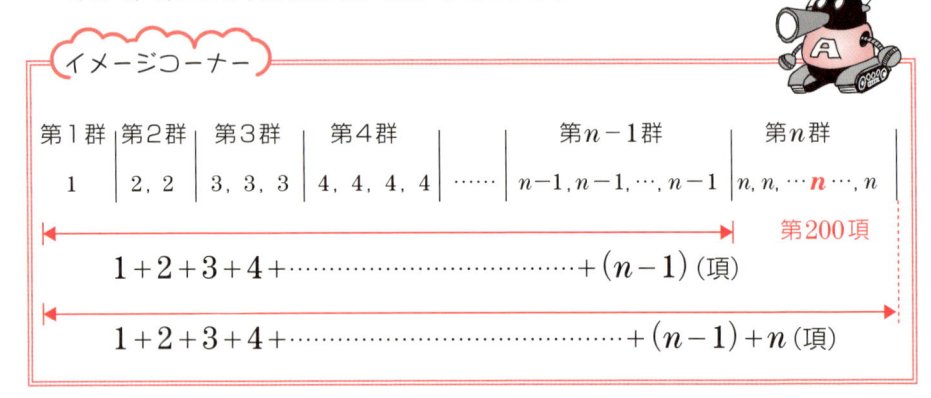

イメージコーナー

第1群	第2群	第3群	第4群	……	第$n-1$群	第n群
1	2, 2	3, 3, 3	4, 4, 4, 4	……	$n-1, n-1, \cdots, n-1$	$n, n, \cdots n \cdots, n$

$\underbrace{1+2+3+4+\cdots\cdots\cdots\cdots\cdots+(n-1)}$ (項)

$\underbrace{1+2+3+4+\cdots\cdots\cdots\cdots\cdots+(n-1)+n}$ (項)

第200項

↓ つまーーり！

第200項は，**第$n-1$群の末項と第n群の末項の間**より

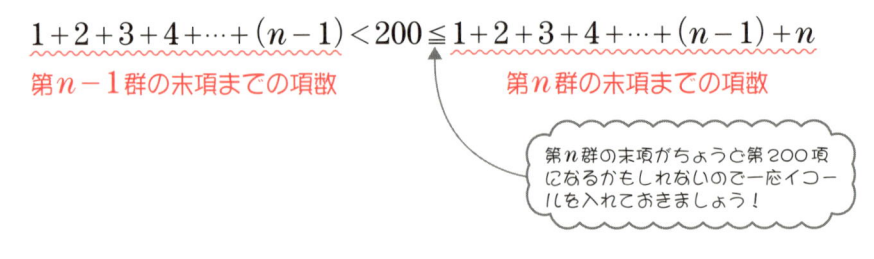

$$\underline{1+2+3+4+\cdots+(n-1)} < 200 \leq \underline{1+2+3+4+\cdots+(n-1)+n}$$

第$n-1$群の末項までの項数　　　第n群の末項までの項数

> 第n群の末項がちょうど第200項になるかもしれないので一応イコールを入れておきましょう！

シグマでカッコよく表すと… ↓

$$\sum_{k=1}^{n-1} k < 200 \leq \sum_{k=1}^{n} k$$

Theme 8　ヨッ！　待ってましたぁ!!　群数列 の登場です♥

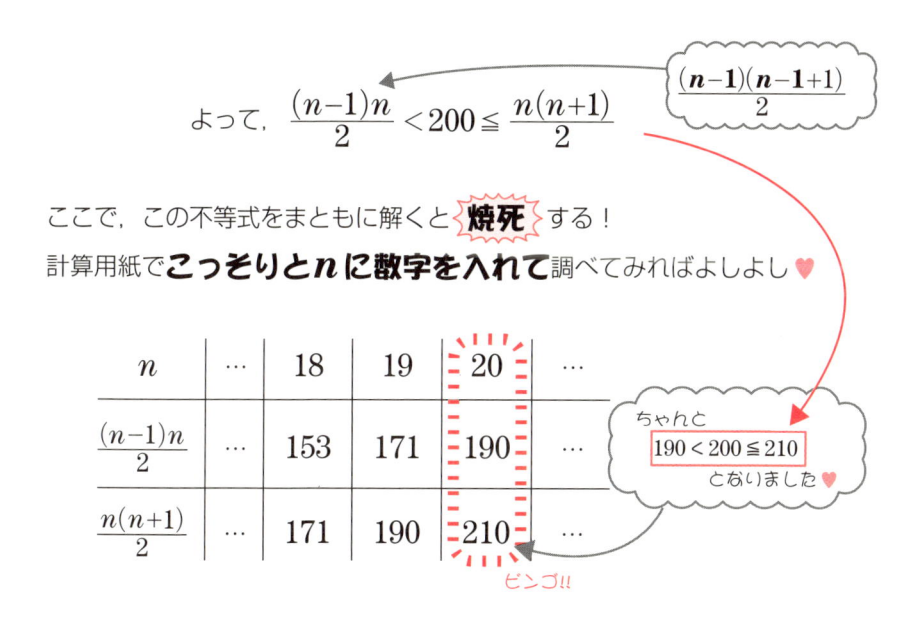

よって，$\dfrac{(n-1)n}{2} < 200 \leqq \dfrac{n(n+1)}{2}$　　$\dfrac{(n-1)(n-1+1)}{2}$

ここで，この不等式をまともに解くと 焼死 する！
計算用紙で**こっそりとnに数字を入れて**調べてみればよしよし♥

n	…	18	19	20	…
$\dfrac{(n-1)n}{2}$	…	153	171	190	…
$\dfrac{n(n+1)}{2}$	…	171	190	210	…

ちゃんと
$190 < 200 \leqq 210$
となりました♥

ビンゴ!!

で，解答では，" 上不等式より $n = 20$ " などとシャーシャーと書いておけばよし♥

↓ つまるところ…

第200項は，第20群に属することがわかりました！

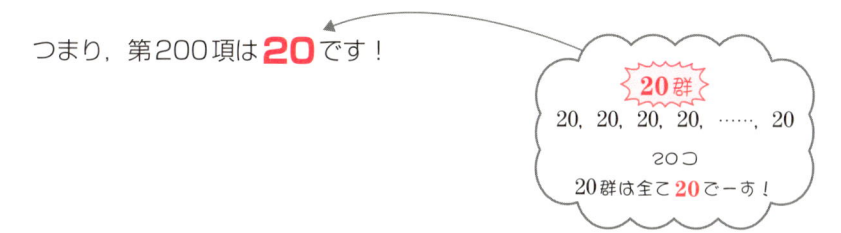

つまり，第200項は **20** です！

20群
20, 20, 20, 20, ……, 20
20こ
20群は全て**20**でーす！

(3) これは（2）のつづきです！

ここで求めておきたいのは，

第200項が**何番目の20**なのか？　です！

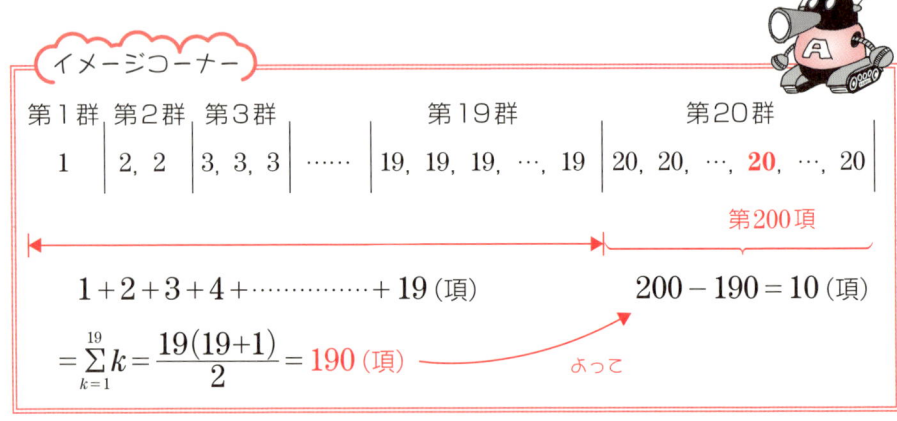

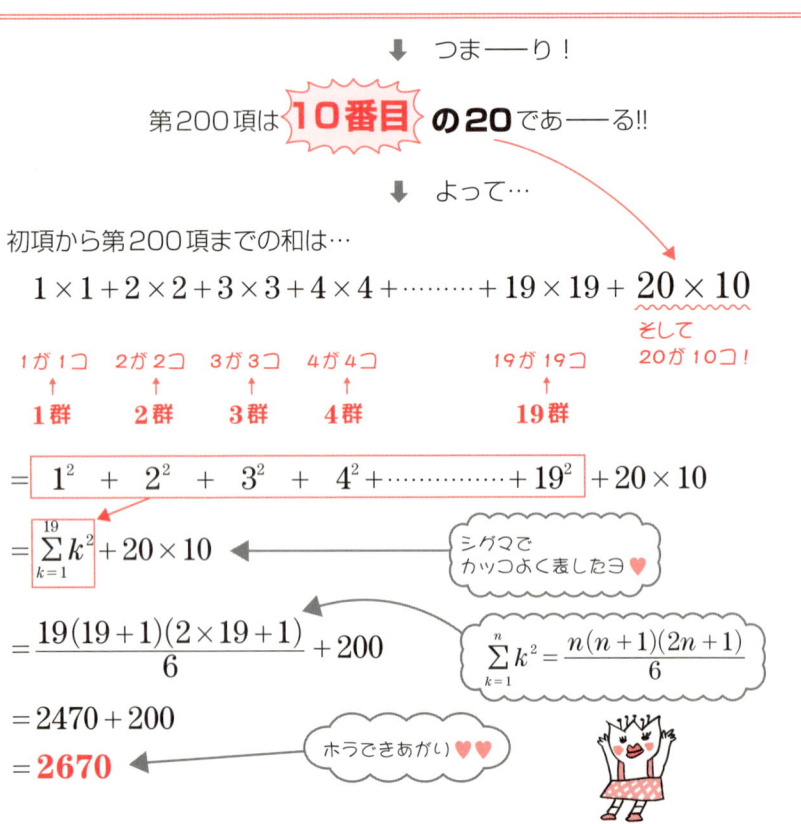

イメージコーナー

第1群	第2群	第3群	……	第19群	第20群
1	2, 2	3, 3, 3	……	19, 19, 19, …, 19	20, 20, …, **20**, …, 20

第200項

$$1+2+3+4+\cdots\cdots+19 \text{(項)}$$

$$=\sum_{k=1}^{19}k=\frac{19(19+1)}{2}=190\text{(項)}$$

$200-190=10\text{(項)}$

よって

↓ つま――り！

第200項は**10番目**の**20**であ――る!!

↓ よって…

初項から第200項までの和は…

$$1\times1+2\times2+3\times3+4\times4+\cdots\cdots+19\times19+\underline{20\times10}$$

1が1コ　2が2コ　3が3コ　4が4コ　　　19が19コ　　そして20が10コ！
↑　　　↑　　　↑　　　↑　　　　　　↑
1群　**2群**　**3群**　**4群**　　　　**19群**

$$=\boxed{1^2+2^2+3^2+4^2+\cdots\cdots+19^2}+20\times10$$

$$=\boxed{\sum_{k=1}^{19}k^2}+20\times10 \quad \leftarrow \text{シグマでカッコよく表したヨ♥}$$

$$=\frac{19(19+1)(2\times19+1)}{6}+200 \quad \leftarrow \sum_{k=1}^{n}k^2=\frac{n(n+1)(2n+1)}{6}$$

$$=2470+200$$

$$=\mathbf{2670} \quad \leftarrow \text{ホラできあがり♥♥}$$

Theme 8 ヨッ！ 待ってましたぁ!! 群数列 の登場です ♥

解答でござる

自然数 n が第 n 群に属すると考える。

(1) 最初の30までの項数は

$$\underbrace{1+2+3+4+\cdots\cdots+29}_{\text{第29群の末項までの項数}}+1$$

$$= \sum_{k=1}^{29} k + 1$$

$$= \boxed{\frac{29(29+1)}{2}} + 1$$

$$= 436$$

つまり，初めて30が現れるのは

第436項 …（答）

> 群に分けたって言ってるだけ！
>
> 1は1群
> 2は2群
> 3は3群
> ⋮
>
> ってことだよ ♥
>
> 先ほど詳しく説明したネ！
> シグマで表現してみました！
>
> $\sum_{k=1}^{n} k = \frac{n(n+1)}{2}$

(2) 第200項が第 n 群に属するとすると，項数に注目して

$$1+2+3+\cdots\cdots+(n-1) < 200 \leq 1+2+3+\cdots\cdots+(n-1)+n$$

$$\sum_{k=1}^{n-1} k < 200 \leq \sum_{k=1}^{n} k$$

$$\frac{(n-1)n}{2} < 200 \leq \frac{n(n+1)}{2}$$

上の不等式より $n=20$

よって，第200項は第20群に属する。

つまり，第200項は **20** …（答）

> 先ほどの説明参照！
>
> とりあえずシグマで表現！
>
> $\frac{(n-1)(n-1+1)}{2}$
>
> さっきやったみたいに n に実際に数を入れて探してください！
>
> $n=20$ のときウマくいく！
>
> $\frac{(20-1)20}{2} < 200$
> $190 \leq \frac{20(20+1)}{2}$
> $ 210$

(3) 第19群の末項までの項数は，

$$1+2+3+\cdots\cdots+19$$

$$= \sum_{k=1}^{19} k$$

$$= \frac{19(19+1)}{2}$$

$$= 190 \text{ （項）}$$

> シグマで表現！
>
> $\sum_{k=1}^{n} k = \frac{n(n+1)}{2}$

ここで，$200 - 190 = \mathbf{10}$ より

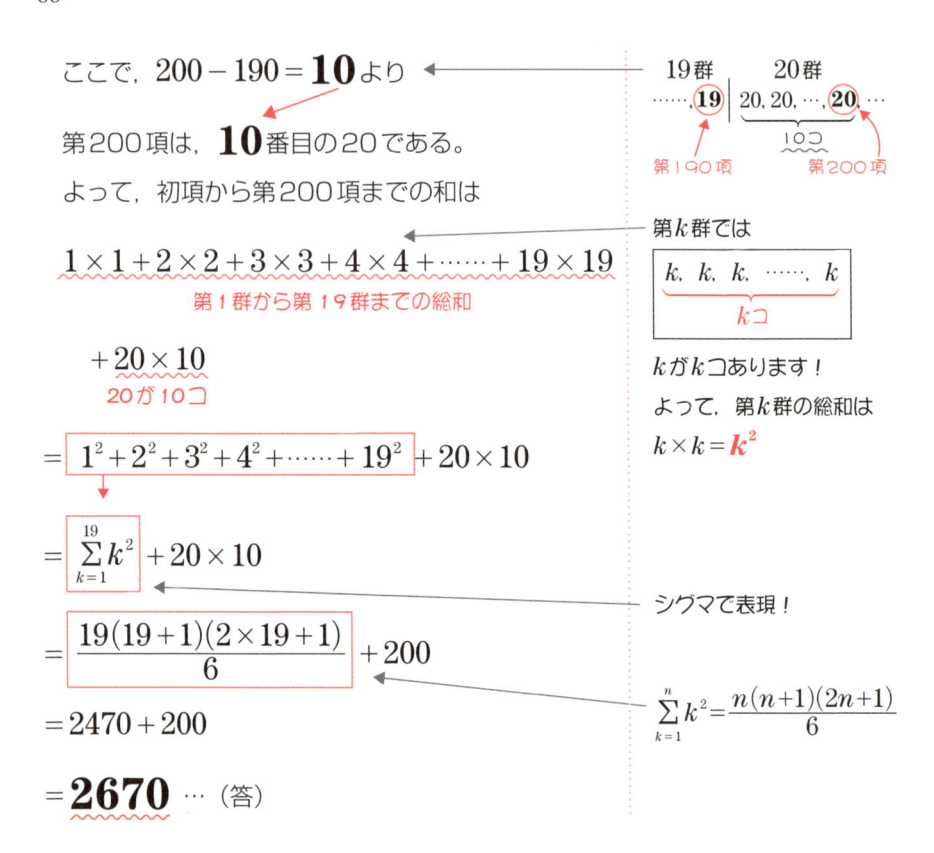

第200項は，**10**番目の20である。

よって，初項から第200項までの和は

$1 \times 1 + 2 \times 2 + 3 \times 3 + 4 \times 4 + \cdots\cdots + 19 \times 19$
　　　　第1群から第19群までの総和

$+ \underline{20 \times 10}$
　　20が10コ

$= \boxed{1^2 + 2^2 + 3^2 + 4^2 + \cdots\cdots + 19^2} + 20 \times 10$

$= \boxed{\sum_{k=1}^{19} k^2} + 20 \times 10$

$= \boxed{\dfrac{19(19+1)(2 \times 19 + 1)}{6}} + 200$

$= 2470 + 200$

$= \mathbf{2670}$ …（答）

19群　20群
……⑲ | 20, 20, …, ⑳
　　　　　　10コ
第190項　　　第200項

第k群では

$\underbrace{k, k, k, \cdots\cdots, k}_{k コ}$

kがkコあります！
よって，第k群の総和は
$k \times k = \mathbf{k^2}$

シグマで表現！

$\sum_{k=1}^{n} k^2 = \dfrac{n(n+1)(2n+1)}{6}$

何が起こるか予想できないこの時代…
しかし，勉強しておいて損はない…

そんなもんかね…

Theme 8 ヨッ！ 待ってましたぁ!! 群数列 の登場です ♥

バンバン行くぜ!!

問題8-2 　　　　　　　　　　　　　　　　　　　　　標準

$$\frac{1}{1},\ \frac{1}{2},\ \frac{2}{2},\ \frac{1}{3},\ \frac{2}{3},\ \frac{3}{3},\ \frac{1}{4},\ \frac{2}{4},\ \frac{3}{4},\ \frac{4}{4},\ \frac{1}{5},\ \cdots\cdots$$

のように分数の列をつくる。

(1) $\dfrac{30}{40}$ は第何項の分数となるか。

(2) 第500項の分数を求めよ。

(3) 分母が l である分数の総和を l で表せ。

(4) 初項から第500項までの分数の総和を求めよ。

ナイスな導入!!

とりあえず，この分数連中を**群に分ける**ことから始めましょ ♥

分母に注目して…

第1群 ｜ 第2群 ｜ 第3群 ｜ 第4群

$$\frac{1}{1}\ \bigg|\ \frac{1}{2},\ \frac{2}{2}\ \bigg|\ \frac{1}{3},\ \frac{2}{3},\ \frac{3}{3}\ \bigg|\ \frac{1}{4},\ \frac{2}{4},\ \frac{3}{4},\ \frac{4}{4}\ \bigg|\ \frac{1}{5},\ \cdots\cdots$$

⬇ ここで…

第 k 群 をイメージしてみよう！

これが第 k 群のメンバーだ！

$$\underbrace{\frac{1}{k},\ \frac{2}{k},\ \frac{3}{k},\ \frac{4}{k},\ \cdots\cdots,\ \frac{k}{k}}_{k\text{コ}}$$

⬇ つまり…

|規則その1| **分母の数 ＝ 群番号** ⟶ たとえば，第4群の分数の分母は4

|規則その2| **群内の分数の個数 ＝ 群番号** → たとえば，第4群に属する分数の個数は4個

|規則その3| **分子の数 ＝ それぞれの群内での順番**

たとえば，第10群の3番目は $\dfrac{3}{10}$ である！

そこで!!

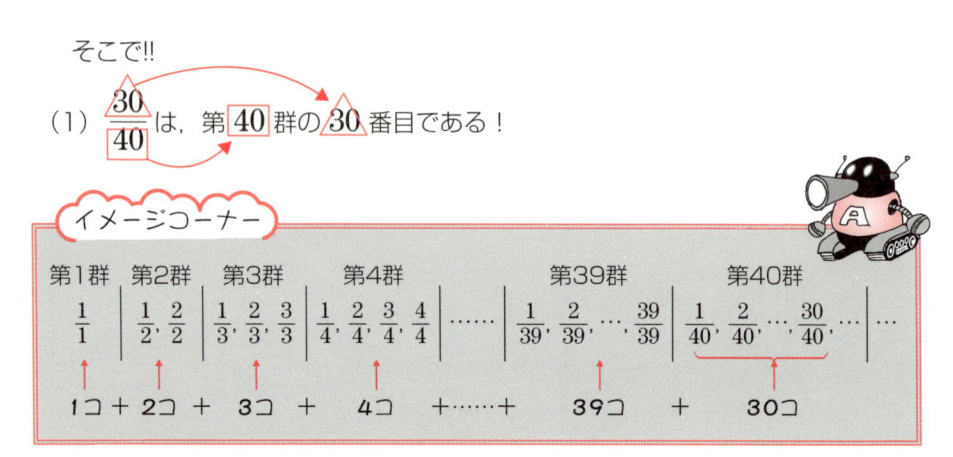

(1) $\dfrac{30}{40}$ は，第 $\boxed{40}$ 群の $\boxed{30}$ 番目である！

イメージコーナー

第1群	第2群	第3群	第4群	……	第39群	第40群
$\dfrac{1}{1}$	$\dfrac{1}{2}, \dfrac{2}{2}$	$\dfrac{1}{3}, \dfrac{2}{3}, \dfrac{3}{3}$	$\dfrac{1}{4}, \dfrac{2}{4}, \dfrac{3}{4}, \dfrac{4}{4}$	……	$\dfrac{1}{39}, \dfrac{2}{39}, \cdots, \dfrac{39}{39}$	$\dfrac{1}{40}, \dfrac{2}{40}, \cdots, \dfrac{30}{40}, \cdots$
1コ	+ 2コ	+ 3コ	+ 4コ	+……+	39コ +	30コ

つまり，$\dfrac{30}{40}$ までの項数は

$$\boxed{1+2+3+4+\cdots\cdots+39} + 30 \ （項）$$

$$= \sum_{k=1}^{39} k + 30 \ （項）$$

あとは計算するだけ！

(2) これは **問題 8-1** でやった通りです！

第500項が第 n 群に属するとすると…

イメージ!!

第1群	第2群	第3群	……	第 $n-1$ 群	第 n 群
$\dfrac{1}{1}$	$\dfrac{1}{2}, \dfrac{2}{2}$	$\dfrac{1}{3}, \dfrac{2}{3}, \dfrac{3}{3}$	……	$\dfrac{1}{n-1}, \dfrac{2}{n-1}, \cdots, \dfrac{n-1}{n-1}$	$\dfrac{1}{n}, \dfrac{2}{n}, \cdots, \dfrac{?}{n}, \cdots, \dfrac{n}{n}$

第500項

$$1+2+3+4+\cdots\cdots+(n-1) \ （項）$$

$$1+2+3+4+\cdots\cdots+(n-1)+n \ （項）$$

↓ つまーり！

第500項は**第$n-1$群の末項と第n群の末項の間**より

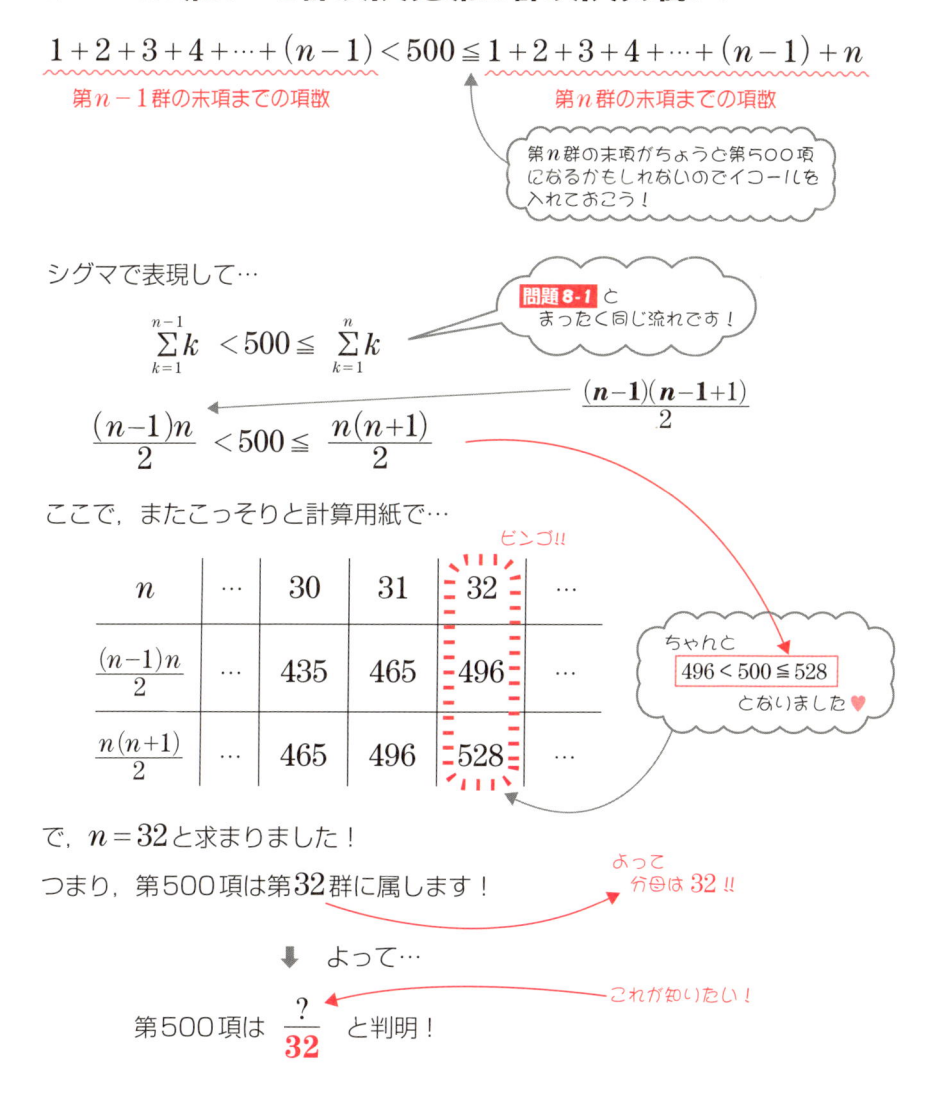

$$1+2+3+4+\cdots+(n-1) < 500 \leq 1+2+3+4+\cdots+(n-1)+n$$

<u>第$n-1$群の末項までの項数</u>　　　<u>第n群の末項までの項数</u>

（第n群の末項がちょうど第500項になるかもしれないのでイコールを入れておこう！）

シグマで表現して…

$$\sum_{k=1}^{n-1} k < 500 \leq \sum_{k=1}^{n} k$$

（問題8-1とまったく同じ流れです！）

$$\frac{(n-1)n}{2} < 500 \leq \frac{n(n+1)}{2} \qquad \frac{(n-1)(n-1+1)}{2}$$

ここで，またこっそりと計算用紙で…

ビンゴ!!

n	…	30	31	32	…
$\frac{(n-1)n}{2}$	…	435	465	496	…
$\frac{n(n+1)}{2}$	…	465	496	528	…

（ちゃんと $496 < 500 \leq 528$ となりました♥）

で，$n=32$ と求まりました！

つまり，第500項は第32群に属します！

（よって分母は32!!）

↓ よって…

第500項は $\dfrac{?}{32}$ と判明！

（これが知りたい！）

このとき，第31群の末項までの項数は

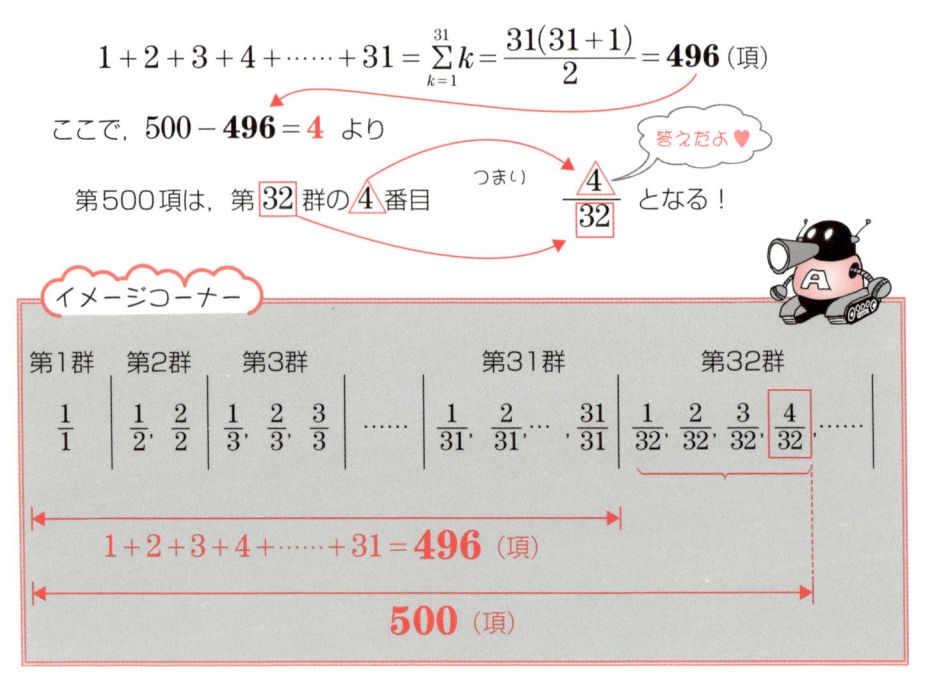

$$1+2+3+4+\cdots+31 = \sum_{k=1}^{31} k = \frac{31(31+1)}{2} = \mathbf{496}\text{(項)}$$

ここで，$500 - \mathbf{496} = \mathbf{4}$ より

第500項は，第 32 群の 4 番目　つまり　$\dfrac{4}{32}$　となる！

答えだよ♥

イメージコーナー

第1群	第2群	第3群	……	第31群	第32群
$\dfrac{1}{1}$	$\dfrac{1}{2}, \dfrac{2}{2}$	$\dfrac{1}{3}, \dfrac{2}{3}, \dfrac{3}{3}$	……	$\dfrac{1}{31}, \dfrac{2}{31}, \cdots, \dfrac{31}{31}$	$\dfrac{1}{32}, \dfrac{2}{32}, \dfrac{3}{32}, \boxed{\dfrac{4}{32}}$ ……

$1+2+3+4+\cdots+31 = \mathbf{496}$（項）

$\mathbf{500}$（項）

(3) これは (4) の準備問題ですヨ♥

第 l 群 では… 分母が l

$\dfrac{1}{l}, \dfrac{2}{l}, \dfrac{3}{l}, \cdots, \dfrac{l}{l}$　ってな感じに分数が並ぶ！

↓ よって…

この総和を求めりゃいいから…

$$\dfrac{1}{l} + \dfrac{2}{l} + \dfrac{3}{l} + \cdots + \dfrac{l}{l}$$

$$= \dfrac{1+2+3+\cdots+l}{l}$$

分母がそろってるから通分する手間がかからない！

$$= \frac{1}{l} \times (\boxed{1+2+3+\cdots+l})$$

$\frac{1}{l}$ を前に出しました！

$$= \frac{1}{l} \times \boxed{\sum_{k=1}^{l} k}$$

$\sum_{k=1}^{n} k = \frac{n(n+1)}{2}$ の n のところを l にするだけ！

$$= \frac{1}{l} \times \boxed{\frac{l(l+1)}{2}}$$

$$= \frac{l+1}{2}$$

できあがい♥

確かめてみよう!!

たとえば，$l=4$ のとき $\dfrac{4+1}{2} = \dfrac{5}{2}$ となるよネ！

で 第4群 では $\dfrac{1}{4}$, $\dfrac{2}{4}$, $\dfrac{3}{4}$, $\dfrac{4}{4}$ がメンバーだから

（分母が4）

実際に加えてみると

$$\frac{1}{4} + \frac{2}{4} + \frac{3}{4} + \frac{4}{4} = \frac{10}{4} = \frac{5}{2}$$

一致！

ホラ！ うまく一致してるでしょ!!

このように **見直し** ができるところが数列のいいところです！

(4) (2), (3)の結果より，次のような構図が…

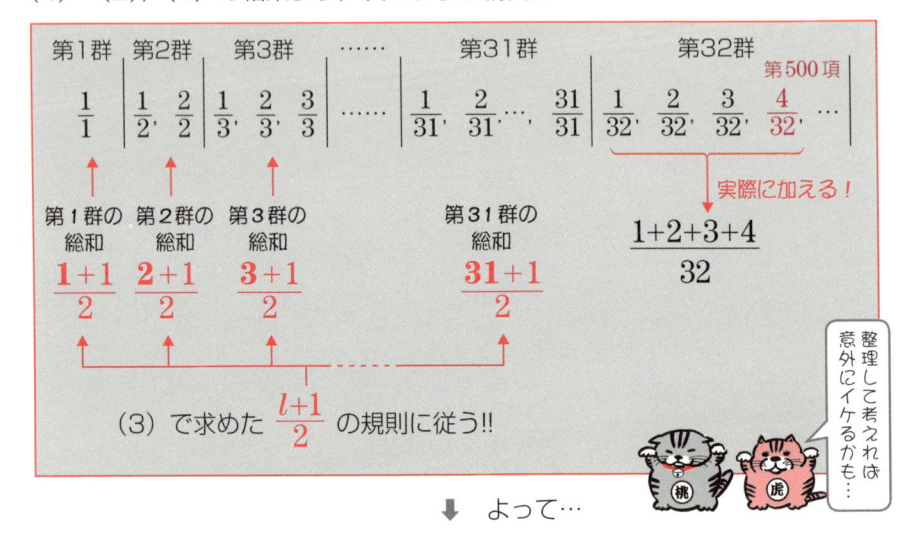

第1群	第2群	第3群	……	第31群	第32群 第500項
$\dfrac{1}{1}$	$\dfrac{1}{2}, \dfrac{2}{2}$	$\dfrac{1}{3}, \dfrac{2}{3}, \dfrac{3}{3}$	……	$\dfrac{1}{31}, \dfrac{2}{31}, \cdots, \dfrac{31}{31}$	$\dfrac{1}{32}, \dfrac{2}{32}, \dfrac{3}{32}, \dfrac{4}{32}, \cdots$

第1群の総和 **$\dfrac{1+1}{2}$**　第2群の総和 **$\dfrac{2+1}{2}$**　第3群の総和 **$\dfrac{3+1}{2}$**　……　第31群の総和 **$\dfrac{31+1}{2}$**

実際に加える！
$\dfrac{1+2+3+4}{32}$

(3)で求めた $\dfrac{l+1}{2}$ の規則に従う!!

整理して考えれば意外にイケるかも…

⬇ よって…

初項から第500項までの和は，

$$\dfrac{1+1}{2} + \dfrac{2+1}{2} + \dfrac{3+1}{2} + \cdots\cdots + \dfrac{31+1}{2} + \dfrac{1+2+3+4}{32}$$

$$= \sum_{k=1}^{31} \dfrac{k+1}{2} + \dfrac{10}{32}$$

$$= \dfrac{1}{2}\sum_{k=1}^{31}(k+1) + \dfrac{5}{16}$$

$$= \dfrac{1}{2} \times \left\{ \dfrac{31 \times (31+1)}{2} + 1 \times 31 \right\} + \dfrac{5}{16}$$

$$= \dfrac{1}{2} \times (496 + 31) + \dfrac{5}{16}$$

$$= \dfrac{527}{2} + \dfrac{5}{16}$$

$$= \dfrac{4221}{16}$$

$\dfrac{1}{2}$を前に出しました！

べつに，lをkになおさなくても $\sum_{l=1}^{31} \dfrac{l+1}{2}$ でもいいヨ♥

$\sum_{k=1}^{n} k = \dfrac{n(n+1)}{2}$

1が31コ

できたよーん！

Theme 8　ヨッ！　待ってましたぁ!!　群数列 の登場です ♥

解答でござる

分母が n の分数が第 n 群に属すると考える。 ← 群に分けたってことだよ！

(1) $\dfrac{30}{40}$ は，第 40 群の 30 番目であるから，第 k 群に k 個の分数が属することに注意して

$\boxed{1+2+3+4+\cdots\cdots+39}+30$ ← 第39群までの**全個数**と第40群のハンパの**30個**の合計！

$= \boxed{\displaystyle\sum_{k=1}^{39}k} + 30$

$= \dfrac{39(39+1)}{2} + 30$ ← $\displaystyle\sum_{k=1}^{n}k = \dfrac{n(n+1)}{2}$

$= 780 + 30$

$= 810$

よって，$\dfrac{30}{40}$ は **第 810 項目** …(答)

(2) 第 500 項が第 n 群に属するとすると

$1+2+3+\cdots+(n-1) < 500 \leqq$ ← 先ほどの解説の通り第 $n-1$ 群の末項までの項数 $< 500 \leqq$ 第 n 群の末項までの項数

$\qquad\qquad\qquad 1+2+3+\cdots+(n-1)+n$

$\displaystyle\sum_{k=1}^{n-1}k < 500 \leqq \displaystyle\sum_{k=1}^{n}k$ ← シグマで表現！

$\dfrac{(n-1)n}{2} < 500 \leqq \dfrac{n(n+1)}{2}$

← $\dfrac{(\boldsymbol{n-1})(\boldsymbol{n-1}+1)}{2}$

上の不等式より $n = \boxed{32}$

このとき，第31群の末項までの項数は

$$1 + 2 + 3 + \cdots + 31 = \sum_{k=1}^{31} k$$

$$= \frac{31(31+1)}{2}$$

$$= 496 \text{（項）}$$

そこで $500 - 496 = \boxed{4}$ より

第500項は，第 $\boxed{32}$ 群の $\boxed{4}$ 番目である。

つまり，第500項目の分数は $\dfrac{4}{32}$ …（答）

先ほど述べたように，実際に数をハメて探してください！

さっき詳しくやったネ♡

ひとつひとつ整理しながら考えてね♡

(3) 分母が l である分数の総和，つまり第 l 群に属する分数の総和は

$$\frac{1}{l} + \frac{2}{l} + \frac{3}{l} + \cdots + \frac{l}{l}$$

$$= \frac{1 + 2 + 3 + \cdots + l}{l}$$

$$= \frac{1}{l} \times \left(\boxed{1 + 2 + 3 + \cdots + l} \right)$$

$$= \frac{1}{l} \times \boxed{\sum_{k=1}^{l} k}$$

$$= \frac{1}{l} \times \frac{l(l+1)}{2}$$

$$= \frac{l+1}{2} \text{ …（答）}$$

通分が楽チン！

$\dfrac{1}{l}$ を前に出しました！

$\sum_{k=1}^{n} k$ の n が l に変わっただけ！

$\sum_{k=1}^{n} k = \dfrac{n(n+1)}{2}$

⬇ n を l にする！

$\sum_{k=1}^{l} k = \dfrac{l(l+1)}{2}$

Theme 8 ヨッ！ 待ってましたぁ!! 群数列 の登場です ♥

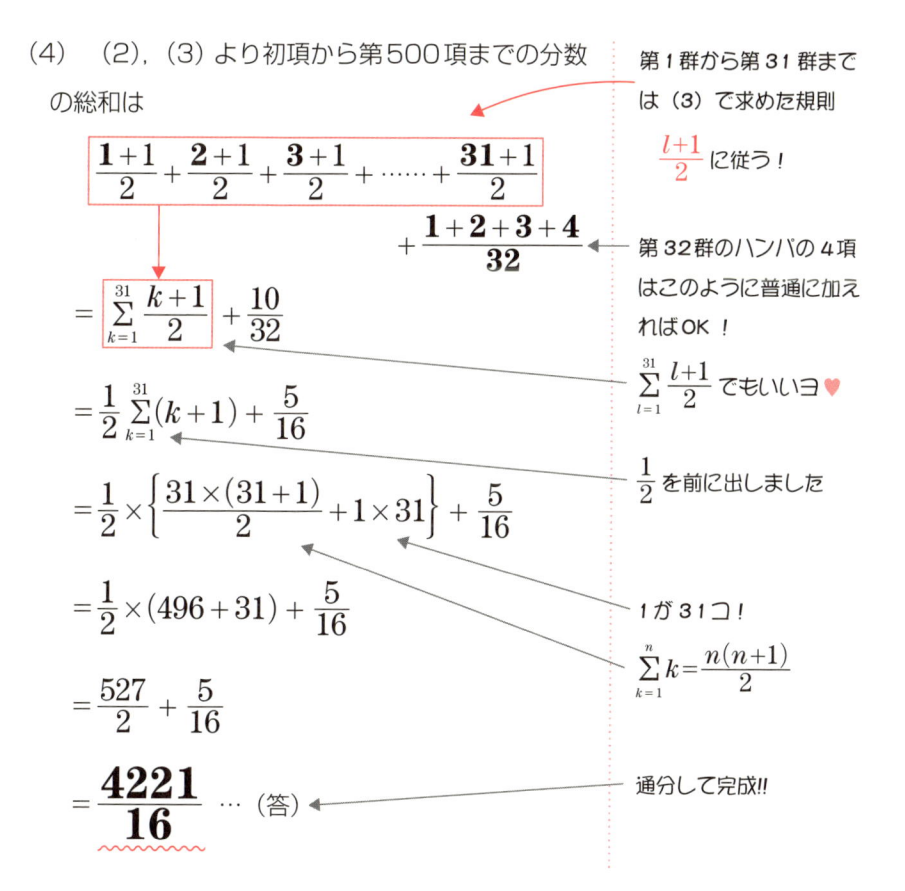

(4) (2), (3) より初項から第500項までの分数の総和は

$$\boxed{\dfrac{1+1}{2}+\dfrac{2+1}{2}+\dfrac{3+1}{2}+\cdots+\dfrac{31+1}{2}}$$
$$+\dfrac{1+2+3+4}{32}$$

第1群から第31群までは（3）で求めた規則 $\dfrac{l+1}{2}$ に従う！

第32群のハンパの4項はこのように普通に加えればOK！

$$=\sum_{k=1}^{31}\dfrac{k+1}{2}+\dfrac{10}{32}$$

$\displaystyle\sum_{l=1}^{31}\dfrac{l+1}{2}$ でもいいヨ ♥

$$=\dfrac{1}{2}\sum_{k=1}^{31}(k+1)+\dfrac{5}{16}$$

$\dfrac{1}{2}$ を前に出しました

$$=\dfrac{1}{2}\times\left\{\dfrac{31\times(31+1)}{2}+1\times 31\right\}+\dfrac{5}{16}$$

1が31コ！

$\displaystyle\sum_{k=1}^{n}k=\dfrac{n(n+1)}{2}$

$$=\dfrac{1}{2}\times(496+31)+\dfrac{5}{16}$$

$$=\dfrac{527}{2}+\dfrac{5}{16}$$

$$=\underline{\dfrac{4221}{16}}\cdots\text{（答）}$$

通分して完成!!

問題 8-3 　　　　　　　　　　　　　　　　　　　　　　[標準]

$\dfrac{1}{1}, \dfrac{1}{2}, \dfrac{2}{1}, \dfrac{1}{3}, \dfrac{2}{2}, \dfrac{3}{1}, \dfrac{1}{4}, \dfrac{2}{3}, \dfrac{3}{2}, \dfrac{4}{1}, \dfrac{1}{5}, \dfrac{2}{4}, \dfrac{3}{3}, \dfrac{4}{2}, \cdots\cdots$

のように分数の列をつくる。

(1) $\dfrac{7}{36}$ は第何項の分数か。

(2) 第1000項の分数を求めよ。

ナイスな導入!!

これは, **特徴をつかめば 楽勝** っす！

まず，群に分けましょう！

第1群	第2群		第3群			第4群				
$\dfrac{1}{1}$	$\dfrac{1}{2},$	$\dfrac{2}{1}$	$\dfrac{1}{3},$	$\dfrac{2}{2},$	$\dfrac{3}{1}$	$\dfrac{1}{4},$	$\dfrac{2}{3},$	$\dfrac{3}{2},$	$\dfrac{4}{1}$	$\dfrac{1}{5}\cdots$

（分子と分母の数の和）

$1+1=2$ ｜ $1+2=3$　$2+1=3$ ｜ $1+3=4$　$2+2=4$　$3+1=4$ ｜ $1+4=5$　$2+3=5$　$3+2=5$　$4+1=5$ ｜ $1+5=6$

規則性は…

その① 群番号 ＝ **分子の数 ＋ 分母の数 − 1**

　例　$\dfrac{2}{3}$ は, $2+3-1=\mathbf{4}$ より 第**4**群のメンバー

その② 群内の分数の個数 ＝ 群番号

　例　第**3**群には $\dfrac{1}{3}, \dfrac{2}{2}, \dfrac{3}{1}$ の **3** 個の分数がある！

その③ 群内での順番 ＝ 分子の数

　例　$\dfrac{3}{2}$ は, 第4群の**3**番目！

　　　規則 その① より　$3+2-1=\mathbf{4}$

この規則さえ理解できれば 問題 8-2 とあまり変わりませんヨ ♥

Theme 8　ヨッ！　待ってましたぁ!!　群数列 の登場です ♥

解答でござる

以下のように群ごとに仕切る。

第1群　第2群　　第3群　　　　第4群

$$\frac{1}{1} \bigg| \frac{1}{2}, \frac{2}{1} \bigg| \frac{1}{3}, \frac{2}{2}, \frac{3}{1} \bigg| \frac{1}{4}, \frac{2}{3}, \frac{3}{2}, \frac{4}{1} \bigg| \frac{1}{5}, \cdots$$

ゴチャゴチャ説明するのが面倒なときはSTARTはこれに限る！

規則 その❶
群内の分数の個数＝群番号

(1) $\frac{7}{36}$ は，$7+36-1=42$ より

第42群の **7** 番目の分数である。

規則 その❷
群番号＝分子の数＋分母の数－1

規則 その❸
群内での順番＝分子の数

このとき，第41群までの項数は
$$1+2+3+\cdots+41$$
$$=\sum_{k=1}^{41}k=\frac{41(41+1)}{2}=861 \text{(項)}$$

第42群にあと7項あるから $\frac{7}{36}$ は，
$$861+7=868 \text{(項)}$$

よって，$\frac{7}{36}$ は **第868項** …（答）

イメージ

第1群 第2群, 第3群　　第41群 第42群
○ ｜○○｜○○○｜…｜○○…○｜○○…○

1コ+2コ+3コ+…+41コ+7コ

第41群の末項までの項数

あと7項！

(2) 第1000項が第n群に属するとする。

項数に注目して

$$\underbrace{1+2+3+\cdots+(n-1)}_{\text{第}n-1\text{群の末項までの項数}} < 1000 \leq \underbrace{1+2+3+\cdots+(n-1)+n}_{\text{第}n\text{群の末項までの項数}}$$

解説は 問題8-2 とまったく同様なので，そちらをよーく見といてネ♥

第1000項がちょうど第n群の末項と一致する可能性もあるので，一応イコールを入れておこう！
あと，規則 その❶ より，群内の分数の個数＝群番号でっせ！

ダメ押しイメージコーナー

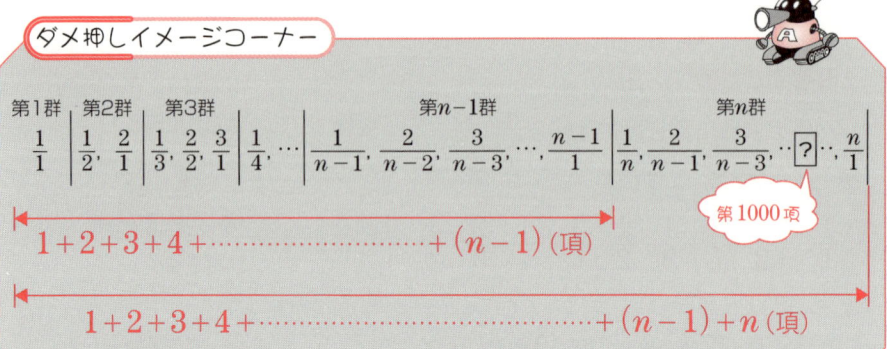

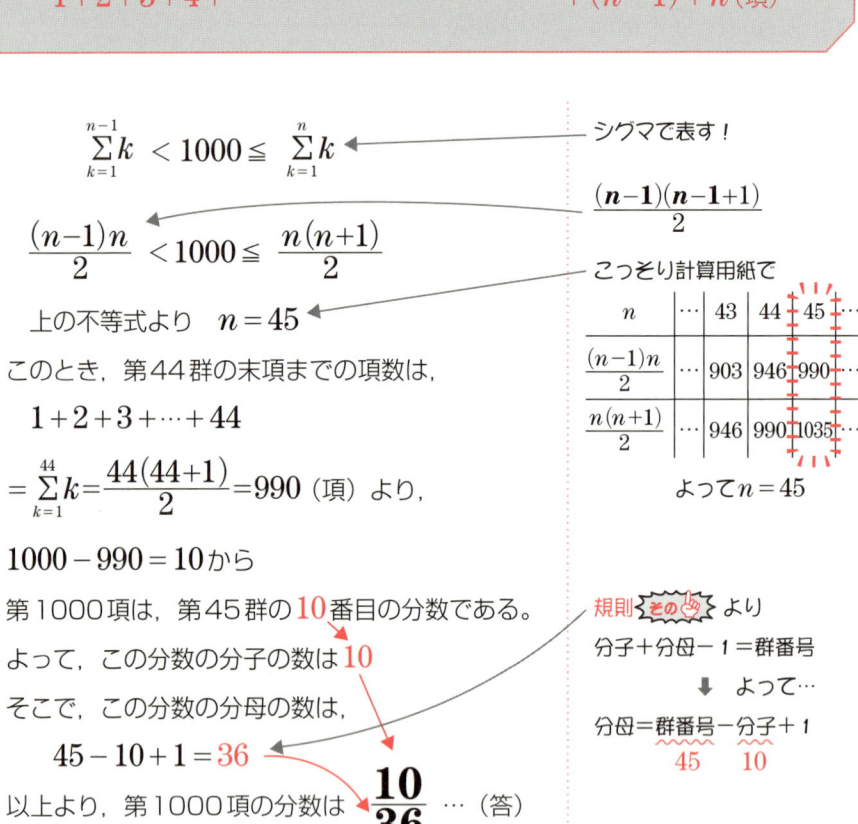

第1群　第2群　第3群　　　　　　第$n-1$群　　　　　　　第n群
$\dfrac{1}{1}$ | $\dfrac{1}{2}, \dfrac{2}{1}$ | $\dfrac{1}{3}, \dfrac{2}{2}, \dfrac{3}{1}$ | $\dfrac{1}{4}, \cdots$ | $\dfrac{1}{n-1}, \dfrac{2}{n-2}, \dfrac{3}{n-3}, \cdots, \dfrac{n-1}{1}$ | $\dfrac{1}{n}, \dfrac{2}{n-1}, \dfrac{3}{n-3}, \cdots \boxed{?} \cdots, \dfrac{n}{1}$

第1000項

$1+2+3+4+\cdots\cdots\cdots\cdots+(n-1)$ (項)

$1+2+3+4+\cdots\cdots\cdots\cdots\cdots\cdots+(n-1)+n$ (項)

シグマで表す！

$$\sum_{k=1}^{n-1} k < 1000 \leq \sum_{k=1}^{n} k$$

$\dfrac{(n-1)(n-1+1)}{2}$

$$\dfrac{(n-1)n}{2} < 1000 \leq \dfrac{n(n+1)}{2}$$

上の不等式より　$n=45$

こっそり計算用紙で

n	$\cdots$	43	44	45	$\cdots$
$\dfrac{(n-1)n}{2}$	$\cdots$	903	946	990	
$\dfrac{n(n+1)}{2}$		946	990	1035	

よって$n=45$

このとき，第44群の末項までの項数は，

$1+2+3+\cdots+44$

$=\sum_{k=1}^{44} k = \dfrac{44(44+1)}{2} = 990$ (項) より，

$1000-990=10$ から

第1000項は，第45群の10番目の分数である。

よって，この分数の分子の数は 10

規則 その⑤ より

分子+分母－1＝群番号

↓　よって…

分母＝群番号－分子＋1
　　　　45　　　10

そこで，この分数の分母の数は，

$45-10+1=36$

以上より，第1000項の分数は $\dfrac{10}{36}$ …（答）

Theme 8 ヨッ！ 待ってましたぁ!! 群数列 の登場です 101

ちょっと言わせて

豆知識コーナーっす!!

こっそり計算用紙で n を探すところで…

まさかとは思いますが…

n	1	2	3	4	5	…
$\dfrac{(n-1)n}{2}$	0	1	3	6	10	…
$\dfrac{n(n+1)}{2}$	1	3	6	10	15	…

こんなことやってないよねぇ!!

やってたかも

まず見当をつけようぜ！ $\dfrac{n(n+1)}{2}$ は $\dfrac{n \times n}{2} = \dfrac{n^2}{2}$ とあまり変わらないよネ♥

1つしか違わないヨ！

そこで，$n=30$ のとき

$$\dfrac{30^2}{2} = 450$$

1000までまだ遠い！

$n=40$ のとき

$$\dfrac{40^2}{2} = 800$$

もう少し！

なのと n を増やしていけば $n=40$ くらいから探せばいいとわかりますヨ♥♥

モミ～

┌─ **プロフィール** ─────
│ ハマハタナオジロウ
│ **浜畑直次郎**（43オ）
│ 　生真面目なサラリーマン。郊外の
│ 庭付きマイホームから長距離出勤の
│ 毎日。並外れたモミアゲのボリュー
│ ムから，人呼んで『モミー』。
│ 　見るからに運が悪そうな奴。
└──────────────

Theme 9 群数列再び… 〜本格派のアナタへ…〜

少しだけレベルを上げてみましょう！

問題 9-1 （ちょいムズ）

初項2，公差3の等差数列を

2, 5 | 8, 11, 14, 17 | 20, 23, 26, 29, 32, 35 | 38, 41, …

のように2個，4個，6個，8個，10個，…と区切って群に分け，左から順に第1群，第2群，第3群，…と呼ぶとき，

(1) 第10群の4番目の数を求めよ。
(2) 335は第何群の何番目の数か。
(3) 第n群の初項を求めよ。
(4) 第n群に含まれる数の総和を求めよ。

ナイスな導入!!

攻略のコツはやはり**項数に注目**することである。
まず最初に群の仕切りを取っぱらって考えてみよう！

2, 5, 8, 11, 14, 17, 20, 23, 26, 29, 32, ……

初項2，公差3の等差数列だから第N項a_Nは

$a_N = 2 + (N-1) \times 3$
　　$= 3N - 1$

←等差数列の一般項の公式 $\underset{2}{a} + (\underset{N}{n}-1)\underset{3}{d}$

1群に 2×1 = 2コ
2群に 2×2 = 4コ
3群に 2×3 = 6コ
　　　　︙

このNが**問題を解くカギ**になりますヨ♥

(1) いつものように項数のイメージを……第k群に属する数列の項数は**$2k$**個

イメージコーナー

第1群	第2群	第3群	第4群	…	第9群	第10群
○○	○○○○	○○○○○○	○○○○○○○○	……	○○……○○	○○○△……
2コ	+4コ	+6コ	+8コ	+……	+18コ	+4コ

第k群に属する数列の項数は**$2k$**個

第10群の4番目までの項数は

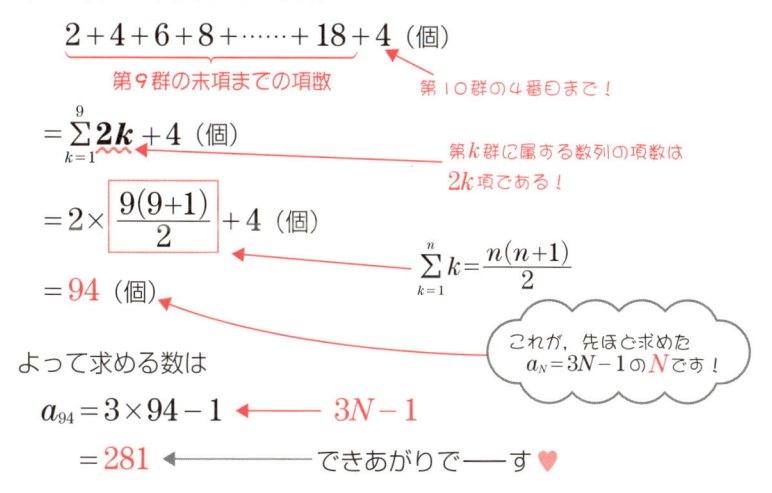

$$\underbrace{2+4+6+8+\cdots\cdots+18}_{\text{第9群の末項までの項数}}+\underbrace{4}_{\text{第10群の4番目まで！}}\text{(個)}$$

$$=\sum_{k=1}^{9}2k+4\text{(個)} \quad\leftarrow\text{第}k\text{群に属する数列の項数は}2k\text{項である！}$$

$$=2\times\boxed{\dfrac{9(9+1)}{2}}+4\text{(個)} \quad\leftarrow \sum_{k=1}^{n}k=\dfrac{n(n+1)}{2}$$

$$=94\text{(個)}$$

これが、先ほど求めた $a_N = 3N-1$ の N です！

よって求める数は

$a_{94} = 3 \times 94 - 1 \quad\leftarrow 3N-1$

$\phantom{a_{94}} = 281 \quad\leftarrow$ できあがりで——す♥

(2) $a_N = 3N - 1 = 335$ より，$N = 112$ ← 項数に注目!!

つまり，335は，**第112項**であ——る！

ここで，この第112項が第 n 群に属するとする。

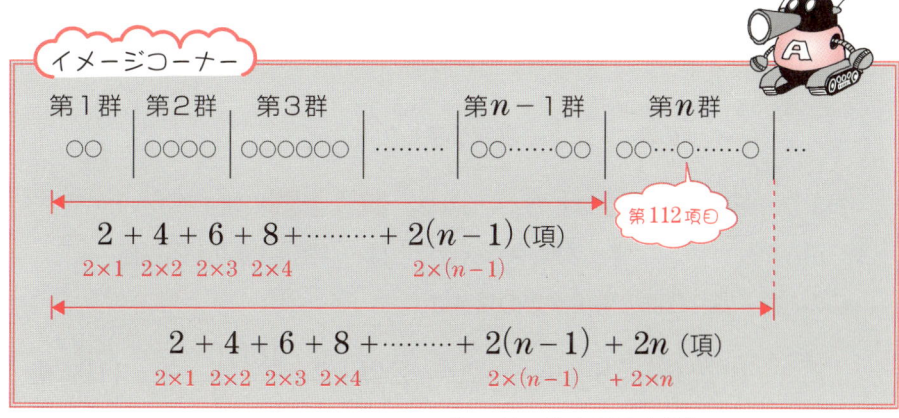

イメージコーナー

| 第1群 | 第2群 | 第3群 | …… | 第 $n-1$ 群 | 第 n 群 |
| ○○ | ○○○○ | ○○○○○○ | ……… | ○○……○○ | ○○…○……○ |

$$\underbrace{2 + 4 + 6 + 8 + \cdots\cdots + 2(n-1)}_{2\times1\ 2\times2\ 2\times3\ 2\times4 \quad\quad 2\times(n-1)} \text{(項)}$$

（第112項目）

$$\underbrace{2 + 4 + 6 + 8 + \cdots\cdots + 2(n-1)}_{2\times1\ 2\times2\ 2\times3\ 2\times4 \quad\quad 2\times(n-1)} + \underbrace{2n}_{+2\times n} \text{(項)}$$

↓ で，今までのように

項数に注目して…

$$2+4+6+8+\cdots+2(n-1) < 112 \leq 2+4+6+8+\cdots+2(n-1)+2n$$

第$n-1$群の末項までの項数　　　　　　　　　　第n群の末項までの項数

> もう言わなくてイイかもしれないけど… 第112項が第n群の末項になるかもしれないから，とりあえずイコールを…

シグマで表現しなおして…

$$\sum_{k=1}^{n-1} 2k < 112 \leq \sum_{k=1}^{n} 2k$$

結局 Theme 8 の2題と変わらないネ♥

$$2 \times \frac{(n-1)n}{2} < 112 \leq 2 \times \frac{n(n+1)}{2}$$

$\dfrac{(n-1)(n-1+1)}{2}$ もうOKだネ…

$$(n-1)n < 112 \leq n(n+1)$$

↓ ここで，またまた実際にnに数字を入れて調べてみる！

計算用紙で…

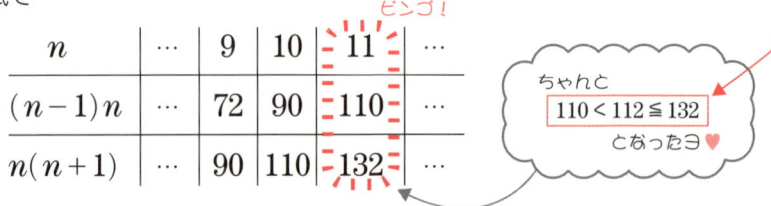

ビンゴ！

n	⋯	9	10	11	⋯
$(n-1)n$	⋯	72	90	110	⋯
$n(n+1)$	⋯	90	110	132	⋯

ちゃんと $110 < 112 \leq 132$ となったヨ♥

よって$\boldsymbol{n=11}$と求まりました!!

つまり，第112項（すなわち335）は，**第11群**に属する！

↓ 次にやるべきことは…　第11群の ? 番目 コレ!!

このとき，第10群の末項までの項数は，

$$2+4+6+8+\cdots\cdots+20 = \sum_{k=1}^{10} 2k = 2 \times \frac{10(10+1)}{2} = 110 \text{（項）}$$

2×1　2×2　2×3　2×4　　　　2×10

ここで　$112-110=\boldsymbol{2}$ より

第112項は，**第11群の2番目**である!!　←答えですヨ!!

Theme 9 群数列再び… 105

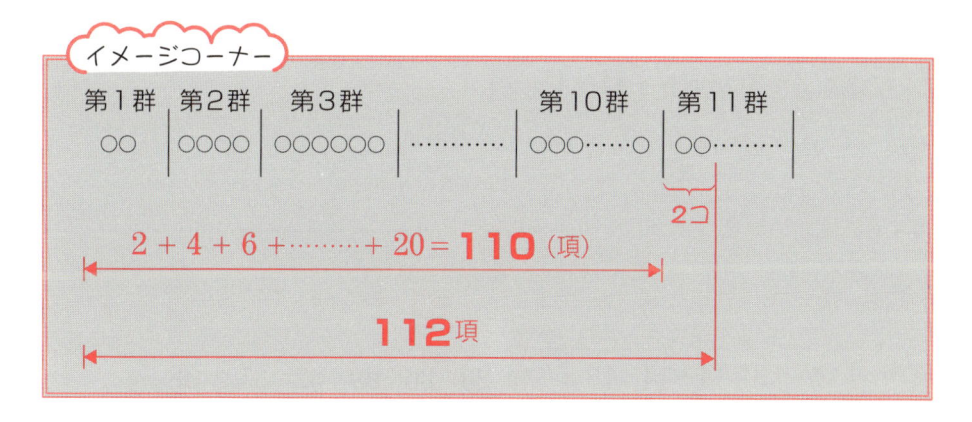

```
┌─ イメージコーナー ─────────────────────────┐
│  第1群  第2群   第3群              第10群    第11群    │
│  ○○  │○○○○│○○○○○○│………………│○○○……○│○○………│
│                                              ⎫       │
│                                              ⎬ 2つ    │
│                                              ⎭       │
│  ←── 2+4+6+………+20 = 110 (項) ──→              │
│  ←────────── 112項 ──────────────→             │
└──────────────────────────────────────┘
```

(3) これはぶっちゃけあんまり難しくありません!!

　第 n 群の初項がいったい**第何項**になるか？ を求めて，$a_N = 3N-1$ の N にこの第**何**項目か？ をブチ込めば終わりですヨ♥

では早速！

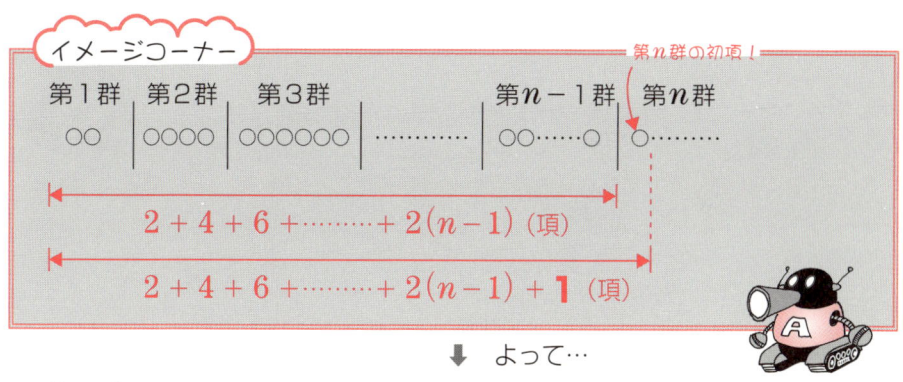

```
┌─ イメージコーナー ─────────────────────────┐
│                                    第n群の初項！    │
│  第1群  第2群   第3群           第n−1群   第n群      │
│  ○○  │○○○○│○○○○○○│………………│○○……○│○………    │
│  ←─── 2+4+6+………+2(n−1) (項) ───→                    │
│  ←─── 2+4+6+………+2(n−1)+1 (項) ─────→               │
└──────────────────────────────────────┘
```

↓ よって…

第 n 群の初項までの項数は

$$\underbrace{2+4+6+8+\cdots+2(n-1)}_{\text{第}n-1\text{群の末項までの項数}} + \underset{\text{第}n-1\text{群の末項より}\mathbf{1つ}\text{うしろ!}}{\mathbf{1}} \text{(項)}$$

$$= \sum_{k=1}^{n-1} 2k + 1 \text{ (項)}$$

$$= 2 \times \frac{(n-1)n}{2} + 1 \text{ (項)} \quad \left(\frac{(n-1)(n-1+1)}{2} \text{ つい言いたくなるのが私の性…} \right)$$

$$= \boxed{n^2 - n + 1} \text{ (項)}$$

これが $a_N = 3N-1$ の N にハマります!!

よって第n群の初項は

$a_{n^2-n+1} = 3(n^2-n+1) - 1$

←n^2-n+1項目を求めりゃOK！

$= 3n^2 - 3n + 2$ ← できあがり！

では確かめ算をしようぜ！

$n=1$のとき
$3 \times 1^2 - 3 \times 1 + 2$
$= 2$

$n=2$のとき
$3 \times 2^2 - 3 \times 2 + 2$
$= 8$

$n=3$のとき
$3 \times 3^2 - 3 \times 3 + 2$
$= 20$

← うまくいくでしょ ♥

②　5 ｜ ⑧　11　14　17 ｜ ⑳　23　26　29　32　35 ｜ 38 …

第1群　　第2群　　　　　　第3群

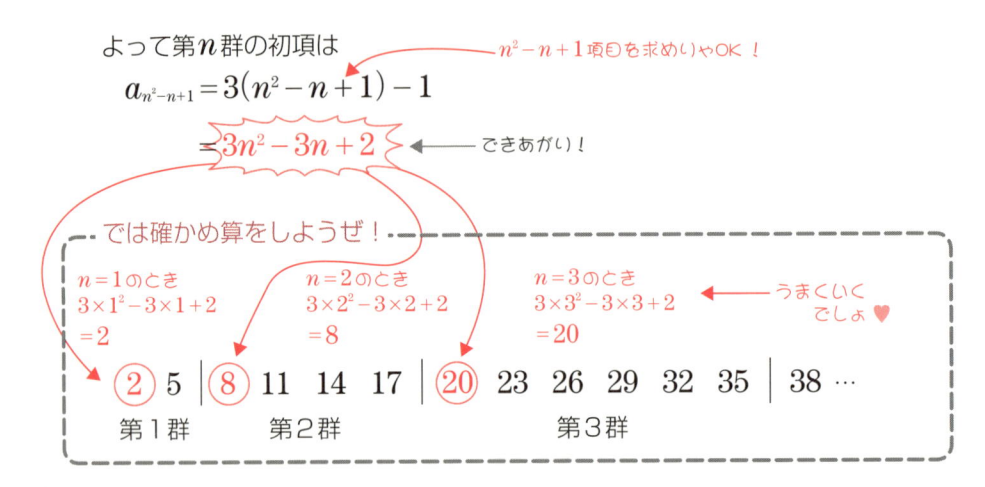

ちゃんと第n群の初項が次々と求まることが確認できましたネ ♥
あらためて確かめてみると，**スゴイこと**だと思いませんか？

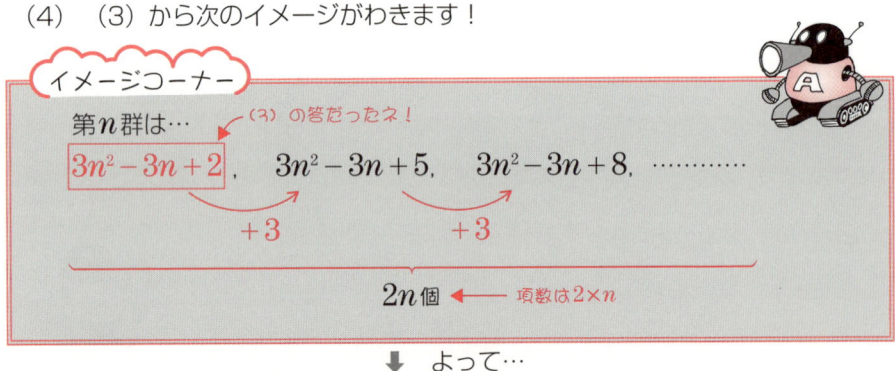

(4) (3)から次のイメージがわきます！

イメージコーナー

第n群は… (3)の答だったネ！

$\boxed{3n^2-3n+2}$, 　$3n^2-3n+5$, 　$3n^2-3n+8$, …………

$+3$　　　$+3$

$2n$個 ← 項数は$2 \times n$

↓ よって…

『求めるべき，第n群に含まれる数の総和』
　＝『初項 $\underset{a}{3n^2-3n+2}$　公差 $\underset{d}{3}$　項数 $\underset{n}{2n}$ の等差数列の和』

↓ で，

等差数列の和の公式

$S_n = \dfrac{n\{2a+(n-1)d\}}{2}$

Theme ① 参照！

の活躍です!!

↓

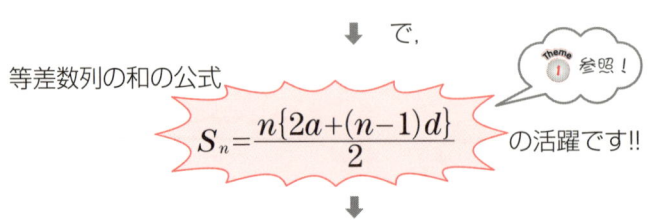

Theme 9 群数列再び… 107

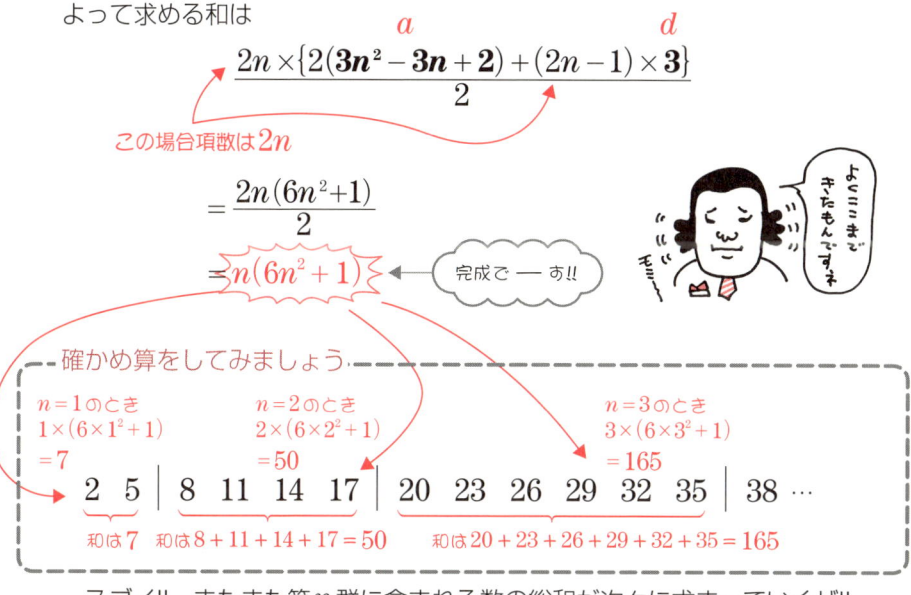

よって求める和は

$$\frac{2n \times \{2(\boldsymbol{3n^2-3n+2}) + (2n-1) \times \boldsymbol{3}\}}{2}$$

（a、d を指す矢印）

この場合項数は $2n$

$$= \frac{2n(6n^2+1)}{2}$$

$$= n(6n^2+1)$$

完成で――す!!

よくここまできたもんですね

確かめ算をしてみましょう

$n=1$ のとき　　　　$n=2$ のとき　　　　　　　　　　$n=3$ のとき
$1\times(6\times 1^2+1)$　　$2\times(6\times 2^2+1)$　　　　　　　　$3\times(6\times 3^2+1)$
$=7$　　　　　　　$=50$　　　　　　　　　　　　　$=165$

2　5　｜　8　11　14　17　｜　20　23　26　29　32　35　｜　38　…

和は 7　　和は $8+11+14+17=50$　　和は $20+23+26+29+32+35=165$

スゴイ!! またまた第 n 群に含まれる数の総和が次々に求まっていくぜ!!

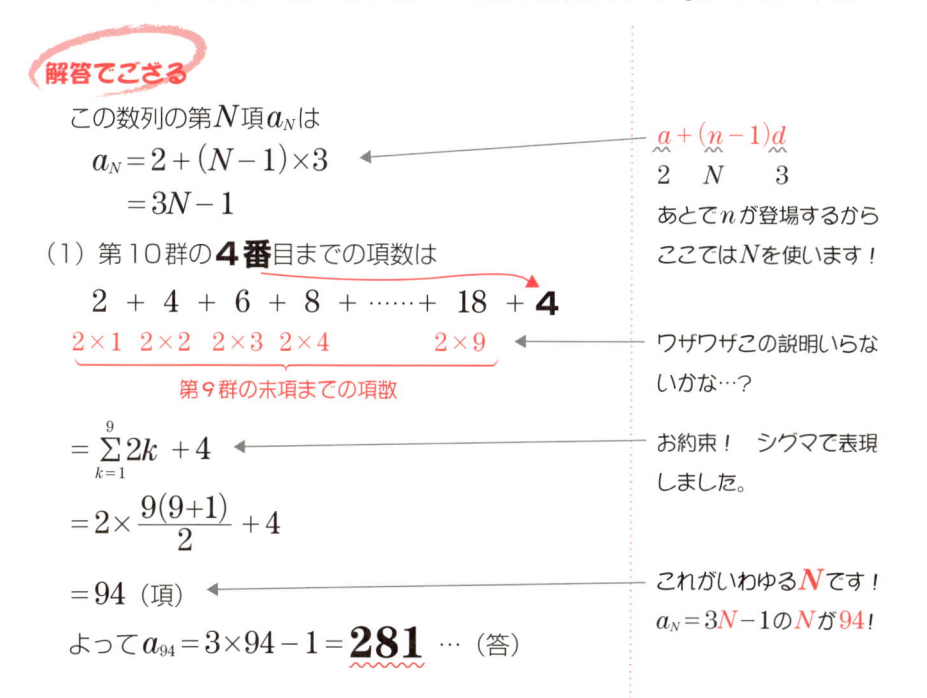

解答でござる

この数列の第 N 項 a_N は

$$a_N = 2 + (N-1) \times 3$$
$$= 3N - 1$$

$\underset{2}{a} + (\underset{N}{n-1})\underset{3}{d}$

あとで n が登場するから
ここでは N を使います！

(1) 第10群の **4番**目までの項数は

$$2 + 4 + 6 + 8 + \cdots\cdots + 18 + \boldsymbol{4}$$
$\ \ 2\times 1\ \ 2\times 2\ \ 2\times 3\ \ 2\times 4\ \ \ \ \ \ \ \ \ \ 2\times 9$

第9群の末項までの項数

ワザワザこの説明いらないかな…？

$$= \sum_{k=1}^{9} 2k + 4$$

お約束！ シグマで表現しました。

$$= 2 \times \frac{9(9+1)}{2} + 4$$

$$= 94\ （項）$$

これがいわゆる N です！
$a_N = 3N-1$ の N が 94！

よって $a_{94} = 3 \times 94 - 1 = \boldsymbol{281}$ … (答)

(2) $a_N = 3N - 1 = 335$ より $N = 112$ ← 335がいったい第何項か？ これから始まりますヨ♥

よって，335は第112項

この第112項が第n群に属するとすると

$$2 + 4 + 6 + \cdots\cdots + 2(n-1) < 112$$
$$\leq 2 + 4 + 6 + \cdots\cdots + 2(n-1) + 2n \leftarrow \text{先ほどの解説参照！}$$

$$\sum_{k=1}^{n-1} 2k < 112 \leq \sum_{k=1}^{n} 2k \leftarrow \text{シグマで表現！}$$

$\dfrac{(n-1)(n-1+1)}{2}$

$$2 \times \dfrac{(n-1)n}{2} < 112 \leq 2 \times \dfrac{n(n+1)}{2}$$

$$(n-1)n < 112 \leq n(n+1)$$

上の不等式より　$n = 11$ ← 計算用紙でこっそりと探してください！ さっきの解説参照！

このとき，第10群の末項までの項数は，

$$2 + 4 + 6 + 8 + \cdots\cdots + 20 = \sum_{k=1}^{10} 2k$$

2×1　2×2　2×3　2×4　　　　2×10

$$= 2 \times \dfrac{10(10+1)}{2} \leftarrow \sum_{k=1}^{n} k = \dfrac{n(n+1)}{2}$$

$$= 110 \text{（項）}$$

そこで，$112 - 110 = \boxed{2}$ より ← さっきの解説よく読んでネ♥

第112項，つまり335は，

第11群の 2 番目 …（答）

Theme 9 群数列再び… 109

(3) 第 n 群の初項までの項数は

$$2 + 4 + 6 + 8 + \cdots\cdots + 2(n-1) + 1$$

$2\times 1\ \ 2\times 2\ \ 2\times 3\ \ 2\times 4 \qquad\quad 2\times(n-1)$ ← 第 $n-1$ 群の末項までの項数 **+ 1**

$$= \sum_{k=1}^{n-1} 2k + 1$$ ← シグマで表す！

$$= 2 \times \frac{(n-1)n}{2} + 1$$ ← $\dfrac{(\boldsymbol{n-1})(\boldsymbol{n-1+1})}{2}$

$$= n^2 - n + 1 \ (\text{項})$$ ← これが a_N の $\underset{\sim}{\boldsymbol{N}}$ です！ 項数！

よって，第 n 群の初項は

$$a_{n^2-n+1} = 3(n^2 - n + 1) - 1$$ ← $a_N = 3N - 1$
$\qquad N$ が $N = n^2 - n + 1$

$$= \underline{\boldsymbol{3n^2 - 3n + 2}} \ \cdots (\text{答})$$

(4) 第 n 群に含まれる数列は初項 $3n^2 - 3n + 2$，公差 3，項数 $2n$ の等差数列となる。第 n 群に含まれる数の総和は

$$\frac{2n \times \{2(3n^2 - 3n + 2) + (2n - 1) \times 3\}}{2}$$

等差数列の和の公式
$S_n = \dfrac{n\{2a + (n-1)d\}}{2}$
$\qquad\quad\ \ 3n^2-3n+2 \qquad 3$
n のところに $2n$ を…

$$= \frac{2n(6n^2 + 1)}{2}$$

$$= \underline{\boldsymbol{n(6n^2 + 1)}} \ \cdots (\text{答})$$

← 展開して $6n^3 + n$ としても OK!!

問題 9-2 （ちょいムズ）

$\dfrac{1}{2}, \dfrac{1}{4}, \dfrac{3}{4}, \dfrac{1}{8}, \dfrac{3}{8}, \dfrac{5}{8}, \dfrac{7}{8}, \dfrac{1}{16}, \dfrac{3}{16}, \dfrac{5}{16}, \dfrac{7}{16}, \dfrac{9}{16}, \dfrac{11}{16},$

$\dfrac{13}{16}, \dfrac{15}{16}, \dfrac{1}{32}, \dfrac{3}{32}, \dfrac{5}{32}, \dfrac{7}{32}, \dfrac{9}{32}, \dfrac{11}{32}, \dfrac{13}{32}, \cdots\cdots$

のように分数の列をつくる。

(1) $\dfrac{777}{2048}$ は，第何項の分数か。

(2) 第4000項の分数を求めよ。

ナイスな導入!!

では群に分けましょう！

第1群　第2群　第3群　　　　　第4群
$\dfrac{1}{2}$ | $\dfrac{1}{4}, \dfrac{3}{4}$ | $\dfrac{1}{8}, \dfrac{3}{8}, \dfrac{5}{8}, \dfrac{7}{8}$ | $\dfrac{1}{16}, \dfrac{3}{16}, \dfrac{5}{16}, \dfrac{7}{16}, \dfrac{9}{16}, \dfrac{11}{16}, \dfrac{13}{16}, \dfrac{15}{16}$ | $\dfrac{1}{32}, \cdots$

1コ　　2コ　　　4コ　　　　　　　8コ

↓ そこで…

規則性は

規則その1 第n群の分母の数 $= 2^n$
　例 第4群の分母 $= 2^4 = 16$

規則その2 第n群内の分数の項数は，初項1，公比2の（a，r）
等比数列より　$1 \cdot 2^{n-1} = 2^{n-1}$（項）
　　　　　　　　$a \cdot r^{n-1}$
　例 第4群内の分数の項数 $= 2^{4-1} = 2^3 = 8$（項）

規則その3 群内におけるk番目の分子は，初項1，公差2の（a，r）
等差数列より　$1 + (k-1) \times 2 = 2k - 1$
　　　　　　　$a + (n-1)d$
　　　　　　　　　　　　　　　　　　1, 3, 5, 7, 9, …
　例 第 $\boxed{4}^n$ 群の $\boxed{5}^k$ 番目は，

　　$2k-1 \longrightarrow \dfrac{2 \times \boxed{5} - 1}{2^{\boxed{4}}} = \dfrac{9}{16}$　とな――る！
　　　　　規則その1,2

Theme 9　群数列再び…　111

↓ つま——り!!
第n群のk番目の分数は…

バ バ ー ン！ $\dfrac{2k-1}{2^n}$ となーる!!

これが理解できれば，あとは今までと同様です♥

解答でござる

分母が2^nで表される分数が第n群に属するように，群に分けて考える。

このとき，第n群のk番目は

$$\dfrac{2k-1}{2^n}$$ と表せる。

(1) $\dfrac{2k-1}{2^n} = \dfrac{777}{2048}$ より

分子について $\begin{cases} 2k-1 = 777 & \cdots ① \\ 2^n = 2048 & \cdots ② \end{cases}$
分母について

①より $2k = 778$
　　　$\therefore\ k = 389$

②より $2^n = 2^{11}$
　　　$\therefore\ n = 11$

以上より，$\dfrac{777}{2048}$ は第 ⑪ 群の ㊱㊹ 番目
　　　　　　　　　　　　　　n　　　k　　　（389）

先ほどの規則その②です！
いちいち書きたくないから，このようにスマートな書き方が有効!!

このように複雑な群数列のときは，先にコレを言っておくと答案がつくりやすい！

第$\boxed{n}$群の$\boxed{k}$番目が$\dfrac{777}{2048}$ と考えたヨ♥

```
2) 2048
2) 1024
2)  512
2)  256        2048
2)  128       = 2^{11}
2)   64
2)   32
2)   16
2)    8
2)    4
      2
```

↓ でも…

ダメ押しイメージコーナー

第1群	第2群	第3群	…	第10群	…	第11群
$\dfrac{1}{2}$	$\dfrac{1}{4}, \dfrac{3}{4}$	$\dfrac{1}{8}, \dfrac{3}{8}, \dfrac{5}{8}, \dfrac{7}{8}$	……	$\dfrac{1}{1024}, \dfrac{3}{1024}, …$		$\dfrac{1}{2048}, \dfrac{3}{2048}, …, \dfrac{777}{2048}, …$

$\underbrace{1 + 2 + 2^2 + 2^3 + \cdots\cdots\cdots\cdots + 2^9}_{\text{(項)}}$ 　　$\underbrace{\qquad}_{389\text{項}}$

$\underbrace{1 + 2 + 2^2 + 2^3 + \cdots\cdots\cdots\cdots\cdots\cdots + 2^9 + 389}_{\text{(項)}}$

このとき，第 n 群に属する分数の項数は 2^{n-1} 項より，第10群の末項までの項数は，

$$1+2+2^2+2^3+\cdots\cdots+2^9$$
$$=\frac{1\times(2^{10}-1)}{2-1}$$
$$=1023\,(項)$$

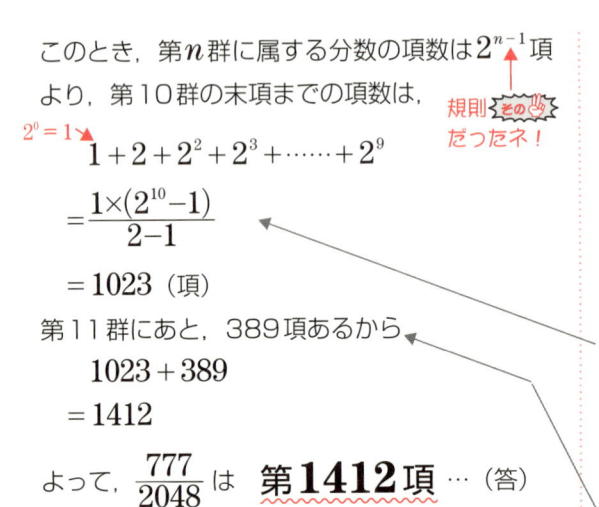

第11群にあと，389項あるから

$$1023+389$$
$$=1412$$

よって，$\dfrac{777}{2048}$ は **第1412項** …（答）

$2048=2\times1024$
$1024=2^{10}$ は有名！
覚えておこうぜ
$2048=2\times1024$
$=2\times2^{10}$
$=2^{11}$
とするとカッコイイ♥

等比数列の和の公式
$$\dfrac{a(r^n-1)}{r-1}$$
$a=1$, $r=2$, $n=10$

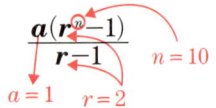

第10群の末項までの項数 $+389$ 項
あと第11群に389項

規則その②だったネ！
$2^0=1$

(2) 第4000項目が第 n 群に属するとする。このとき項数に注目して

$$\underbrace{1+2+2^2+\cdots\cdots+2^{n-2}}_{第n-1群の末項までの項数}<4000\leq\underbrace{1+2+2^2+\cdots\cdots+2^{n-2}+2^{n-1}}_{第n群の末項までの項数}$$

$$\sum_{k=1}^{n-1}2^{k-1}<4000\leq\sum_{k=1}^{n}2^{k-1}$$

うぉぉーっ！ いつもの出だしだぜぇ!!
行くぜ！

第4000項が第 n 群の末項に一致するかもしれないから，イコールが必要でござる！

とりあえずシグマで表現しましたが，本問では，等比の和の公式を使うため，この一行はいらないかも…

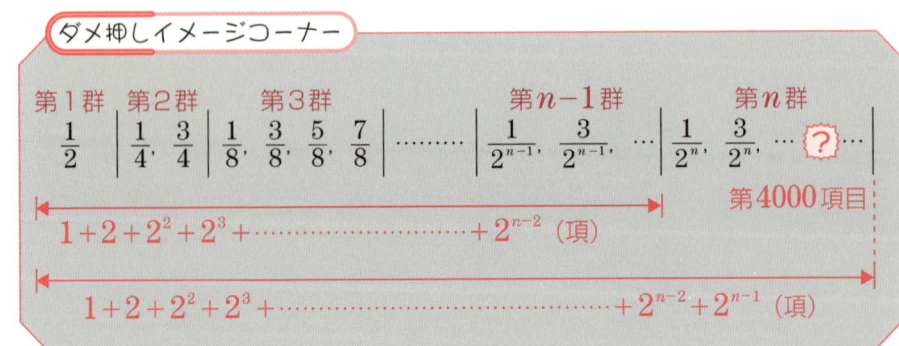

ダメ押しイメージコーナー

第1群	第2群	第3群	……	第 $n-1$ 群	…	第 n 群
$\dfrac{1}{2}$	$\dfrac{1}{4},\dfrac{3}{4}$	$\dfrac{1}{8},\dfrac{3}{8},\dfrac{5}{8},\dfrac{7}{8}$	……	$\dfrac{1}{2^{n-1}},\dfrac{3}{2^{n-1}},\cdots$	…	$\dfrac{1}{2^n},\dfrac{3}{2^n},\cdots$ ❓ …

第4000項目

$1+2+2^2+2^3+\cdots\cdots\cdots\cdots+2^{n-2}$ （項）

$1+2+2^2+2^3+\cdots\cdots\cdots\cdots+2^{n-2}+2^{n-1}$ （項）

Theme 9　群数列再び…　113

$$\frac{1 \cdot (2^{n-1}-1)}{2-1} < 4000 \leqq \frac{1 \cdot (2^n-1)}{2-1}$$

$$2^{n-1} - 1 < 4000 \leqq 2^n - 1$$

$$2^{n-1} < 4001 \leqq 2^n$$

上不等式より　$n = \boxed{12}$

等比数列の和の公式
$S_n = \dfrac{a(r^n-1)}{r-1}$

初項 $a=1$, 公比 $r=2$,
項数は $n-1$ と n !
全体に1を加えて解きやすくしました♥

このとき，第11群の末項までの項数は

$$1 + 2 + 2^2 + 2^3 + \cdots\cdots + 2^{10}$$

$$= \frac{1 \cdot (2^{11}-1)}{2-1} = 2047 \text{（項）}$$

こっそりと計算用紙で…　ビンゴ！

n	…	10	11	12
2^{n-1}	…	512	1024	2048
2^n	…	1024	2048	4096

$4000 - 2047 = 1953$ より

第4000項は，第 $\boxed{12}$ 群の 1953 番目

よって，第4000項は

$$\frac{2 \times 1953 - 1}{2^{\boxed{12}}}$$

$\dfrac{a(r^n-1)}{r-1}$　$n=11$
$a=1$　$r=2$

$$= \frac{\mathbf{3905}}{\mathbf{4096}} \cdots \text{（答）}$$

$\dfrac{2k-1}{2^n}$ で，
$n=12$, $k=1953$
最初に求めておくと便利でしょ？

ダメ押しイメージコーナー

第1群　第2群　　第3群　　　　　　　第11群　　　　　　第12群

$\dfrac{1}{2}$ ｜ $\dfrac{1}{4}, \dfrac{3}{4}$ ｜ $\dfrac{1}{8}, \dfrac{3}{8}, \dfrac{5}{8}, \dfrac{7}{8}$ ｜ …… ｜ $\dfrac{1}{2048}, \dfrac{3}{2048}, \cdots$ ｜ $\dfrac{1}{4096}, \dfrac{3}{4096}, \cdots$ 第4000項…

$1 + 2 + 2^2 + 2^3 + \cdots\cdots + 2^{10} = 2047$（項）　　$4000 - 2047 = 1953$（項）

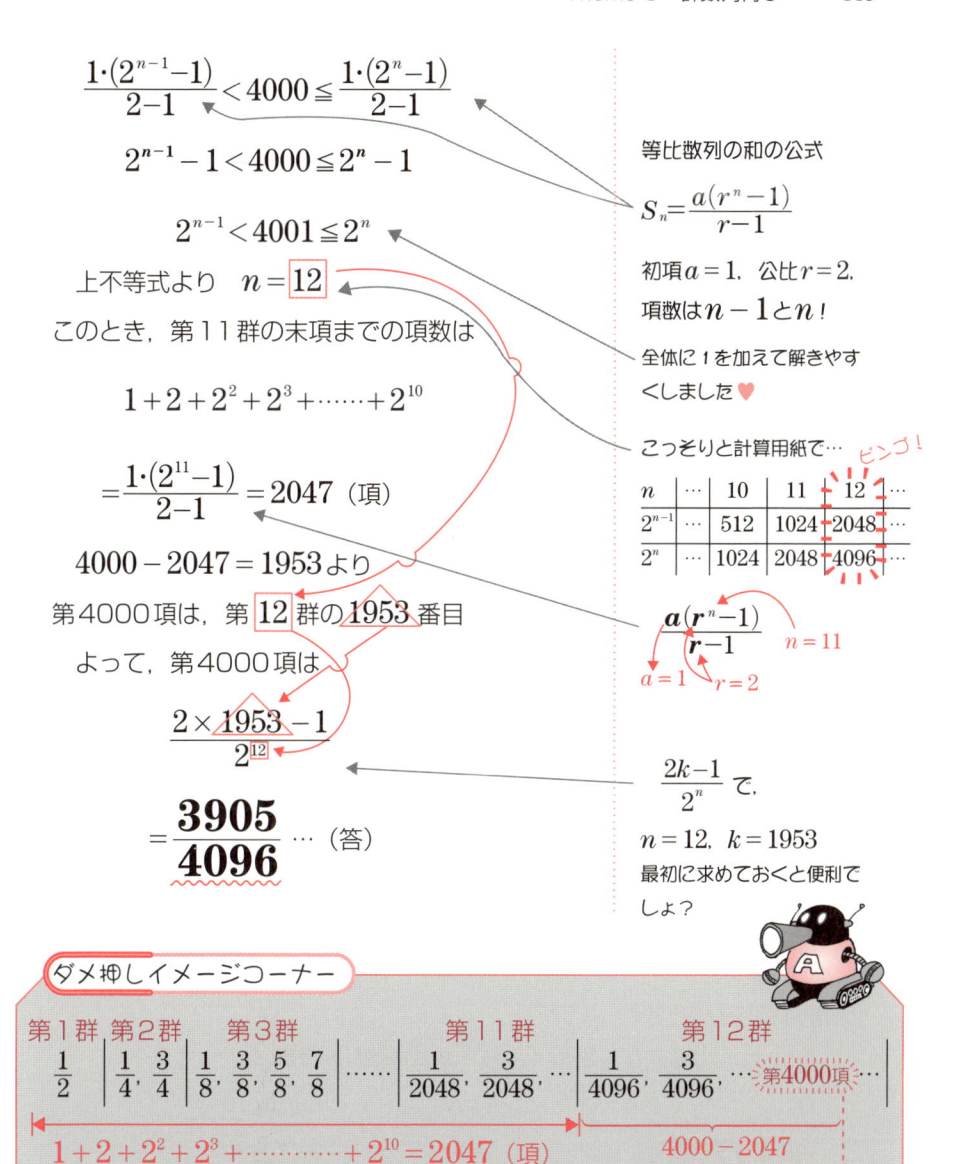

4000項

Theme 10 格子点の攻略！

格子点とは，xy平面上において，**x座標，y座標，ともに整数**である点のことであーる！

たとえば… $(-2, 3)$，$(10, -6)$，$(21, 53)$ などなど…

確かに整数だ…　　$-10, -3, -1$など

念のため言っとくけど，整数にはマイナスの数も **0** も入るぜ！

問題 10-1　　　　　　　　　　　　　　　　　　　　　　　標準

3つの不等式 $\begin{cases} x \geq 0 \\ y \geq 0 \\ 3x + y \leq 300 \end{cases}$

で決定される領域をDとする。

(1) 領域D内に含まれる$x = k$ ($k = 0, 1, 2, 3, \dots, 100$) 上の格子点の個数を$k$で表せ。

(2) 領域D内の格子点の総数を求めよ。

※ただし，**格子点とは，x座標，y座標がともに整数の点**である。

この注意書きはカットされる場合もあるから，格子点の意味をしっかり覚えておきましょう！

ナイスな導入!!

まずは領域Dを図示しよう

$$3x + y \leq 300 \quad \text{より} \quad y \leq -3x + 300$$

直線 $y = -3x + 300$ の下側！

領域Dはコレだ!!

$x = 0$

$y = -3x + 300$

$-3x + 300 = 0$ より

すべての不等式にイコールがついてる！

$y = 0$

（ただし境界は含む）

Theme 10 格子点の攻略！   115

(1) $x=k$ 上の格子点を考えてみよう

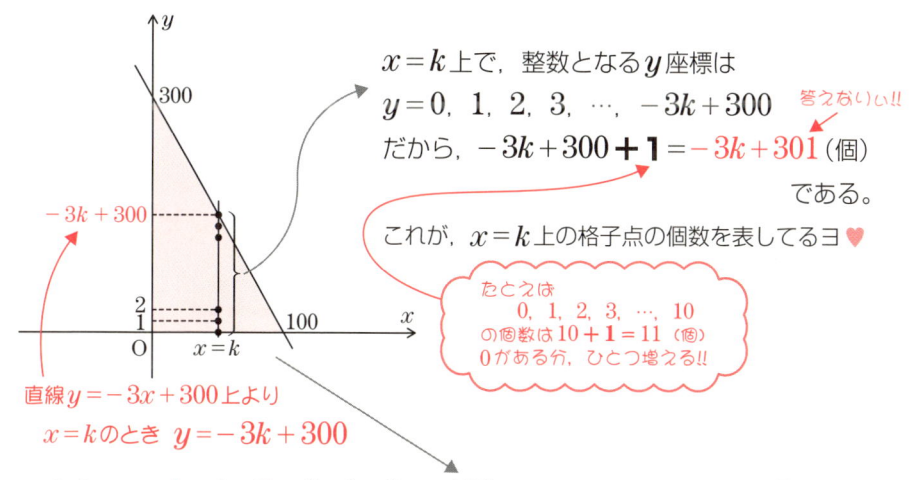

$x=k$ 上で，整数となる y 座標は
$y=0, 1, 2, 3, \cdots, -3k+300$
だから，$-3k+300 + 1 = -3k+301$ （個）
である。

答えないぃ!!

これが，$x=k$ 上の格子点の個数を表してるヨ♥

直線 $y=-3x+300$ 上より
$x=k$ のとき $y=-3k+300$

たとえば
0, 1, 2, 3, …, 10
の個数は $10+1=11$ （個）
0がある分，ひとつ増える!!

あと，$x=k$ の k が $k=0, 1, 2\cdots, 100$ とされているのは，領域 D 内で許される x の範囲が図を見れば明らかなように $0 \leq x \leq 100$ だからである。

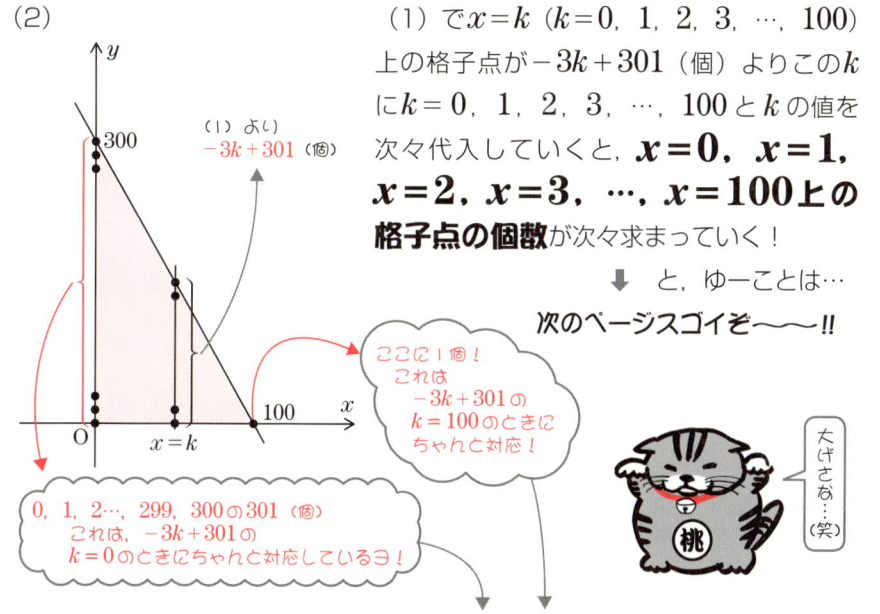

(2)

(1)で $x=k$ ($k=0, 1, 2, 3, \cdots, 100$) 上の格子点が $-3k+301$ （個）よりこの k に $k=0, 1, 2, 3, \cdots, 100$ と k の値を次々代入していくと，**$x=0, x=1, x=2, x=3, \cdots, x=100$ 上の格子点の個数**が次々求まっていく！

↓ と，ゆーことは…

次のページスゴイぞ〜〜!!

(1) より
$-3k+301$ （個）

ここに1個！
これは
$-3k+301$ の
$k=100$ のときに
ちゃんと対応！

0, 1, 2…, 299, 300 の 301（個）
これは，$-3k+301$ の
$k=0$ のときにちゃんと対応しているヨ！

大げさな…（笑）

(1)の答えが正しいことが確認できるゾ！

直線
$y = -3x + 300$

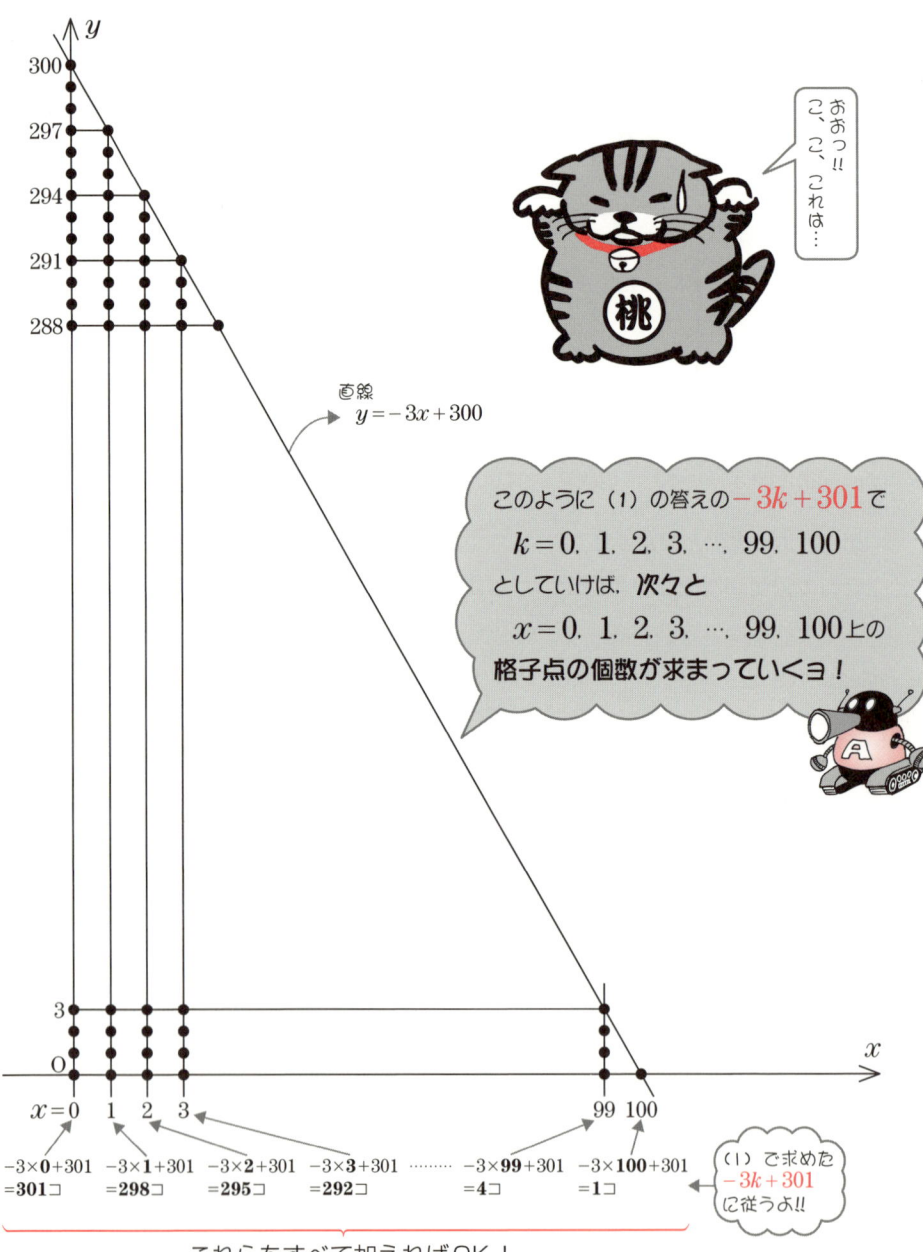

おおっ!! こ、こ、これは…

このように（1）の答えの $-3k+301$ で
$k = 0, 1, 2, 3, \cdots, 99, 100$
としていけば，**次々と**
$x = 0, 1, 2, 3, \cdots, 99, 100$ 上の
格子点の個数が求まっていくョ！

$x = 0$ 1   2   3 ………   99   100

$-3 \times 0 + 301$ $-3 \times 1 + 301$ $-3 \times 2 + 301$ $-3 \times 3 + 301$ ……… $-3 \times 99 + 301$ $-3 \times 100 + 301$
$= 301$コ $= 298$コ $= 295$コ $= 292$コ $= 4$コ $= 1$コ

（1）で求めた $-3k+301$ に従うよ!!

これらをすべて加えればOK！

⬇ と，ゆ――ことは…

シグマを用いて

$$\sum_{k=0}^{100}(-3k+301)$$

$$\begin{array}{r}-3\times\boxed{0}+301\\-3\times\boxed{1}+301\\-3\times\boxed{2}+301\\\vdots\\+)\ -3\times\boxed{100}+301\end{array}$$

とすれば領域 D 内の格子点の総和が求まる！

なるほど♡

解答でござる

領域 D を図示すると以下のようになる。

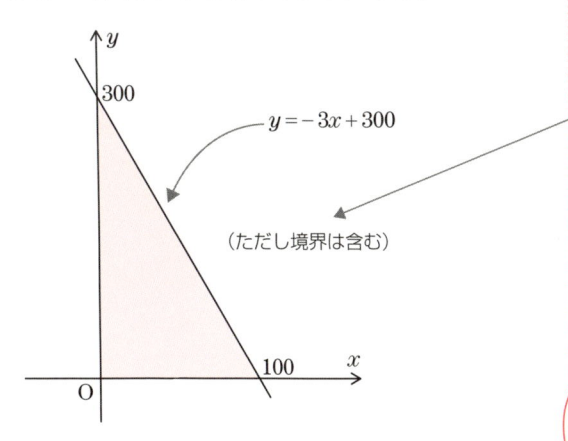

$y = -3x + 300$

（ただし境界は含む）

これはとりあえず言っておこう!!

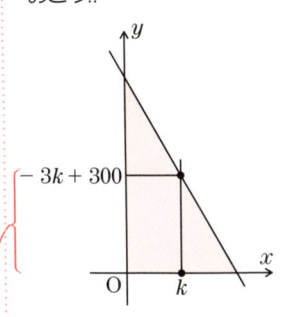

(1) 領域 D 内の $x = k$ $(k = 0, 1, 2, \cdots, 100)$
上の格子点の個数は，$0 \leq y \leq -3k + 300$ より

$$-3k + 300 + 1 = \underline{\underline{-3k + 301}}\ (個) \cdots (答)$$

0から始まってるから最後の数より **1つ多く**なる♡
たとえば，0から20までは
20 + 1 = 21コ！

(2) (1)より領域D内の格子点の総数は

$$\sum_{k=0}^{100}(-3k+301)$$

$$= \mathbf{301} + \sum_{k=1}^{100}(-3k+301)$$

$$= 301 - 3 \times \frac{100(100+1)}{2} + 301 \times 100$$

$$= 301 - 15150 + 30100$$

$$= \underline{\mathbf{15251}} \text{（個）…（答）}$$

先ほどの説明参照！
公式を活用したいから$k=1$にする必要があるヨ！

$k=0$のとき301よりこれは前に出す。

$$\sum_{k=1}^{n} k = \frac{n(n+1)}{2}$$

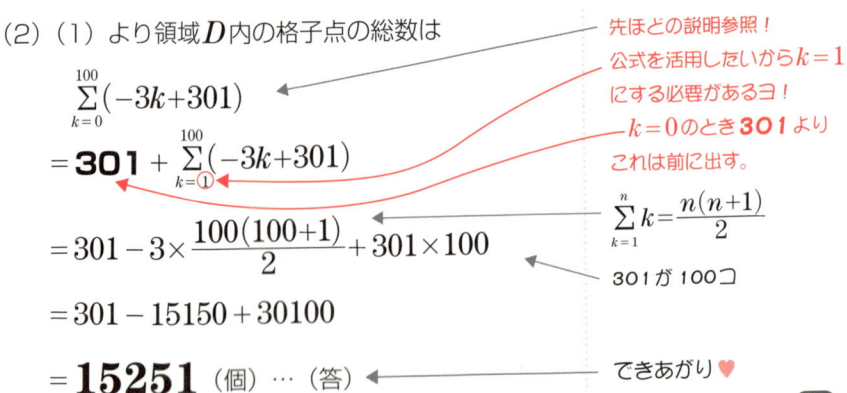

301が100コ

できあがり♥

ここでちょっくら準備問題を… 話がそれますがねぇ…。
しか――し!! **大切な問題**ですゾ!!

問題10-2 　　　　　　　　　　　　　　　　　　　　基礎

(1) 次の計算をせよ。（ただしnは正の整数）

(イ) $\displaystyle\sum_{k=1}^{100} n^2$ 　　(ロ) $\displaystyle\sum_{k=1}^{n} \frac{k}{n}$

(2) nは正の整数とするとき，
$$1^2 \cdot n + 2^2 \cdot (n-1) + 3^2 \cdot (n-2) + \cdots\cdots + (n-1)^2 \cdot 2 + n^2 \cdot 1$$
を求めよ。

ナイスな導入!!

この問題の最大のテーマは$\boldsymbol{k}$と$\boldsymbol{n}$の違いです!!

(1)(イ) $\displaystyle\sum_{k=1}^{100} \boldsymbol{n}^2$　　これがkの式でない!!
　　　　　　　　　　　　　　ここがポイント!!

$$= \underbrace{n^2 + n^2 + n^2 + n^2 + \cdots\cdots + n^2}_{100\text{コ}}$$

$k=1, 2, 3, \cdots, 100$としてもn^2はkの式でないのでn^2のまま一定である！

$$= 100n^2 \quad \text{よって答えはこれ!!}$$

Theme 10 格子点の攻略！

つまーーり!!　あくまでも動くのはkであって，

nの式の部分は**一定**である．すなわち，そこらの1や2や3みたいな定数と考えればよいのである！

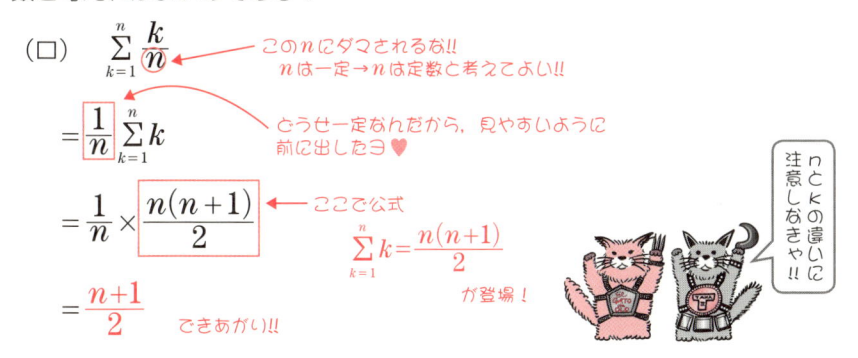

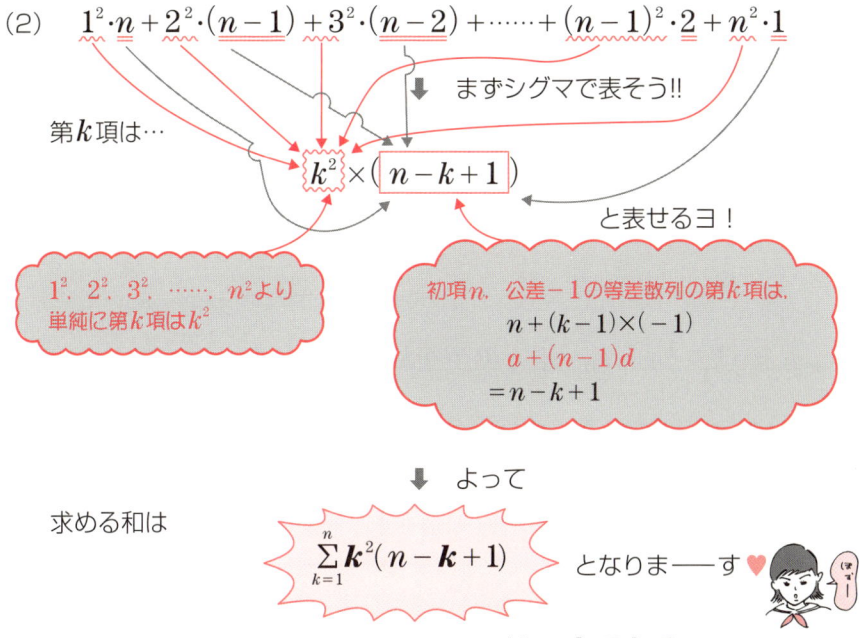

(ロ)　$\displaystyle\sum_{k=1}^{n}\frac{k}{n}$　← このnにダマされるな!!
　　　　　nは一定→nは定数と考えてよい!!

$\displaystyle = \boxed{\frac{1}{n}}\sum_{k=1}^{n} k$　← どうせ一定なんだから，見やすいように前に出したヨ♥

$\displaystyle = \frac{1}{n} \times \boxed{\frac{n(n+1)}{2}}$　← ここで公式　$\displaystyle\sum_{k=1}^{n} k = \frac{n(n+1)}{2}$ が登場！

$\displaystyle = \frac{n+1}{2}$　できあがり!!

nとkの違いに注意しなきゃ!!

(2)　$1^2 \cdot \underline{\underline{n}} + 2^2 \cdot \underline{\underline{(n-1)}} + 3^2 \cdot \underline{\underline{(n-2)}} + \cdots\cdots + (n-1)^2 \cdot \underline{\underline{2}} + n^2 \cdot \underline{\underline{1}}$

↓ まずシグマで表そう!!

第k項は…　$\boxed{k^2} \times \boxed{n-k+1}$　と表せるヨ！

$1^2, 2^2, 3^2, \cdots\cdots, n^2$ より
単純に第k項はk^2

初項n，公差-1の等差数列の第k項は，
$n + (k-1) \times (-1)$
$a + (n-1)d$
$= n - k + 1$

↓ よって

求める和は　$\displaystyle\sum_{k=1}^{n} k^2(n-k+1)$　となりまーーす♥

このとき，(1)の(イ)(ロ)と同様に**nは一定である**ことに注意!!
動くのはあくまでも，kの部分だけですヨ！

解答でござる

(1) (イ) $\sum_{k=1}^{100} n^2 = 100n^2$ …(答)   ← n^2 が100つあるだけ！
   （一定）

   (ロ) $\sum_{k=1}^{n} \dfrac{k}{n} = \boxed{\dfrac{1}{n}} \sum_{k=1}^{n} k$ ← n は一定だから前に出せるよ〜ん！

   $= \dfrac{1}{n} \times \boxed{\dfrac{n(n+1)}{2}}$ $\sum_{k=1}^{n} k = \dfrac{n(n+1)}{2}$

   $= \dfrac{n+1}{2}$ …(答)

(2) $1^2 \cdot n + 2^2 \cdot (n-1) + 3^2 \cdot (n-2) + \cdots\cdots$
   $\cdots\cdots + (n-1)^2 \cdot 2 + n^2 \cdot 1$

さっきと別の見方をしてみようか？

$1^2 \cdot n \rightarrow \boxed{1}^2(n-0)$ $\boxed{1}-1$
$\quad\quad\quad\quad \boxed{2}^2(n-1)$ $\boxed{2}-1$
$\quad\quad\quad\quad \boxed{3}^2(n-2)$ $\boxed{3}-1$
$\quad\quad\quad\quad \boxed{4}^2(n-3)$ $\boxed{4}-1$
$\quad\quad\quad\quad \vdots$
$\quad\quad\quad\quad \boxed{(n-1)}^2\{n-(n-2)\}$
$(n-1)^2 \cdot 2 \quad\quad \boxed{n-1}-1$
$\quad\quad\quad\quad \boxed{n}^2\{n-(n-1)\}$
$n^2 \cdot 1 \rightarrow \quad\quad \boxed{n}-1$

この性質から
k 項目は
$\boxed{k}^2\{n-(k-1)\}$
k より1少ない！
$\boxed{k}-1$

$= \sum_{k=1}^{n} k^2(n-k+1)$ ← 並べかえただけ
$= \sum_{k=1}^{n} k^2(-k+n+1)$
$= \sum_{k=1}^{n} \{-k^3 + (n+1)k^2\}$

一定つまり定数と同じ！

$\sum_{k=1}^{n} k^2 = \dfrac{n(n+1)(2n+1)}{6}$

$\sum_{k=1}^{n} k^3 = \dfrac{n^2(n+1)^2}{4}$

$= -\dfrac{n^2(n+1)^2}{4} + (n+1) \times \dfrac{n(n+1)(2n+1)}{6}$

$= -\dfrac{n^2(n+1)^2}{4} + \dfrac{n(n+1)^2(2n+1)}{6}$

$= \dfrac{-3n^2(n+1)^2 + 2n(n+1)^2(2n+1)}{12}$

通分しました！

$= \dfrac{n(n+1)^2\{-3n + 2(2n+1)\}}{12}$

$n(n+1)^2$ でくくりました！
展開してもいいけど、これは因数分解したほうが楽だよ！

$= \dfrac{n(n+1)^2(n+2)}{12}$ …(答)

Theme 10　格子点の攻略！

では，ここからが本番！

問題10-3　　　　　　　　　　　　　　　　　　　　　　　　標準

n を正の整数とする。座標平面上で3本の直線

$$x=0, \quad y=0, \quad x+2y=2n$$

で囲まれる三角形の周上または内部にある格子点の個数を n を用いて表せ。ただし，格子点とは，x 座標，y 座標がともに整数である点のことである。

ナイスな導入!!

まずは図示してみよう!!

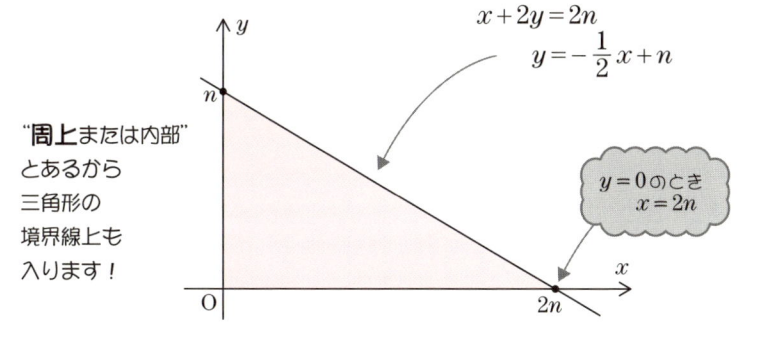

$x+2y=2n$
$y=-\dfrac{1}{2}x+n$

"**周上**または**内部**"とあるから三角形の境界線上も入ります！

$y=0$ のとき $x=2n$

このとき，**問題10-1** を参考にして

☞ $x=k$ $(k=0,\ 1,\ 2,\ 3,\ \cdots,\ 2n)$ 上の格子点の個数を考えてみましょう！

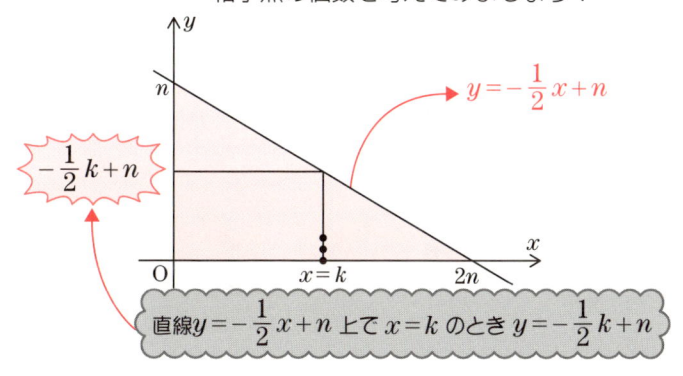

$-\dfrac{1}{2}k+n$

$y=-\dfrac{1}{2}x+n$

直線 $y=-\dfrac{1}{2}x+n$ 上で $x=k$ のとき $y=-\dfrac{1}{2}k+n$

しかし問題が… この $\frac{1}{2}$ がネック！

それは，$-\frac{1}{2}k+n$で，$k=0, 2, 4, 6, \cdots$のようにkが**偶数**のときは，$-\frac{1}{2}\times 4+n=-2+n$，$-\frac{1}{2}\times 10+n=-5+n$のように，ピッタリと$-\frac{1}{2}k+n$は**整数**になってくれるが，$k=1, 3, 5, 7, \cdots$のように$k$が**奇数**のときは，ピッタリといかない！

↓ よって

めんどうである！

↓ そこで気分をかえて…

☞ $y=k$ （$k=0, 1, 2, 3, \cdots, n$）上の格子点の個数を考えてみましょう！

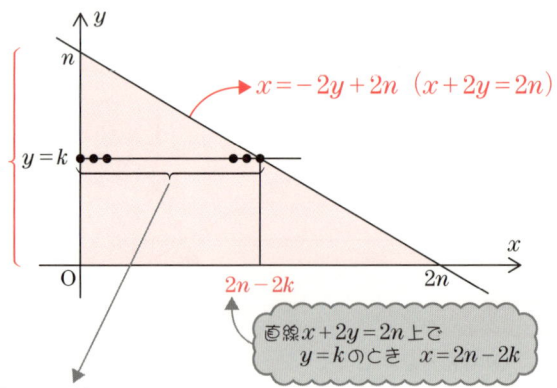

$x=-2y+2n$ （$x+2y=2n$）

$2n-2k$

直線$x+2y=2n$上で$y=k$のとき $x=2n-2k$

今回は，$\boldsymbol{2n-2k}$が必ず**整数**となってくれるもんでウマくいきますヨ ♥
この領域内で$y=k$上の格子点の個数は
 $x=0, 1, 2, 3, \cdots\cdots, 2n-2k$ より

 $\boldsymbol{2n-2k+1}$ （個） である。

0から数えているから1つ増えます！たとえば0から10までの個数は10**+1**で11個

このkを$k=0, 1, 2, \cdots, n$と
動かしていけば，$y=0, 1, 2, \cdots, n$上の
格子点の個数が次々に求まっていくよ!!

Theme 10　格子点の攻略！　123

シグマを活用して

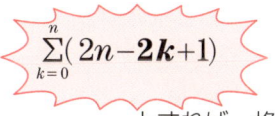

↓ つま——り!!

$$\sum_{k=0}^{n}(2n-2k+1)$$

とすれば，格子点の総数が求まるよ ♥

解答でござる

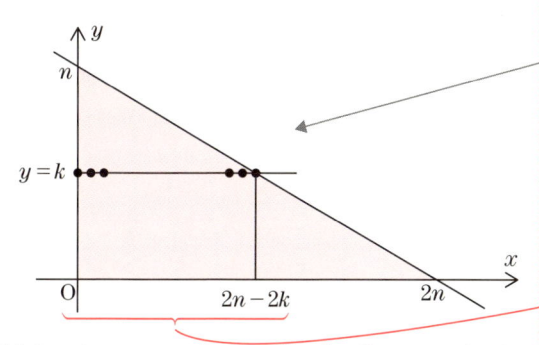

先ほど言ったように $x=k$ とすると分散が登場してややこしくなるから，$y=k$ 上の格子点の個数を考えます。

領域内において $y=k$ $(k=0, 1, 2, \cdots, n)$ 上の格子点の個数は，$\boxed{0 \leq x \leq 2n-2k}$ より

$x=0, 1, 2, 3, \cdots, 2n-2k$

$$2n-2k+1 \text{（個）} となる。$$

何度も言いますが…0から始まってるから，**1**を加えます！

$2n-2k\mathbf{+1}$（個）

よって，領域内の格子点の総数は

並べかえただけですヨ ♥

$$\sum_{k=0}^{n}(2n-2k+1)$$

$$=\sum_{k=0}^{n}(-2k+2n+1)$$

$$=2n+1+\sum_{k=1}^{n}(-2k+2n+1)$$

（$k=0$ のとき！）　　　（これは一定!!）

公式を使いたいから $k=0$ のときの $2n+1$ は別にします！

問題**10-2** で特訓したでしょ!! このためだったのさ！

$\boxed{2n+1}$ が n コ！

$$=2n+1-2 \times \frac{n(n+1)}{2}+(2n+1)n$$

$$=2n+1-n(n+1)+(2n+1)n$$

$$\sum_{k=1}^{n}k=\frac{n(n+1)}{2}$$

$$=\boldsymbol{n^2+2n+1} \text{（個）} \cdots \text{（答）}$$

因数分解して $(n+1)^2$ としてもOK!!

もう1問ダメ押しや!!

問題10-4 【標準】

nは自然数として，座標平面上で放物線$y=-x^2+3nx$と直線$y=nx$とで囲まれた領域（周も含む）をDとする。

(1) Dに含まれる格子点のうち，直線$x=k$上にあるものの個数を求めよ。
ただし，$k=0, 1, 2, 3, \cdots, 2n$とする。

(2) Dに含まれる格子点の総数を求めよ。

※ただし，格子点とは，座標平面上でx座標，y座標がともに整数である点をいう。

ナイスな導入!!

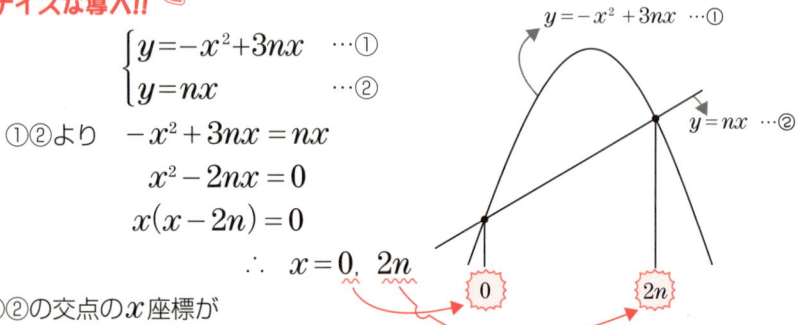

$\begin{cases} y=-x^2+3nx & \cdots ① \\ y=nx & \cdots ② \end{cases}$

①②より　$-x^2+3nx=nx$
$x^2-2nx=0$
$x(x-2n)=0$
$\therefore x=0, 2n$

①②の交点のx座標が求まったところで領域を図示してみよう

これこそ，設定が$k=0, 1, 2, 3, \cdots, 2n$となってる理由です。

Theme 10 格子点の攻略！

(1) では，$x = k$ ($k = 0, 1, 2, 3, \cdots, 2n$) 上の格子点の個数を考えてみましょう♥

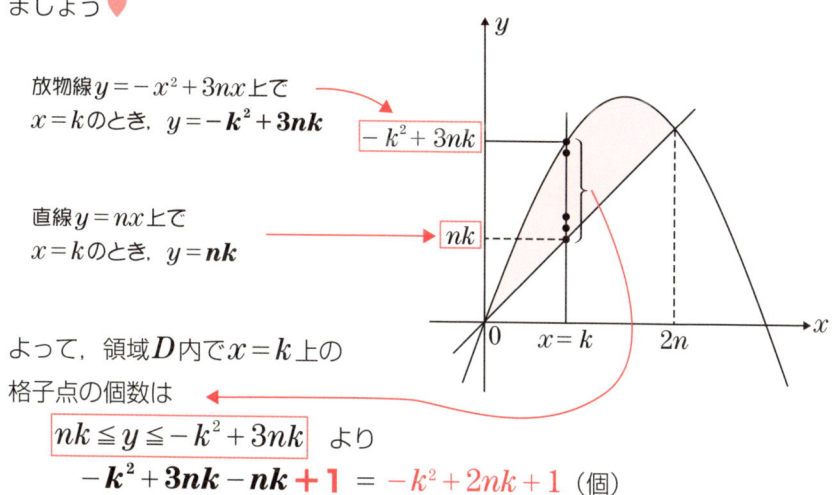

放物線 $y = -x^2 + 3nx$ 上で $x = k$ のとき，$y = -k^2 + 3nk$ → $-k^2 + 3nk$

直線 $y = nx$ 上で $x = k$ のとき，$y = nk$ → nk

よって，領域 D 内で $x = k$ 上の格子点の個数は

$\boxed{nk \leqq y \leqq -k^2 + 3nk}$ より

$-k^2 + 3nk - nk + 1 = -k^2 + 2nk + 1$ （個）

たとえば20から30までの整数の個数は

$30 - 20 + 1 = 11$ （個）

（20, 21, 22, 23, 24, 25, 26, 27, 28, 29, 30 → 11個）

これがポイント

もっと簡単な例を出すと，1から5までの整数の個数は**5個**でしょ？
$5 - 1 = 4$ だと1つ足りないよネ！ だから1を加えるんだよ。
$5 - 1 + 1 = 5$ とすればOK！

↓ まとめると

A から B までの整数の個数は，$B - A + 1$ （個）となる！
（もちろん $A \leqq B$ です）

(2) (1) より，$x = k$ ($k = 0, 1, 2, 3, \cdots, 2n$) 上の格子点の個数が $\boxed{-k^2 + 2nk + 1}$ （個）と求まった！

↓ よって…

$k = 0, 1, 2, 3, \cdots, 2n$ と k を動かしていくと，
$x = 0, 1, 2, 3, \cdots, 2n$ 上の格子点の個数が次々に求まっていく！

領域 D に含まれる格子点の総数は…

$$\sum_{k=0}^{2n}(-k^2+2nk+1)$$

つま――り!!
問題10-1
問題10-3
と同様っす！

とすれば求まりまっせ！

解答でござる

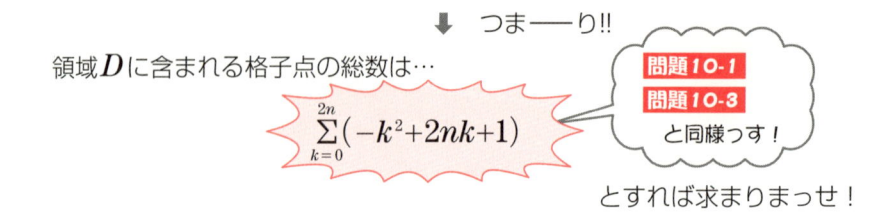

(1) $\begin{cases} y=-x^2+3nx & \cdots ① \\ y=nx & \cdots ② \end{cases}$

とおく。

①②より $-x^2+3nx=nx$
$x^2-2nx=0$
$x(x-2n)=0$
$\therefore x=0,\ 2n$

y を消去！

よって，①②の交点の x 座標は $0,\ 2n$
以上より，領域 D は下の図のようになる

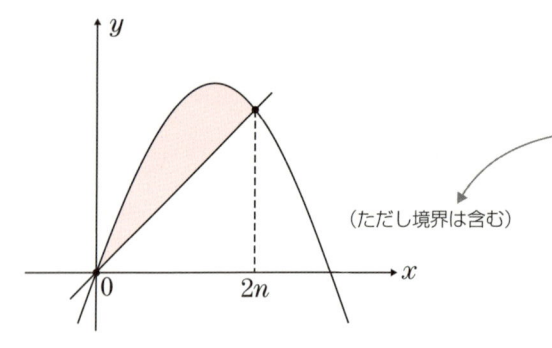

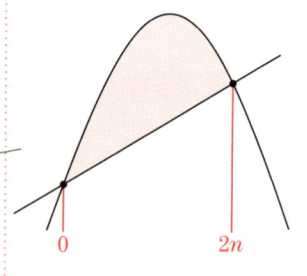

(ただし境界は含む)

問題文に書いてあります！

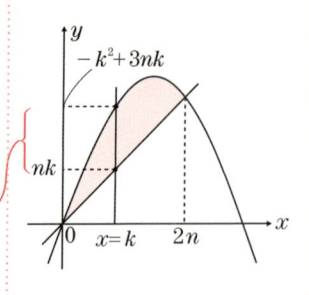

このとき，$x=k\ (k=0,\ 1,\ 2,\ 3,\ \cdots,\ 2n)$
上の格子点の個数は $nk \leqq y \leqq -k^2+3nk$ より

$-k^2+3nk-nk+1$

$=-k^2+2nk+1$ (個) …（答）

Theme 10 格子点の攻略！　127

(2) (1)より求めるべき領域 D におけるの格子点の総数は

$$\sum_{k=0}^{2n}(-k^2+2nk+1)$$

$$= 1 + \sum_{k=1}^{2n}(-k^2+2nk+1)$$

一定だよ！

$$= 1 - \frac{2n(2n+1)(2\times 2n+1)}{6}$$

$$+ 2n\times \frac{2n(2n+1)}{2} + 1\times 2n$$

$$= 1 - \frac{n(2n+1)(4n+1)}{3} + 2n^2(2n+1) + 2n$$

$$= -\frac{n(2n+1)(4n+1)}{3} + 2n^2(2n+1) + 2n+1$$

$$= \frac{-n(2n+1)(4n+1)+6n^2(2n+1)+3(2n+1)}{3}$$

$$= \frac{(2n+1)\{-n(4n+1)+6n^2+3\}}{3}$$

$$= \frac{(2n+1)(2n^2-n+3)}{3} \text{(個)} \cdots \text{(答)}$$

$k=0, 1, 2, 3, \cdots, 2n$ と動かしていくと $0\sim 2n$
$x=0, 1, 2, 3, \cdots, 2n$ 上の格子点の個数が次々に求まっていくヨ！　これらを合計すれば領域 D における格子点の総数が求まる！

公式を使うために, $k=0$ のときの値1を外に出しておく！

$\sum_{k=1}^{n}k^2 = \frac{n(n+1)(2n+1)}{6}$

n のところに $2n$ を入れる！

$\sum_{k=1}^{n}k = \frac{n(n+1)}{2}$

n のところに $2n$ を入れる！

1が $2n$ 個
通分した
$2n+1$ でくくれるヨ♥

もちろん、展開して

$\frac{4n^3+5n+3}{3}$

としてもOKで―す!!

格子点の問題は攻略できましたか？

Theme 11 漸化式(ぜんかしき)はキソのキソのキソから始めよう!!

「ぜんかしきじゃねぇぞ！」

漸化式の意味を知ってもらうために，まずはコレから…

問題11-1 〔基礎の基礎〕

次の漸化式で決定される数列の第n項a_nを求めよ。
(1) $a_1=3$, $a_{n+1}=a_n+5$
(2) $a_1=2$, $a_{n+1}=3a_n$

ナイスな導入!!

☞ **漸化式って何？**

第n項a_nと第$n+1$項a_{n+1}の，つまり**隣りどうしの関係**を表した式のことでございま——す！　まぁ，言ってしまえば，その数列がどんな数列かを表した暗号のようなもんですかねぇ…

では，(1)を例にして，この暗号とやらを解読しますかぁ！

$a_1 = 3$ ← これは誰でも解読できます！ズバリ**初項が3**と言ってるだけですネ♥

$a_{n+1} = a_n + 5$ ← a_n（第n項）に5を加えると a_{n+1}（第$n+1$項）になる!! つまり**公差が5**

$a_1 \xrightarrow{+5} a_2 \xrightarrow{+5} a_3 \xrightarrow{+5} a_4 \xrightarrow{+5} a_5 \cdots\cdots$

どんどん⑤ずつ増えていく！

次々nに数字を入れてみると…

$n=1$のとき　$a_2 = a_1 + 5$
$n=2$のとき　$a_3 = a_2 + 5$
$n=3$のとき　$a_4 = a_3 + 5$

Theme 11 漸化式はキソのキソのキソから始めよう!!

↓ と，ゆーーわけで

解読の結果

初項3，公差5の等差数列と判明！
　　　a　　　d

↓ よって…

第n項a_nは…

$$a_n = 3 + (n-1) \times 5 = 5n - 2$$
　　　a　　　　d

（吹き出し）等差数列の一般項の公式 $a_n = a + (n-1)d$

これが答えです！

で，この調子で（2）もいきますかぁ！

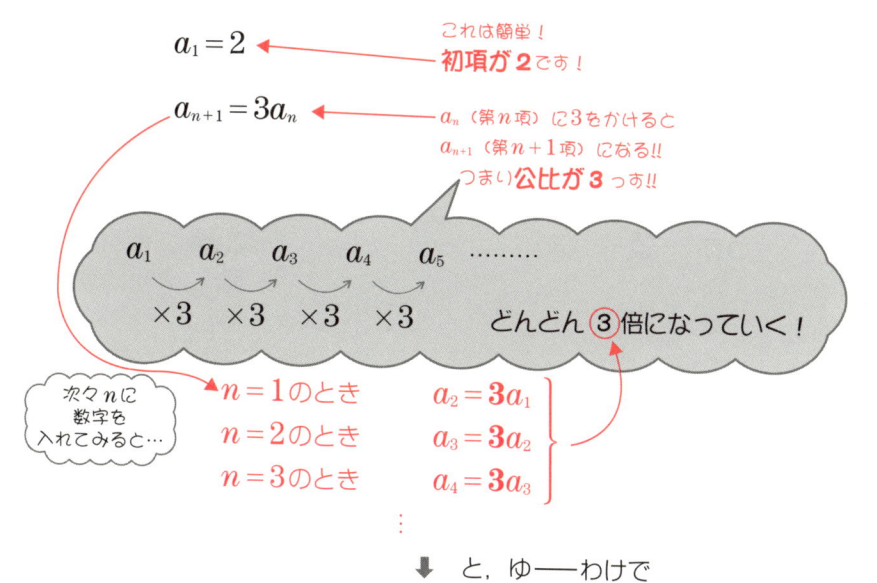

$a_1 = 2$ ← これは簡単！ 初項が**2**です！

$a_{n+1} = 3a_n$ ← a_n（第n項）に3をかけると a_{n+1}（第$n+1$項）になる!! つまり**公比が3**っす!!

a_1　a_2　a_3　a_4　a_5 ………
　×3　×3　×3　×3　　どんどん③倍になっていく！

次々nに数字を入れてみると…

$n = 1$のとき　　$a_2 = 3a_1$
$n = 2$のとき　　$a_3 = 3a_2$
$n = 3$のとき　　$a_4 = 3a_3$
　　　　　　　　　⋮

↓ と，ゆーーわけで

解読結果は…

初項2，公比3の等比数列と判明！
　　　a　　　r

↓ よって…

第n項a_nは…

$$a_n = 2 \cdot 3^{n-1}$$
　　　a　r

（吹き出し）等比数列の一般項の公式 $a_n = a \cdot r^{n-1}$

注 くれぐれも $a_n = 6^{n-1}$ としないように!! 2×3 これは爆死です

では，まとめておきます!!

> **タイプ1**　$a_{n+1} = a_n + d$　→　公差 d の等差数列
> **タイプ2**　$a_{n+1} = ra_n$　→　公比 r の等比数列

でも，ぶっちゃけ，この2つはあまり暗記に頼ってほしくないなぁ…
ちゃんと理解してほしいです！

解答でござる

(1)　$a_1 = ③$
　　　$a_{n+1} = a_n + ⑤$
$\{a_n\}$ は，初項 ③，公差 ⑤ の等差数列である。
よって
$$a_n = 3 + (n-1) \times 5$$
$$= \underline{\underline{5n - 2}} \quad \cdots （答）$$

この表現はこれからよくお世話になります。
数列全体をイメージして
　$a_1, a_2, a_3, \cdots\cdots, a_n$
のことを
　$\{a_n\}$ と表現します！

$a_n = \underset{3}{a} + (n-1)\underset{5}{d}$

(2)　$a_1 = ②$
　　　$a_{n+1} = ③a_n$
$\{a_n\}$ は，初項 ②，公比 ③ の等比数列である。
よって
$$a_n = \underline{\underline{2 \cdot 3^{n-1}}} \quad \cdots （答）$$

$a_n = \underset{2}{a} \cdot \underset{3}{r}^{n-1}$

もっとこのタイプを練習しておきましょう ♥♥

問題 11-2　　　　　　　　　　　　　　　　**基礎の基礎**

次の漸化式で決定される数列の第 n 項 a_n を求めよ。
　(1)　$a_1 = 7,$　　$a_{n+1} = a_n + 6$
　(2)　$a_1 = 6,$　　$a_{n+1} = -3a_n$
　(3)　$a_1 = 8,$　　$a_{n+1} = 2a_n$

解答でござる

(1) $a_1 = 7$ ← 初項 7 ／ 公差 6 ／ 先ほどの タイプ1 です

$a_{n+1} = a_n + 6$ ←

$\{a_n\}$ は，初項 $\underset{a}{7}$，公差 $\underset{d}{6}$ の等差数列である。

よって

$a_n = 7 + (n-1) \times 6$ ← $a_n = \underset{7}{a} + (n-1)\underset{6}{d}$

$= \mathbf{6n + 1}$ …（答）

(2) $a_1 = 6$ ← 初項 6 ／ 公比 -3 ／ 先ほどの タイプ2 です

$a_{n+1} = -3a_n$ ←

$\{a_n\}$ は，初項 $\underset{a}{6}$，公比 $\underset{r}{-3}$ の等比数列である。

よって

$a_n = 6 \cdot (-3)^{n-1}$ ← $a_n = \underset{6}{a} \cdot \underset{-3}{r}^{n-1}$

分ける！

$= -2 \times (-3) \times (-3)^{n-1}$

$= \mathbf{-2 \cdot (-3)^n}$ …（答）

このままでもOKですが…

$-3 \times (-3)^{n-1} = (-3)^n$

$1 + n - 1 = n$

これは

$x \times x^{10} = x^{1+10} = x^{11}$

と同じ理屈です！

(3) $a_1 = 8$ ← 初項 8 ／ 公比 2 ／ 先ほどの タイプ2 です

$a_{n+1} = 2a_n$ ←

$\{a_n\}$ は，初項 8，公比 2 の等比数列である。

よって

$a_n = 8 \cdot 2^{n-1}$ ← $a_n = \underset{8}{a} \cdot \underset{2}{r}^{n-1}$

$= 2^3 \cdot 2^{n-1}$

$= \mathbf{2^{n+2}}$ …（答）

今回は，このままだとマズイ!!

$2^3 \times 2^{n-1} = 2^{n+2}$

$3 + n - 1 = n + 2$

これは

$x^3 \times x^8 = x^{3+8} = x^{11}$

と同じ理屈でっせ♥

ほんのちょっとだけ，レベルを上げてみます！

問題11-3 　基礎

次の漸化式で決定される数列の第n項a_nを求めよ。
(1) $a_1=10$, 　$a_{n+1}-3=5(a_n-3)$
(2) $a_1=12$, 　$a_{n+1}+4=2(a_n+4)$

ナイスな導入!!

ここで学習してホシイことは**置き換え**でございます！
(1) では，

$$\boxed{a_{n+1}-3} = 5(\boxed{a_n-3})$$

こいつらを**1つの塊**として見てほしいんですよ。

このままnに$n=1, 2, 3, 4, \ldots$と入れてみると…

$n=1$のとき　$\boxed{a_2-3}=5(\boxed{a_1-3})$
$n=2$のとき　$\boxed{a_3-3}=5(\boxed{a_2-3})$
$n=3$のとき　$\boxed{a_4-3}=5(\boxed{a_3-3})$
　　　　　　　　　　$\vdots$

となっていきまーす！

つまり，こんな感じ…

$\boxed{a_1-3},\ \boxed{a_2-3},\ \boxed{a_3-3},\ \boxed{a_4-3},\ \cdots\cdots$
　　　　　$\times 5\ \ \ \ \ \times 5\ \ \ \ \ \times 5$

よって

$\boxed{a_1-3},\ \boxed{a_2-3},\ \boxed{a_3-3},\ \boxed{a_4-3},\ \cdots\cdots$
　∥　　　　　∥　　　　　∥　　　　　∥
　△b_1　×5　△b_2　×5　△b_3　×5　△b_4

こんなとき$b_1, b_2, b_3, \ldots$
まとめて
$\{a_n-3\}=\{b_n\}$とする，
なんて言います！

イメージは大切だよ♥

ってな具合に**置き換え**ていくと…

$\{b_n\}$は，初項$b_1=\underbrace{\boxed{a_1-3}}_{10}=10-3=7$，

公比5の等比数列になります。

Theme 11 漸化式はキソのキソのキソから始めよう!! 133

だって，こんなのワザワザ書き出さなくても

$$\boxed{a_{n+1}-3}=5(\boxed{a_n-3})$$ ←もとの式

↓ $\{\boxed{a_n-3}\}=\{\triangle{b_n}\}$ とすると…

$\boxed{b_{n+1}}=5\triangle{b_n}$

$a_n-3=b_n$ とゆーことは $a_{n+1}-3=b_{n+1}$

置き換え作戦かぁー！

P.130の これは タイプ2 だよ 問題11-1，問題11-2 で習得ずみです！

↓

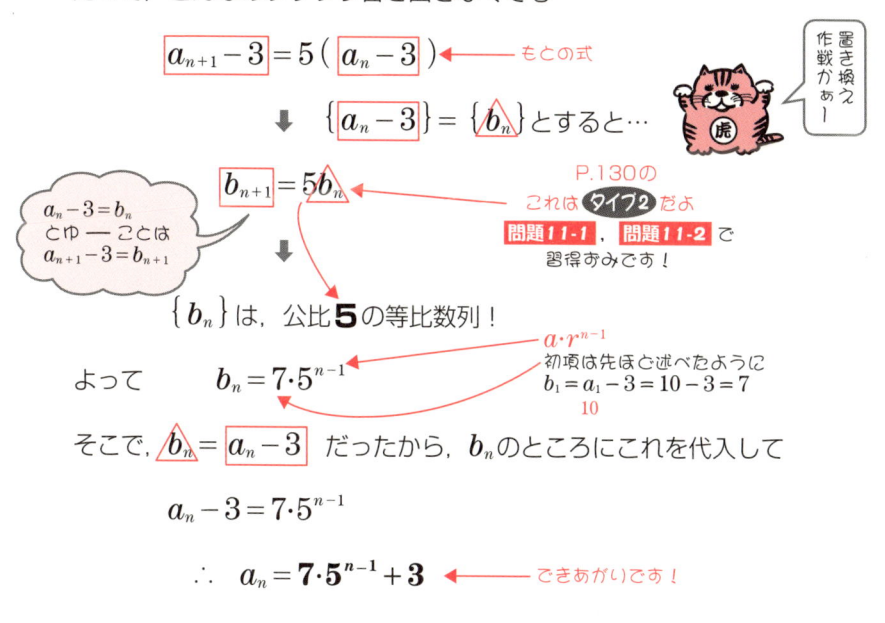

$\{b_n\}$ は，公比 **5** の等比数列！

よって $b_n=7\cdot5^{n-1}$ ← $a\cdot r^{n-1}$ 初項は先ほど述べたように $b_1=a_1-3=\underset{10}{10}-3=7$

そこで，$\triangle{b_n}=\boxed{a_n-3}$ だったから，b_n のところにこれを代入して

$a_n-3=7\cdot5^{n-1}$

∴ $a_n=\boldsymbol{7\cdot5^{n-1}+3}$ ←できあがりです！

(2) も同じ！

$$\boxed{a_{n+1}+4}=2(\boxed{a_n+4})$$

$\{\boxed{a_n+4}\}=\{\triangle{b_n}\}$ とおくと

$\boxed{b_{n+1}}=2\triangle{b_n}$

イメージ：$\boxed{a_1+4},\boxed{a_2+4},\boxed{a_3+4},\boxed{a_4+4},\ldots$ $=\triangle{b_1}\xrightarrow{\times2}\triangle{b_2}\xrightarrow{\times2}\triangle{b_3}\xrightarrow{\times2}\triangle{b_4}$

よって $\{b_n\}$ は，初項 $b_1=a_1+4=\underset{12}{12}+4=\mathbf{16}$，

公比 **2** の等比数列である。

すなわち $b_n=16\cdot2^{n-1}$ ← $a\cdot r^{n-1}$
$\qquad\qquad=2^4\cdot2^{n-1}$
$\qquad\qquad=2^{n+3}$ ← $2^{4+n-1}=2^{n+3}$ これはまとめるべきです！

よって $a_n+4=2^{n+3}$

∴ $a_n=\boldsymbol{2^{n+3}-4}$ ←できたよ〜ん♥

解答でござる

(1)　　$a_1 = 10$　…①

　　　　$a_{n+1} - 3 = 5(a_n - 3)$　…②

　　　②で $\{a_n - 3\} = \{b_n\}$ とすると

P.130の **タイプ2** → $b_{n+1} = 5b_n$　…③

　　　③より $\{b_n\}$ は，初項 $b_1 = a_1 - 3 = 7$（①より），
　　　公比 **5** の等比数列である。

　　よって

　　　　$b_n = 7 \cdot 5^{n-1}$

　　すなわち

　　　　$a_n - 3 = 7 \cdot 5^{n-1}$

　　　　$\therefore\ a_n = \underline{\underline{7 \cdot 5^{n-1} + 3}}$　…(答)

$a_1 - 3, a_2 - 3, a_3 - 3, \cdots$
　‖　　‖　　‖
　b_1　b_2　b_3
ということです！
$b_1 = a_1 - 3$ です！
①で $a_1 = 10$ より
$b_1 = 10 - 3 = 7$

$a \cdot r^{n-1}$

$b_n = a_n - 3$ だから！

(2)　　$a_1 = 12$　…①

　　　　$a_{n+1} + 4 = 2(a_n + 4)$　…②

　　　②で $\{a_n + 4\} = \{b_n\}$ とすると

P.130の **タイプ2** → $b_{n+1} = 2b_n$　…③

　　　③より $\{b_n\}$ は，初項 $b_1 = a_1 + 4 = 16$（①より），
　　　公比 **2** の等比数列である。

　　よって

　　　　$b_n = 16 \cdot 2^{n-1}$
　　　　　　$= 2^4 \cdot 2^{n-1}$
　　　　　　$= 2^{n+3}$

　　すなわち

　　　　$a_n + 4 = 2^{n+3}$

　　　　$\therefore\ a_n = \underline{\underline{2^{n+3} - 4}}$　…(答)

$a_1 + 4, a_2 + 4, a_3 + 4, \cdots$
　‖　　‖　　‖
　b_1　b_2　b_3
ということです！
$b_1 = a_1 + 4$ です！
①で $a_1 = 12$ より
$b_1 = 12 + 4 = 16$

$a \cdot r^{n-1}$

$2^4 \times 2^{n-1} = 2^{4+n-1}$
　　　　　　$= 2^{n+3}$

これは
$x^3 \times x^{10} = x^{3+10} = x^{13}$
と同じ理屈！
$b_n = a_n + 4$ ですもの！

Theme 12 最重要の漸化式はこれだ!!

> $a_{n+1}=pa_n+q$ のタイプ ♥

とりあえず1問だけ解説しておきましょう！すべてはここから始まりまっせ♥

問題12-1　　　　　　　　　　　　　　　　　　　　　　　　　　　基礎

次の漸化式で決定される数列の第n項a_nを求めよ。

$$a_1=10, \quad a_{n+1}=5a_n-12$$

ナイスな導入!!

実は，この漸化式… **もう解いたことあるん**だよね…
そう，これは 問題11-3 の (1) と同じなんだ…

で，問題11-3 の (1) の漸化式は…

$$a_1=10, \quad a_{n+1}-3=5(a_n-3)$$

だったよネ♥

そこで，　$a_{n+1}-3=5(a_n-3)$　を…

⬇ 展開する！

$$a_{n+1}=5a_n-12$$

> あ!!
> この問題と同じだ!!

つまり，_{変形}　$a_{n+1}=5a_n-12$　を…
　　　　$a_{n+1}-3=5(a_n-3)$ に変形することができれば

問題11-3 の (1) と同じ方法 で解けるというワケだ!!

↳ 置き換えがテーマでした！

と，ゆーわけで　⬇

本問のテーマは 　タイプ3

$$a_{n+1} = pa_n + q$$

同じになります ↓ 変形

$$a_{n+1} - k = p(a_n - k)$$

です!!

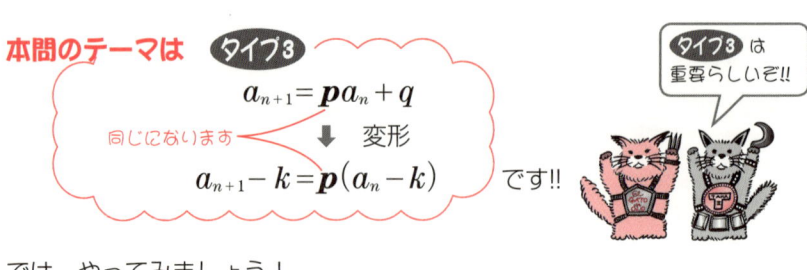

タイプ3 は重要らしいぞ!!

では，やってみましょう！

$$a_{n+1} = \boxed{5}a_n - 12 \quad \cdots ①$$

①を $a_{n+1} - k = \boxed{5}(a_n - k) \quad \cdots ②$

の形に変形したとします。

これがそろってないと意味がない!!

②を展開すると

$$a_{n+1} - k = 5a_n - 5k$$

$$a_{n+1} = 5a_n - 4k \quad \cdots ②'$$

本来①と②´は同一の漸化式のはずですから…

① → $a_{n+1} = 5a_n - \mathbf{12}$

②´ → $a_{n+1} = 5a_n - \mathbf{4k}$

ここが一致する!!
$-12 = -4k$
∴ $k = 3$

kさえ求まれば…

↓ 以上より…

よって，②で $k = 3$ と判明したから

$$a_{n+1} - \mathbf{3} = 5(a_n - \mathbf{3})$$
　　　　k　　　　　k

問題11-3 の(1)と同形だ！

こうなりゃ，あとは，問題11-3 の(1)とまったく同じ方法でできるよね ♥
じゃあ，おさらいだ

Theme 12　最重要の漸化式はこれだ!!　137

$\{a_n - 3\} = \{b_n\}$ とおくと

（p.130の タイプ2）　　　$b_{n+1} = 5 b_n$　　　$\begin{cases} a_n - 3 = b_n \\ a_{n+1} - 3 = b_{n+1} \end{cases}$

よって $\{b_n\}$ は，初項 $b_1 = a_1 - 3 = 10 - 3 = 7$，公比 5 の等比数列である。

$\therefore \quad b_n = 7 \cdot 5^{n-1}$　　← $a \cdot r^{n-1}$

すなわち　　$a_n - 3 = 7 \cdot 5^{n-1}$

（$b_n = a_n - 3$ より）　　$\therefore \quad a_n = 7 \cdot 5^{n-1} + 3$　　（できあがり）

イメージコーナー

$\boxed{a_1 - 3}, \boxed{a_2 - 3}, \boxed{a_3 - 3}, \boxed{a_4 - 3}, \cdots\cdots \Rightarrow \{a_n - 3\} = \{b_n\}$

$\parallel \quad \xrightarrow{\times 5} \parallel \xrightarrow{\times 5} \parallel \xrightarrow{\times 5} \parallel$

$b_1 \quad b_2 \quad b_3 \quad b_4$

置き換えですよ！

解答でござる

$a_1 = 10$　…①

$a_{n+1} = 5 a_n - 12$　…②

②が

　$a_{n+1} - k = 5(a_n - k)$　…③

と変形できたとする。

③より　$a_{n+1} = 5 a_n - 4k$　…②´

②と②´を比較して

　$-4k = -12$

　$\therefore \quad k = 3$

よって③で

　$a_{n+1} - 3 = 5(a_n - 3)$

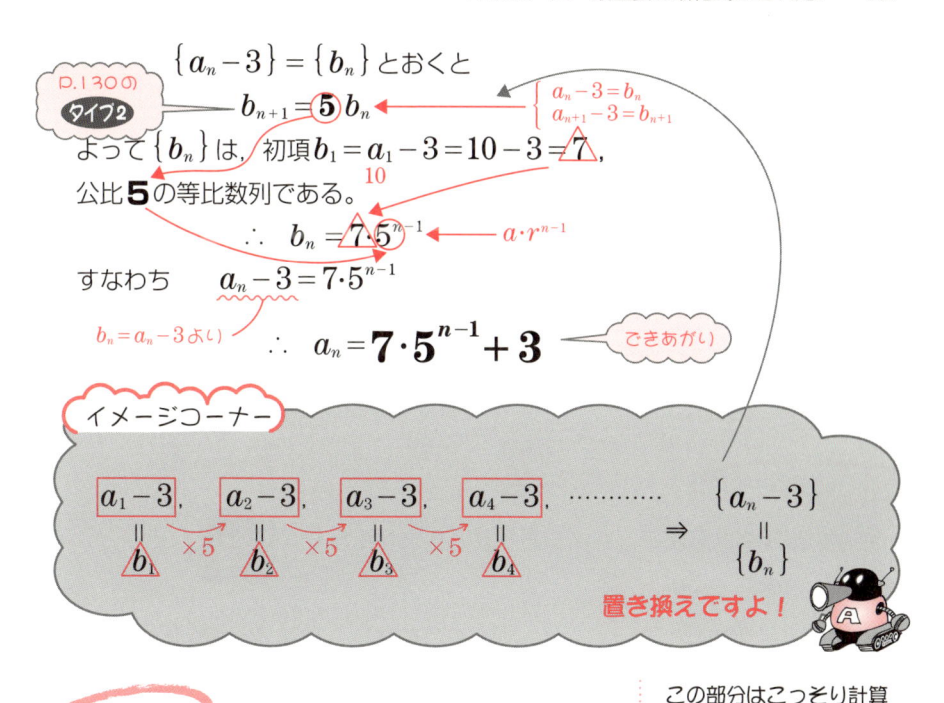

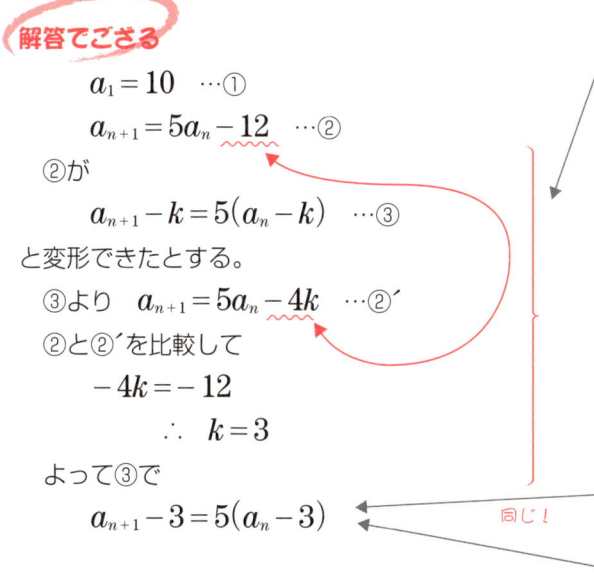

この部分はこっそり計算用紙で行うのが普通！答案に書く必要はありません！

③で

$a_{n+1} + k = 5(a_n + k)$

とおいてもOK！（そろっていればよし!!）

展開して

$a_{n+1} = 5 a_n + 4k$　（-12）

これと②を比較して

$4k = -12 \quad \therefore \quad k = -3$

でも結局

$a_{n+1} - 3 = 5(a_n - 3)$

となる！いきなりここから答案を開始するのが常識となってま～す♥

同じ！

ここで $\{a_n-3\}=\{b_n\}$ とおくと
$$b_{n+1}=5b_n$$
$\{b_n\}$ は，初項 $b_1=a_1-3=7$ （①より），
公比5の等比数列である。
$$b_n=7\cdot 5^{n-1}$$
すなわち　　$a_n-3=7\cdot 5^{n-1}$

∴　$a_n=\mathbf{7\cdot 5^{n-1}+3}$ …（答）

a_1-3, a_2-3, a_3-3, …
　b_1　b_2　b_3
$b_1=a_1-3$ です！
$a\cdot r^{n-1}$
　7 5

ちょっと言わせて

こんな説明もあるよ！（あまりおすすめしませんが…）
$$a_{n+1}=5a_n-12 \quad \cdots ㋐$$
$$k=5k-12 \quad \cdots ㋺$$
㋐－㋺より
$$a_{n+1}-k=5(a_n-k) \quad \cdots ㋩$$
このとき㋺より，$k=3$
これを㋩に代入して
$$a_{n+1}-3=5(a_n-3)$$

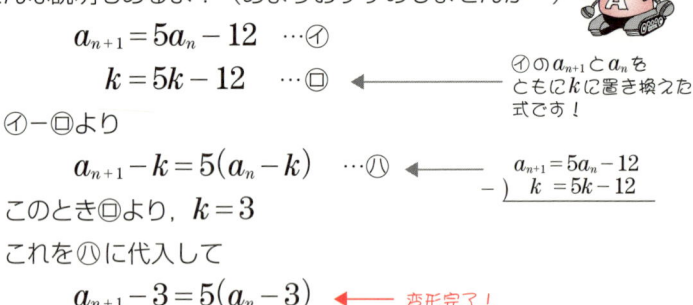

㋐の a_{n+1} と a_n をともに k に置き換えた式です！

　$a_{n+1}=5a_n-12$
$-)\ \ k\ =5k-12$

← 変形完了！

このパターンの漸化式は大切！ だから，もっともっと練習しようぜ!!

問題12-2 基礎

次の漸化式で決定される数列の第n項a_nを求めよ。

(1) $a_1 = 2$, $a_{n+1} = 3a_n - 8$
(2) $a_1 = 2$, $a_{n+1} = 5a_n + 20$
(3) $a_1 = -9$, $a_{n+1} = 6a_n - 15$
(4) $a_1 = 4$, $a_{n+1} = 2a_n + 4$
(5) $a_1 = 3$, $a_n = 5a_{n-1} - 8$
(6) $a_1 = 10$, $3a_{n+1} = 2a_n - 3$
(7) $a_1 = -6$, $5a_{n+1} - 3a_n + 8 = 0$
(8) $a_1 = \dfrac{1}{2}$, $2a_{n+1} - 7a_n - 15 = 0$

ナイスな導入!!

まとめておきましょう！

タイプ3 $a_{n+1} = pa_n + q$

↓ ここの数は，同じになります！

$a_{n+1} - k = p(a_n - k)$

解答でござる

(1) $a_1 = 2$ …①

$a_{n+1} = 3a_n - 8$ …②

②が そろえる！

$a_{n+1} - k = 3(a_n - k)$ …③

と変形できたとする。

③より $a_{n+1} = 3a_n - 2k$ …③′

②と③′を比較して

$-2k = -8$

これぞ！
タイプ3のポイント！
まずやり方を覚えよう!!

$\begin{cases} ② \to a_{n+1} = 3a_n \boxed{-8} \\ ③' \to a_{n+1} = 3a_n \boxed{-2k} \end{cases}$

一致！

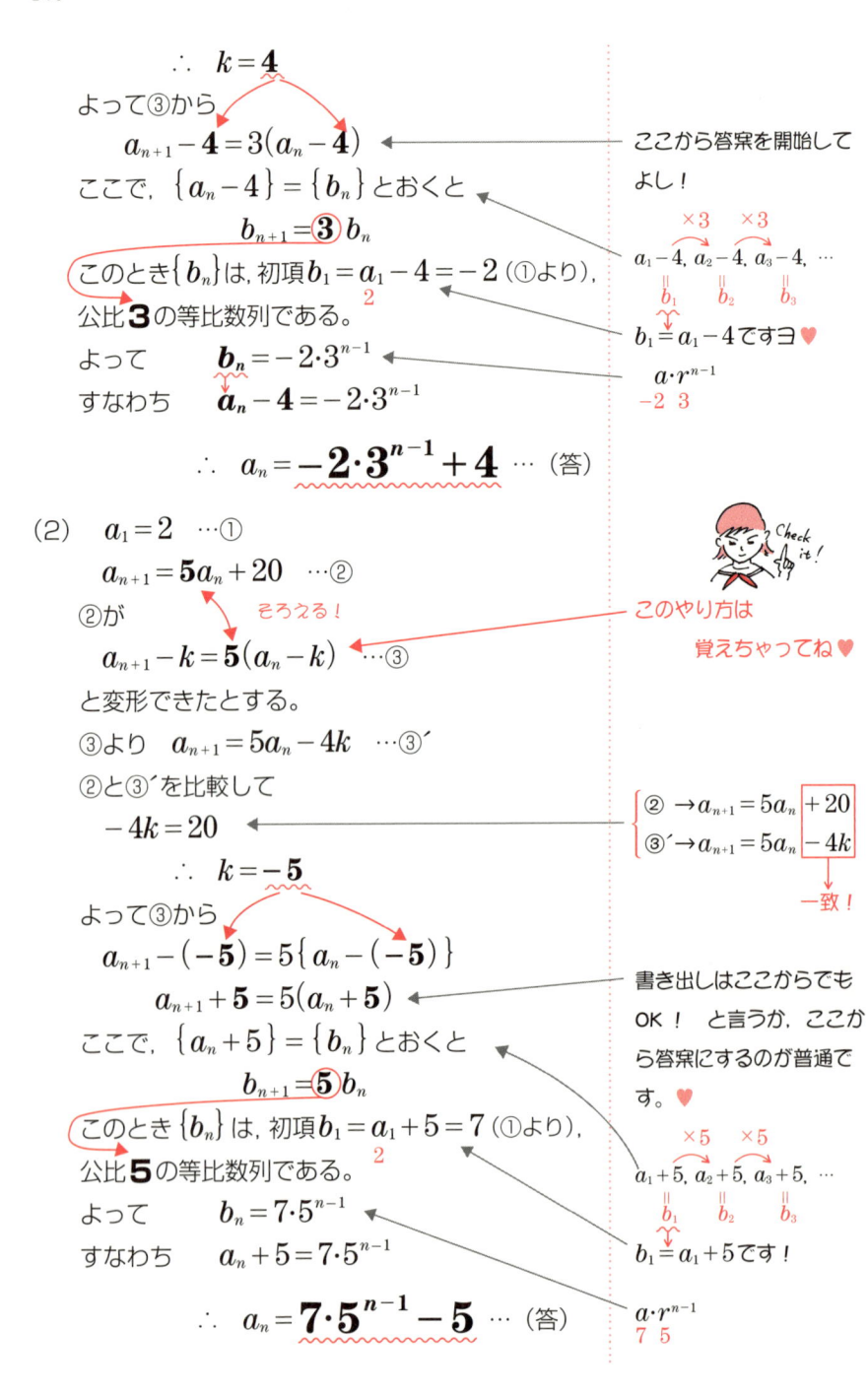

$$\therefore\ k=4$$

よって③から
$$a_{n+1}-4=3(a_n-4)$$

ここで，$\{a_n-4\}=\{b_n\}$ とおくと
$$b_{n+1}=\boxed{3}\,b_n$$

このとき $\{b_n\}$ は，初項 $b_1=\underset{2}{a_1-4}=-2$（①より），公比 **3** の等比数列である。

よって　　$b_n=-2\cdot 3^{n-1}$

すなわち　$a_n-4=-2\cdot 3^{n-1}$

$$\therefore\ a_n=\boldsymbol{-2\cdot 3^{n-1}+4}\ \cdots\text{(答)}$$

― ここから答案を開始してよし！

$\times 3\ \ \times 3$
$a_1-4,\ a_2-4,\ a_3-4,\ \cdots$
$\|\quad\ \|\quad\ \|$
$b_1\quad b_2\quad b_3$

$b_1=a_1-4$ ですヨ ♥

$a\cdot r^{n-1}$
$-2\ \ 3$

(2)　$a_1=2$　…①
　　$a_{n+1}=5a_n+20$　…②

②が
$$a_{n+1}-k=5(a_n-k)\ \cdots③$$
と変形できたとする。

③より　$a_{n+1}=5a_n-4k$　…③´

②と③´を比較して
$$-4k=20$$
$$\therefore\ k=-5$$

よって③から
$$a_{n+1}-(-5)=5\{a_n-(-5)\}$$
$$a_{n+1}+5=5(a_n+5)$$

ここで，$\{a_n+5\}=\{b_n\}$ とおくと
$$b_{n+1}=\boxed{5}\,b_n$$

このとき $\{b_n\}$ は，初項 $b_1=\underset{2}{a_1+5}=7$（①より），公比 **5** の等比数列である。

よって　　$b_n=7\cdot 5^{n-1}$

すなわち　$a_n+5=7\cdot 5^{n-1}$

$$\therefore\ a_n=\boldsymbol{7\cdot 5^{n-1}-5}\ \cdots\text{(答)}$$

― このやり方は覚えちゃってね ♥

$\begin{cases}②\to a_{n+1}=5a_n\ \boxed{+20}\\ ③´\to a_{n+1}=5a_n\ \boxed{-4k}\end{cases}$
一致！

― 書き出しはここからでもOK！　と言うか，ここから答案にするのが普通です。♥

$\times 5\ \ \times 5$
$a_1+5,\ a_2+5,\ a_3+5,\ \cdots$
$\|\quad\ \|\quad\ \|$
$b_1\quad b_2\quad b_3$

$b_1=a_1+5$ です！

$a\cdot r^{n-1}$
$7\ \ 5$

(3) $a_1 = -9$ …①
$a_{n+1} = 6a_n - 15$ …②
②が
$a_{n+1} - k = 6(a_n - k)$ …③
と変形できたとする。
③より $a_{n+1} = 6a_n - 5k$ …③´
②と③´を比較して，$-5k = -15$
∴ $k = 3$
よって③から
$a_{n+1} - 3 = 6(a_n - 3)$
ここで，$\{a_n - 3\} = \{b_n\}$ とおくと
$b_{n+1} = 6 b_n$
このとき $\{b_n\}$ は，初項 $b_1 = a_1 - 3 = -12$ （①より，-9），公比 6 の等比数列である。
よって $b_n = -12 \cdot 6^{n-1}$
$= -2 \times 6 \times 6^{n-1}$
$= -2 \cdot 6^n$
すなわち $a_n - 3 = -2 \cdot 6^n$
∴ $a_n = \underline{-2 \cdot 6^n + 3}$ …（答）

これぞ！
タイプ3 の神髄！
しっかり覚えようネ♥

$\begin{cases} ② \to a_{n+1} = 6a_n \boxed{-15} \\ ③´ \to a_{n+1} = 6a_n \boxed{-5k} \end{cases}$
一致！

ここから答案にしても OK！

×6 ×6
$a_1 - 3,\ a_2 - 3,\ a_3 - 3, \ldots$
∥   ∥   ∥
$b_1\ \ \ b_2\ \ \ b_3$
↓
$b_1 = a_1 - 3$ です！

$a \cdot r^{n-1}$
$-12\ \ 6$

$6 \times 6^{n-1} = 6^{1+n-1} = 6^n$
これは
$x \times x^{10} = x^{11}$
と同じ理屈！

(4) $a_1 = 4$ …①
$a_{n+1} = 2a_n + 4$ …②
②が
$a_{n+1} - k = 2(a_n - k)$ …③
と変形できたとする。
③より $a_{n+1} = 2a_n - k$ …③´
②と③´を比較して，$-k = 4$
∴ $k = -4$
よって③から
$a_{n+1} - (-4) = 2\{a_n - (-4)\}$
$a_{n+1} + 4 = 2(a_n + 4)$

この変形はしっかり覚えちゃってネ♥
Check it!

$\begin{cases} ② \to a_{n+1} = 2a_n \boxed{+4} \\ ③´ \to a_{n+1} = 2a_n \boxed{-k} \end{cases}$
一致！

ここからSTARTしても OKですヨ！

ここで，$\{a_n+4\}=\{b_n\}$ とおくと
$$b_{n+1}=②b_n$$
このとき $\{b_n\}$ は，初項 $b_1=a_1+4=8$（①より），公比 **2** の等比数列である。

よって
$$b_n=8\cdot 2^{n-1}$$
$$=2^3\cdot 2^{n-1}$$
$$=2^{n+2}$$

すなわち $a_n+4=2^{n+2}$

$$\therefore\ a_n=\underline{\underline{2^{n+2}-4}}\ \cdots（答）$$

右側注釈:
$a_1+4, a_2+4, a_3+4, \ldots$（×2, ×2）
$\parallel\ \parallel\ \parallel$
$b_1\ b_2\ b_3$
$b_1=a_1+4$ です！

$a\cdot r^{n-1}$
 8 2

$2^3\times 2^{n-1}=2^{3+n-1}=2^{n+2}$
これは
$x^3\times x^{10}=x^{3+10}=x^{13}$
と同じこと！

(5) $a_1=3\ \cdots①$
$a_n=5a_{n-1}-8\ \cdots②$

②が
$a_n-k=5(a_{n-1}-k)\ \cdots③$
と変形できたとする。

③より $a_n=5a_{n-1}-4k\ \cdots③'$

②と③'を比較して
$-4k=-8$
$\therefore\ k=2$

よって③から
$a_n-2=5(a_{n-1}-2)$

ここで，$\{a_n-2\}=\{b_n\}$ とおくと
$$b_n=⑤b_{n-1}$$
このとき $\{b_n\}$ は，初項 $b_1=a_1-2=1$（①より），公比 **5** の等比数列である。

よって $b_n=1\cdot 5^{n-1}$
$=5^{n-1}$

すなわち $a_n-2=5^{n-1}$

$$\therefore\ a_n=\underline{\underline{5^{n-1}+2}}\ \cdots（答）$$

右側注釈:
同じなんです!!
$a_{n+1}=5a_n-8$
と同じことです！
a_n と a_{n-1} は隣りどうし
a_{n+1} と a_n も隣りどうし！
まったく同じ方針でGO！

$\begin{cases}②\to a_n=5a_{n-1}\boxed{-8}\\③'\to a_n=5a_{n-1}\boxed{-4k}\end{cases}$
一致！

$a_1-2, a_2-2, a_3-2, \ldots$（×5, ×5）
$\parallel\ \parallel\ \parallel$
$b_1\ b_2\ b_3$
$\Downarrow$
$b_n=a_n-2$ です！
$b_{n-1}=a_{n-1}-2$ です！

$a\cdot r^{n-1}$
 1 5

1はいらないネ♥
1$x=x$ と同じこと！

(6)　$a_1 = 10$　…①
　　　$3a_{n+1} = 2a_n - 3$　…②　　両辺÷3　　　　この形じゃダメ！

②より　$a_{n+1} = \dfrac{2}{3}a_n - 1$　…②´　　　そろえる！　　**タイプ3**
　　　　　　　　　　　　　　　　　　　　　　　$a_{n+1} = pa_n + q$

②´が　$a_{n+1} - k = \dfrac{2}{3}(a_n - k)$　…③　　　　　の形へ…
と変形できたとする。　　　　　　　　　　　この変形は覚えるべし!!

③より　$a_{n+1} = \dfrac{2}{3}a_n + \dfrac{1}{3}k$　…③´

②´と③´を比較して

$\quad \dfrac{1}{3}k = -1$　　　　　$\begin{cases} ②´ \to a_{n+1} = \dfrac{2}{3}a_n \boxed{-1} \\ ③´ \to a_{n+1} = \dfrac{2}{3}a_n \boxed{+\dfrac{1}{3}k} \end{cases}$

$\quad \therefore\ k = -3$　　　　　　　　　　　　　　　　一致！

よって③から

$\quad a_{n+1} - (\mathbf{-3}) = \dfrac{2}{3}\{a_n - (\mathbf{-3})\}$

$\quad a_{n+1} + 3 = \dfrac{2}{3}(a_n + 3)$　　　　　　　$\times\dfrac{2}{3}\ \times\dfrac{2}{3}$

ここで，$\{a_n + 3\} = \{b_n\}$ とおくと　　　　$a_1 + 3,\ a_2 + 3,\ a_3 + 3,\cdots$
　　　　　　　　　　　　　　　　　　　　　　$\parallel\quad\parallel\quad\parallel$
$\quad\quad\quad\quad b_{n+1} = \dfrac{\mathbf{2}}{\mathbf{3}}b_n$　　　　　　　　　$b_1\ \ b_2\ \ b_3$

このとき$\{b_n\}$ は，初項 $b_1 = a_1 + 3 = 13$（①より），　　$b_1 = a_1 + 3$ でっせ♥
　　　　　　　　　　　　　　　10
公比 $\dfrac{\mathbf{2}}{\mathbf{3}}$ の等比数列である。

よって　　$b_n = 13 \cdot \left(\dfrac{2}{3}\right)^{n-1}$　　　　　$a \cdot r^{n-1}$
　　　　　　　　　　　　　　　　　　　　　　$13\ \dfrac{2}{3}$
すなわち　$a_n + 3 = 13 \cdot \left(\dfrac{2}{3}\right)^{n-1}$

$\quad\quad \therefore\ a_n = \mathbf{13 \cdot \left(\dfrac{2}{3}\right)^{n-1} - 3}$　…（答）

(7)　$a_1 = -6$　…①
　　　$5a_{n+1} - 3a_n + 8 = 0$　…②

②より　$5a_{n+1} = 3a_n - 8$　　　　両辺÷5　　**タイプ3**
　　　　　　　　　　　　　　　　　　　　　　$a_{n+1} = pa_n + q$
　　　　$a_{n+1} = \dfrac{3}{5}a_n - \dfrac{8}{5}$　…②´
　　　　　　　　　　　　　　　　　　　　　　　の形へ…

②′が　　$a_{n+1} - k = \dfrac{3}{5}(a_n - k)$　…③

と変形できたとする。

③より　　$a_{n+1} = \dfrac{3}{5}a_n + \dfrac{2}{5}k$　…③′

②′と③′を比較して

$$\dfrac{2}{5}k = -\dfrac{8}{5}$$

$$\therefore\ k = -4$$

よって③から

$$a_{n+1} - (-4) = \dfrac{3}{5}\{a_n - (-4)\}$$

$$a_{n+1} + 4 = \dfrac{3}{5}(a_n + 4)$$

ここで，$\{a_n + 4\} = \{b_n\}$ とおくと

$$b_{n+1} = \dfrac{3}{5}b_n$$

このとき $\{b_n\}$ は，初項 $b_1 = a_1 + 4 = -2$（①より，-6），

公比 $\dfrac{3}{5}$ の等比数列である。

よって　　$b_n = -2 \cdot \left(\dfrac{3}{5}\right)^{n-1}$

すなわち　　$a_n + 4 = -2 \cdot \left(\dfrac{3}{5}\right)^{n-1}$

$$\therefore\ a_n = -2 \cdot \left(\dfrac{3}{5}\right)^{n-1} - 4\ \cdots\text{(答)}$$

(8)　$a_1 = \dfrac{1}{2}$　…①

　　$2a_{n+1} - 7a_n - 15 = 0$　…②

②より　$2a_{n+1} = 7a_n + 15$

$$a_{n+1} = \dfrac{7}{2}a_n + \dfrac{15}{2}\ \cdots\text{②′}$$

②′が　　$a_{n+1} - k = \dfrac{7}{2}(a_n - k)$　…③

と変形できたとする。

③より　　$a_{n+1} = \dfrac{7}{2}a_n - \dfrac{5}{2}k$　…③′

とにかく，この変形です！
覚えなさい!!

③より
$a_{n+1} - k = \dfrac{3}{5}a_n - \dfrac{3}{5}k$
$a_{n+1} = \dfrac{3}{5}a_n - \dfrac{3}{5}k + k$
$a_{n+1} = \dfrac{3}{5}a_n + \dfrac{2}{5}k$

$\begin{cases} \text{②′} \to a_{n+1} = \dfrac{3}{5}a_n - \dfrac{8}{5} \\ \text{③′} \to a_{n+1} = \dfrac{3}{5}a_n + \dfrac{2}{5}k \end{cases}$

一致！

$\times \dfrac{3}{5}\quad \times \dfrac{3}{5}$

$a_1 + 4,\ a_2 + 4,\ a_3 + 4,\ \ldots$
$\|\qquad\ \|\qquad\ \|$
$b_1\quad\ b_2\quad\ b_3$

$b_1 = a_1 + 4$ です！

$a \cdot r^{n-1}$
$-2\quad \dfrac{3}{5}$

たっぷり演習すれば身につくせーっ!!

タイプ3
$a_{n+1} = pa_n + q$
の形へ…
お願いだからこの変形は覚えてちょ！

Theme 12 最重要の漸化式はこれだ!!

②′と③′を比較して

$$-\frac{5}{2}k = \frac{15}{2}$$

$$\begin{cases} ②′ \to a_{n+1} = \frac{7}{2}a_n + \boxed{\frac{15}{2}} \\ ③′ \to a_{n+1} = \frac{7}{2}a_n - \boxed{\frac{5}{2}k} \end{cases}$$ 一致!

$$\therefore\ k = -3$$

よって③から

$$a_{n+1} - (-3) = \frac{7}{2}\{a_n - (-3)\}$$

$$a_{n+1} + 3 = \frac{7}{2}(a_n + 3)$$

ここで,$\{a_n + 3\} = \{b_n\}$ とおくと

$$a_1 + 3,\ a_2 + 3,\ a_3 + 3,\ \cdots$$
$$\parallel\quad \parallel\quad \parallel$$
$$b_1\quad b_2\quad b_3$$

(矢印 $\times \frac{7}{2}$, $\times \frac{7}{2}$)

$$b_{n+1} = \boxed{\frac{7}{2}} b_n$$

$b_1 = a_1 + 3$ で——す!

このとき $\{b_n\}$ は,初項 $b_1 = a_1 + 3 = \frac{7}{2}$ (①より),公比 $\frac{7}{2}$ の等比数列である。

よって

$$b_n = \frac{7}{2} \cdot \left(\frac{7}{2}\right)^{n-1}$$

$a \cdot r^{n-1}$

$\frac{7}{2}\ \frac{7}{2}$

$$= \left(\frac{7}{2}\right)^n$$

$x \times x^{10} = x^{1+10} = x^{11}$ と同じことです!

すなわち $a_n + 3 = \left(\frac{7}{2}\right)^n$

$$\therefore\ a_n = \left(\frac{7}{2}\right)^n - 3 \quad \cdots \text{(答)}$$

ちょっと言わせて

たとえば (1) で…

$$a_{n+1} - 4 = ③(a_n - 4)$$ のところからなんですが…

今まで $\{a_n - 4\} = \{b_n\}$ とワザワザ置き換えてきましたが,

置き換えずに

$\{a_n - 4\}$ は,初項 $a_1 - 4 = -2$ (②より),公比 3 の等比数列である。

よって $a_n - 4 = -2 \cdot 3^{n-1}$

$a \cdot r^{n-1}$

$$\therefore\ a_n = -2 \cdot 3^{n-1} + 4 \quad \cdots \text{(答)}$$

ってな具合に, b_n の登場をなくしてしまうと,スマートな答案が作れますヨ ♥

Theme 13 最重要の漸化式はこれだ！ 再び…

$a_{n+1} = a_n + f(n)$ のタイプ♥

とりあえず1問だけ解説しておきましょう♥

問題13-1　　　　　　　　　　　　　　　　　　　　　　基礎

次の漸化式で決定される数列の第 n 項 a_n を求めよ。
　　$a_1 = 7$,　　　$a_{n+1} = a_n + 2n$

ナイスな導入!!

ではでは，この漸化式の意味を考えてみよう！

$$a_{n+1} = a_n + 2n$$　←これがヤバイ！

ここで注意してほしいのは，$2n$ が定数でないことである。
つま——り，Theme 11 でやった，たとえば 問題11-1 の (1) の
$a_{n+1} = a_n + 5$ のようなタイプとはまったく違うのである！
　　　　　　これは一定！

↓ では，いったい…

じゃあ，この漸化式の n に $n = 1, 2, 3, 4, 5, …$ と，
当てハメてみましょうか。

こんな感じ…　　$a_{n+1} = a_n + 2\boldsymbol{n}$
　　　　　　　　　　　$n = 1, 2, 3, 4, 5, …$　と入れるぜ！

$n = 1$ のとき　⟶　$a_2 = a_1 + 2 \times 1$
$n = 2$ のとき　⟶　$a_3 = a_2 + 2 \times 2$
$n = 3$ のとき　⟶　$a_4 = a_3 + 2 \times 3$
$n = 4$ のとき　⟶　$a_5 = a_4 + 2 \times 4$
$n = 5$ のとき　⟶　$a_6 = a_5 + 2 \times 5$
　　　　　　　　　　⋮

Theme 13 最重要の漸化式はこれだ！ 再び…

↓ で，これをイメージ化すると…

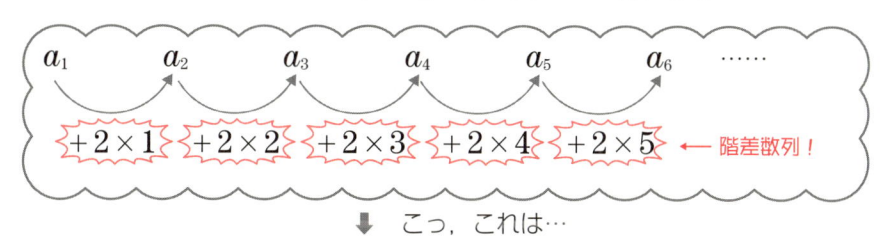

$a_1 \to a_2 \to a_3 \to a_4 \to a_5 \to a_6 \cdots$
$+2\times1, +2\times2, +2\times3, +2\times4, +2\times5$ ← 階差数列！

↓ こっ，これは…

そ——です！ これは，すでに Theme 7 で習得ずみの **階差数列** から一般項を求めるタイプの数列を表した漸化式だったんですヨ！

↓ では話はハヤイ！

ここで，a_n を求めるためには，Theme 7 で解説したように

$$a_n = a_1 + \{\underbrace{2\times1 + 2\times2 + 2\times3 + \cdots\cdots + 2\times(n-1)}_{\text{階差数列を } n-1 \text{ 個加える！}}\}$$

カッコよく表すと…

$$a_n = a_1 + \sum_{k=1}^{n-1} 2k \quad \leftarrow \text{Theme 7 ご散々やいやしたぁ！}$$

と，なりま——す♥

お——っと！ ここでこんな事実が判明！

このとき

$$a_n = a_1 + \sum_{k=1}^{n-1} 2k \quad \text{の } 2k \text{ は}$$

この漸化式

$$a_{n+1} = a_n + 2n \quad \text{の } 2n \text{ の } \boldsymbol{n} \text{ を}$$

$\boldsymbol{k}$ と書きかえたものですネ！

まぁ，あたりまえと言えばあたりまえで…

> **イメージ**

第n項　　　第$n+1$項
a_n　　　　a_{n+1}
$+2n$

第n項を次の第$n+1$項にするために$2n$を加える！

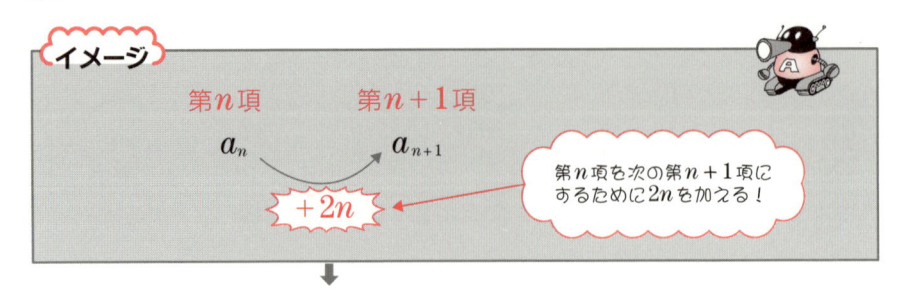

つまり，となりの項にするために$2n$の規則に従って増やしていくわけだから，この$2n$がモロに**階差数列の規則**になります！

そこで，この$2n$の規則のまま，$n-1$個加えていくわけなもんで，シグマを使用するために，nをkに書きかえて…

$$a_n = a_1 + \sum_{k=1}^{n-1} 2k$$

$2n$のnをkにかえるだけ！

と，なりま——す！

ではまとめでございます♥

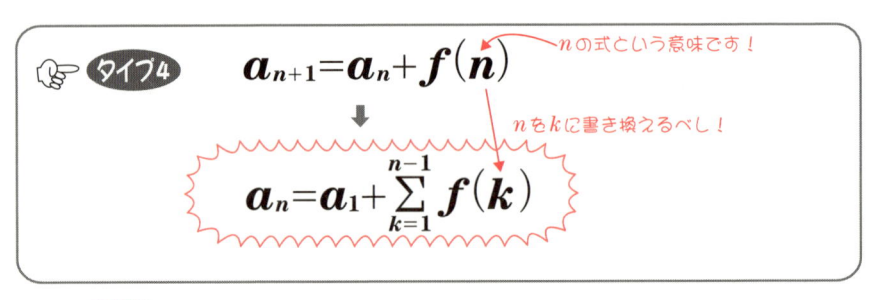

タイプ４　$a_{n+1} = a_n + f(n)$

nの式という意味です！

↓

$$a_n = a_1 + \sum_{k=1}^{n-1} f(k)$$

nをkに書き換えるべし！

> **解答でござる**

$$a_n = a_1 + \sum_{k=1}^{n-1} 2k$$

$$= 7 + 2 \times \frac{(n-1)n}{2}$$

$$= n^2 - n + 7$$

（これは，$a_1 = 7$をみたす）

∴　$a_n = n^2 - n + 7$ …（答）

$a_{n+1} = a_n + 2n$
$2n$を$2k$にかえるだけ！

$$\sum_{k=1}^{n} k = \frac{n(n+1)}{2}$$

$n \to n-1$にかえる！
つまり…
$$\sum_{k=1}^{n-1} k = \frac{(n-1)(n-1+1)}{2}$$
となります！

a_1の確認を！
詳しくは Theme 7 で!!

Theme 13 最重要の漸化式はこれだ！ 再び… 149

よーーし!! ここで反復練習だぁーー！ TRY！ TRY!! TRY!!!

問題 13-2 基礎

次の漸化式で決定される数列の第 n 項 a_n を求めよ。

(1) $a_1 = 3$, $a_{n+1} = a_n + 4n$

(2) $a_1 = 5$, $a_{n+1} = a_n + 2n + 4$

(3) $a_1 = 2$, $a_{n+1} = a_n + 6n^2 + 4n + 2$

(4) $a_1 = 3$, $a_{n+1} = a_n + 3^n$

(5) $a_1 = 4$, $a_{n+1} = a_n + 2^{n+1} + 2n + 3$

(6) $a_1 = -3$, $a_{n+1} = a_n + \dfrac{1}{n(n+1)}$

ナイスな導入!!　ダメ押し!!

タイプ4 ですョ！

$$a_{n+1} = a_n + f(n)$$
$$\downarrow$$
$$a_n = a_1 + \sum_{k=1}^{n-1} f(k)$$

でしたネ ♥

解答でござる

(1) $a_n = a_1 + \sum\limits_{k=1}^{n-1} 4k$

　　$= 3 + 4 \times \dfrac{(n-1)n}{2}$

　　$= 2n^2 - 2n + 3$

　　（これは，$a_1 = 3$ をみたす）

　　$\therefore\ a_n = \underline{2n^2 - 2n + 3}$ …（答）

(2) $a_n = a_1 + \sum\limits_{k=1}^{n-1} (2k+4)$

　　$= 5 + 2 \times \dfrac{(n-1)n}{2} + 4(n-1)$

$a_{n+1} = a_n + 4n$
$\downarrow$
$a_n = a_1 + \sum\limits_{k=1}^{n-1} 4k$

$\dfrac{(n-1)(n-1+1)}{2}$

a_1 の確認を!!
Theme 7 を参照！

$a_{n+1} = a_n + 2n + 4$
$\downarrow$
$a_n = a_1 + \sum\limits_{k=1}^{n-1} (2k+4)$

$\sum$ の計算は Theme 4 でやりましたョ♥

$$= n^2 + 3n + 1$$

（これは，$a_1 = 5$ をみたす）

$$\therefore\ a_n = \underline{\boldsymbol{n^2 + 3n + 1}} \quad \cdots\text{（答）}$$

a_1 の確認を!!
Theme 7 を参照！

$a_{n+1} = a_n + 6n^2 + 4n + 2$
↓
$a_n = a_1 + \sum\limits_{k=1}^{n-1}(6k^2 + 4k + 2)$

(3) $a_n = \boldsymbol{a_1} + \sum\limits_{k=1}^{n-1}(6k^2 + 4k + 2)$

$$= \boldsymbol{2} + 6 \times \frac{(n-1)n(2n-1)}{6}$$
$$\quad + 4 \times \frac{(n-1)n}{2} + 2(n-1)$$

$$= 2 + (n-1)n(2n-1)$$
$$\quad + 2(n-1)n + 2(n-1)$$

$$= 2n^3 - n^2 + n$$

（これは，$a_1 = 2$ をみたす）

$$\therefore\ a_n = \underline{\boldsymbol{2n^3 - n^2 + n}} \quad \cdots\text{（答）}$$

$\sum\limits_{k=1}^{n} k^2 = \dfrac{\boldsymbol{n(n+1)(2n+1)}}{6}$

$n \to n-1$ にかえる！

つまり…

$\sum\limits_{k=1}^{n-1} k^2$

$= \dfrac{(\boldsymbol{n-1})(\boldsymbol{n-1}+1)\{2(\boldsymbol{n-1})+1\}}{6}$

$= \dfrac{(n-1)n(2n-1)}{6}$

このタイプでは
必ず a_1 の確認を!!
理由は Theme 7 にて…

(4) $a_n = \boldsymbol{a_1} + \sum\limits_{k=1}^{n-1} 3^k$

$$= \boldsymbol{3} + \sum\limits_{k=1}^{n-1} 3 \cdot 3^{k-1}$$

$$= 3 + \frac{3(3^{n-1} - 1)}{3-1}$$

$3 \times 3^{n-1}$

$$= 3 + \frac{3^n - 3}{2}$$

$$= \frac{3^n + 3}{2}$$

（これは，$a_1 = 3$ をみたす）

$$\therefore\ a_n = \underline{\dfrac{\boldsymbol{3^n + 3}}{\boldsymbol{2}}} \quad \cdots\text{（答）}$$

$a_{n+1} = a_n + 3^n$
↓
$a_n = a_1 + \sum\limits_{k=1}^{n-1} 3^k$

$3^k = \boldsymbol{3 \cdot 3}^{k-1}$

等比数列の一般項 $\boldsymbol{a \cdot r}^{n-1}$
に対応させ
↓
初項3，公比3の等比数列

等比数列の和の公式
$S_n = \dfrac{a(r^n - 1)}{r-1}$ の活用！
$a = 3,\ r = 3,\ n$ のところに
$n - 1$ を！

$\dfrac{6}{2} + \dfrac{3^n - 3}{2}$ ←通分です！

$= \dfrac{3^n + 3}{2}$

Theme 13 最重要の漸化式はこれだ！ 再び… 151

(5) $a_n = \boldsymbol{a_1} + \sum_{k=1}^{n-1}(2^{k+1}+2k+3)$ ← $a_{n+1}=a_n+2^{n+1}+2n+3$

$\quad\quad\quad\downarrow$ ↓

$\quad\quad = \boldsymbol{4} + \sum_{k=1}^{n-1}(4\times 2^{k-1}+2k+3)$ ← $a_n=a_1+\sum_{k=1}^{n-1}(2^{k+1}+2k+3)$

$2^{k+1}=2^2\cdot 2^{k-1}$
$\quad\quad\quad =4\cdot 2^{k-1}$ ← $a\cdot r^{n-1}$ の形へ…
初項 公比

$\quad\quad = 4 + \dfrac{4(2^{n-1}-1)}{2-1} + 2\times\dfrac{(n-1)n}{2}$
$\quad\quad\quad\quad\quad\quad\quad + 3(n-1)$

等比数列の和の公式
$S_n=\dfrac{a(r^n-1)}{r-1}$ の活用！
$a=4$, $r=2$, nのところに
$n-1$を！

$\quad\quad = 4 + 4\times 2^{n-1} - 4 + n^2 - n + 3n - 3$

$\quad\quad = 2^{n+1} + n^2 + 2n - 3$

（これは，$a_1=4$をみたす）

$4\times 2^{n-1} = 2^2\times 2^{n-1}$
$\quad\quad\quad = 2^{2+n-1}$
$\quad\quad\quad = 2^{n+1}$

$\therefore\ a_n = \boldsymbol{2^{n+1} + n^2 + 2n - 3}$ …（答）

何度も言うように，このタイプでは必ずa_1の確認を。理由は ⑦ 参照！

(6) $a_n = \boldsymbol{a_1} + \sum_{k=1}^{n-1}\dfrac{1}{k(k+1)}$

$\quad\quad\quad\downarrow$

$\quad\quad = \boldsymbol{-3} + \sum_{k=1}^{n-1}\left(\dfrac{1}{k}-\dfrac{1}{k+1}\right)$

$a_{n+1}=a_n+\dfrac{1}{n(n+1)}$
↓
$a_n=a_1+\sum_{k=1}^{n-1}\dfrac{1}{k(k+1)}$

$\dfrac{1}{k(k+1)}=\dfrac{1}{k}-\dfrac{1}{k+1}$

$\quad\quad = -3 + \left(\dfrac{1}{1}-\dfrac{1}{2}+\dfrac{1}{2}-\dfrac{1}{3}+\dfrac{1}{3}-\dfrac{1}{4}+\cdots\right.$
$\quad\quad\quad\quad\quad k=1\quad k=2\quad k=3$
$\quad\quad\quad\quad\quad\quad\quad\left.\cdots\cdots + \dfrac{1}{n-1}-\dfrac{1}{n}\right)$
$\quad\quad\quad\quad\quad\quad\quad\quad\quad k=n-1$

Theme ⑤ 参照！
このタイプの和は，実際に書き出すのがベスト!!

$\quad\quad = -3 + \left(1 - \dfrac{1}{n}\right)$

$\quad\quad = -2 - \dfrac{1}{n}$

$\dfrac{1}{1}\dfrac{1}{2}\dfrac{1}{2}\dfrac{1}{3}\dfrac{1}{3}\dfrac{1}{4}\cdots\dfrac{1}{n-1}-\dfrac{1}{n}$
残る!!

（これは，$a_1=-3$をみたす）

$\therefore\ a_n = \boldsymbol{-2 - \dfrac{1}{n}}$ …（答）

このタイプでは必ずa_1の確認を!!

これでトドメだ!!　仕上げはやっぱりコレ♥

問題13-3　　　　　　　　　　　　　　　　　　　　　　標準

次の漸化式で決定される数列の第n項a_nを求めよ。
(1)　$a_1 = 6$,　　$a_n = a_{n-1} + 2n - 2$
(2)　$a_1 = 3$,　　$a_n = a_{n-1} + n^2 - 2n + 3$

ナイスな導入!!

今回のテーマは…

$a_n = a_{n-1} + n$　の式のタイプに気をつけろ!!

（a_{n+1}とa_nじゃな――い！）

でっせ♥

↓　つま――り!!

タイプ4の公式

$$a_{n+1} = a_n + f(n)$$
$$\downarrow$$
$$a_n = a_1 + \sum_{k=1}^{n-1} f(k)$$

を使いたければ…

(1)で説明しよう!!

$$a_n = a_{n-1} + 2n - 2$$

（$n \to n+1$, $n-1 \to n$ と1つずつずらぁ！）

$$\downarrow$$
$$a_{n+1} = a_n + 2(n+1) - 2$$

ここもずれるヨ！

つまり　$a_{n+1} = a_n + 2n$

となおしてから

$$a_n = a_1 + \sum_{k=1}^{n-1} 2k$$

と，いつものようにやればOK!!

まぁ，a_nとa_{n-1}の関係のままだと**ヤバイ**ってことだ!!

Theme 13　最重要の漸化式はこれだ！　再び…　153

解答でござる

(1)　$a_n = a_{n-1} + 2n - 2$　より

$a_{n+1} = a_n + 2(n+1) - 2$

$\therefore \quad a_{n+1} = a_n + 2n$

よって

$a_n = \boldsymbol{a_1} + \sum_{k=1}^{n-1} 2k$

$= \boldsymbol{6} + 2 \times \dfrac{(n-1)n}{2}$

$= n^2 - n + 6$

（これは，$a_1 = 6$ をみたす）

$\therefore \quad a_n = \boldsymbol{n^2 - n + 6}$　…（答）

$n \to n+1$
$n-1 \to n$
といった感じに1つずつずらす！

$a_{n+1} = a_n + f(n)$ のタイプだ！

$a_{n+1} = a_n + \textcolor{red}{2n}$

$\Downarrow$

$a_n = a_1 + \sum_{k=1}^{n-1} 2k$

$\dfrac{(\boldsymbol{n-1})(\boldsymbol{n-1}+1)}{2}$

このタイプでは必ず a_1 の確認を!!
理由は Theme 7 参照！

(2)　$a_n = a_{n-1} + n^2 - 2n + 3$　より

$a_{n+1} = a_n + (n+1)^2 - 2(n+1) + 3$

$\therefore \quad a_{n+1} = a_n + n^2 + 2$

よって

$a_n = a_1 + \sum_{k=1}^{n-1}(k^2 + 2)$

$= 3 + \dfrac{(n-1)n(2n-1)}{6} + 2(n-1)$

$= \dfrac{2n^3 - 3n^2 + 13n + 6}{6}$

（これは，$a_1 = 3$ をみたす）

$\therefore \quad a_n = \dfrac{\boldsymbol{2n^3 - 3n^2 + 13n + 6}}{\boldsymbol{6}}$　…（答）

$n \to n+1$
$n-1 \to n$
といった感じに1つずつずらす！

$a_{n+1} = a_n + f(n)$ のタイプだ！

$a_{n+1} = a_n + \textcolor{red}{n^2 + 2}$

$\Downarrow$

$a_n = a_1 + \sum_{k=1}^{n-1}(k^2 + 2)$

$\dfrac{(\boldsymbol{n-1})(\boldsymbol{n-1}+1)\{2(\boldsymbol{n-1})+1\}}{6}$

$= \dfrac{18}{6} + \dfrac{(n-1)n(2n-1)}{6}$

$+ \dfrac{12(n-1)}{6}$　通分だよ！

$= \dfrac{18 + 2n^3 - 3n^2 - n + 12n - 12}{6}$

$= \dfrac{2n^3 - 3n^2 + 13n + 6}{6}$

このタイプでは必ず a_1 の確認を!!
理由は Theme 7 参照！

Theme 14 よくありがちな漸化式【応用パターンA】

$a_{n+1} = pa_n + f(n)$ のタイプ♥

このとき $p \neq 1$ ですヨ！ $p=1$ のとき，Theme 13 のタイプとなります！

このとき $f(n)$ は，n の整式 つまり，$f(n) = qn + r$ $f(n) = qn^2 + rn + s$ など…

とりあえず**準備問題**として1問を…

問題 14-1 〔基礎〕

次の漸化式で決定される数列の第 n 項 a_n を求めよ。
$a_1 = 5$
$a_{n+1} + 2(n+1) + 3 = 5(a_n + 2n + 3)$

ナイスな導入!!

ぶっちゃけた話，**見方**さえちゃんとしていれば，難しくないヨ!!
で，見方とは…

$\boxed{a_{n+1} + 2(n+1) + 3} = 5(\boxed{a_n + 2n + 3})$
       ↓ b_{n+1} ↓ b_n

$b_n = a_n + 2n + 3$ とおくと $b_{n+1} = a_{n+1} + 2(n+1) + 3$ となる！

n のところが $n+1$ に置き換わってる！

↓ つま——り！

$a_\blacksquare + 2 \times \blacksquare + 3$ の ■のところに 1, 2, 3, … とハマっていくヨ！

イメージ

$a_1 + 2 \times 1 + 3, \quad a_2 + 2 \times 2 + 3, \quad a_3 + 2 \times 3 + 3, \quad a_4 + 2 \times 4 + 3, \quad \cdots, \quad a_n + 2 \times n + 3$
$\parallel \qquad\qquad \parallel \qquad\qquad \parallel \qquad\qquad \parallel \qquad \Rightarrow \qquad \parallel$
$b_1 \qquad\qquad b_2 \qquad\qquad b_3 \qquad\qquad b_4 \qquad\qquad\qquad b_n$

ってな数列を考えればよい！

通常，$\{b_n\}$ については $b_{n+1} = a_{n+1} + 2(n+1) + 3$ は，ワザワザいわなくてよい！

で，以上のように置き換えて考えると，
$\{b_n\} = \{a_n + 2n + 3\}$ として，
$b_{n+1} = 5b_n$ となる！

これは，Theme 11 の **タイプ2**

Theme 14 よくありがちな漸化式【応用パターンA】

このタイプは，Theme 11 の タイプ2 （問題11-1 の(2)）でやりましたネ♥
ちょっと復習してみましょう！

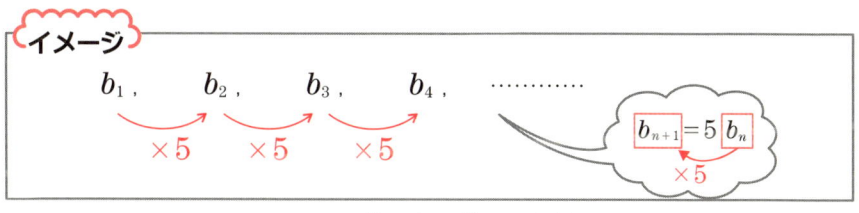

イメージ

$b_1, \quad b_2, \quad b_3, \quad b_4, \quad \cdots\cdots$

×5　×5　×5　　　　　$b_{n+1} = 5\,b_n$　×5

↓ と，ゆーわけで

$\{b_n\}$ は，初項 $b_1 = a_1 + 2\times 1 + 3 = 5 + 2 + 3 = \mathbf{10}$，
　　　　　　　　　　　　　　　5

公比 **5** の等比数列となります。

（$b_n = a_n + 2n + 3$ において $n=1$ とする！）

$b_{n+1} = 5b_n$

↓ よって…

$b_n = 10 \cdot 5^{n-1}$　　←等比数列の一般項の公式 $a \cdot r^{n-1}$
　　初項　公比
　　$= 2 \times 5 \cdot 5^{n-1}$
　　$= 2 \cdot 5^n$　←$1 + n - 1$

カッコよく整理しておきましょう！

↓ 仕上げです！

ここで，$b_n = a_n + 2n + 3$ だったから…

左辺の $2n+3$ を右辺に移項して終了！

$a_n + 2n + 3 = 2 \cdot 5^n$

$\therefore\ a_n = \mathbf{2 \cdot 5^n - 2n - 3}$　←答えです!!

解答でござる

$a_1 = 5$ 　…①
$a_{n+1} + 2(n+1) + 3 = 5(a_n + 2n + 3)$ 　…②
②で $\{b_n\} = \{a_n + 2n + 3\}$ とおくと
$b_{n+1} = 5b_n$ 　…③

置き換えるとき
$\{b_n\} = \{a_n + 2n + 3\}$
と表すと，
$b_1, b_2, b_3, \cdots$
すべてを示したことになります！
Theme 11 の タイプ2

③から $\{b_n\}$ は，初項 $b_1 = a_1 + 2\times 1 + 3 = 10$
（①より）、$\quad\quad\quad\quad\quad$ 　　　　　　$\underset{5}{}$

公比5の等比数列である。よって
$$b_n = 10\cdot 5^{n-1}$$
$$= 2\times 5\cdot 5^{n-1}$$
$$= 2\cdot 5^n$$

つまり
$$a_n + 2n + 3 = 2\cdot 5^n$$
$$\therefore\ a_n = \underline{\underline{2\cdot 5^n - 2n - 3}} \cdots \text{(答)}$$

右側の注釈:
- $b_n = a_n + 2n + 3$ で、$n=1$ としました！
- 等比数列の一般項の公式 $a\cdot r^{n-1}$ → $b_1 = 10$, 5
- $5\times 5^{n-1} = 5^1 \times 5^{n-1} = 5^{1+n-1} = 5^n$
- $b_n = a_n + 2n + 3$ でしたネ♥ $2n+3$ を移項して終了！

では，本題に入りましょう！

問題14-2　　　　　　　　　　　　　　　　　　　【標準】

次の漸化式で決定される数列の第 n 項 a_n を求めよ。
$$a_1 = 5$$
$$a_{n+1} = 5a_n + 8n + 10$$

ナイスな導入!!

実はコレ**やったことある**んだよネ…

そうです！先ほどやった 問題14-1 と同一なんです！

で、問題14-1 の漸化式は…
$$a_1 = 5$$
$$a_{n+1} + 2(n+1) + 3 = 5(a_n + 2n + 3)$$

そこで　$a_{n+1} + 2(n+1) + 3 = 5(a_n + 2n + 3)$ を

↓ 展開する！

　　　　$a_{n+1} = 5a_n + 8n + 10$

（あっ!! 同じだ!!!）

つまり　（変形）$a_{n+1} = 5a_n + 8n + 10$　を…
　　　　　　　$a_{n+1} + 2(n+1) + 3 = 5(a_n + 2n + 3)$

に変形することができればOK！

Theme 14 よくありがちな漸化式【応用パターンA】

だって，問題14-1 と同じ方法で解けるでしょ？

⬇ と，ゆーわけで…

本問のテーマは【応用パターンA】

$$a_{n+1} = pa_n + f(n)$$
（nの式）

変形 そろう！

$n+1$がらみの式　　nがらみの式

$$\underbrace{a_{n+1} + g(n+1)}_{b_{n+1}} = p\underbrace{\{a_n + g(n)\}}_{b_n}$$

です！

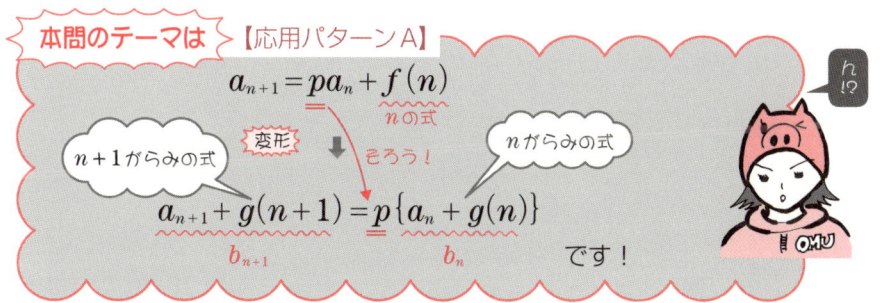

これは，あまりにも一般化しすぎた表現なもんで，逆にわかりづらいかもしれませんネ…。では，具体的にいきましょう！

とりあえず本問に限定した場合では…

$$a_{n+1} = 5a_n + 8n + 10 \quad \cdots Ⓐ$$

そろえこ！⬇ 変形

$$a_{n+1} + \alpha(n+1) + \beta = 5(a_n + \alpha n + \beta) \quad \cdots Ⓑ$$

このとき，$a_■ + \alpha ■ + \beta$ の ■ のところが，左辺では $n+1$ で統一，右辺では n で統一されているので，これらを

$n, n+1$で
そろってこいれは
置き換え可能！

$$\begin{cases} b_n = a_n + \alpha n + \beta \\ b_{n+1} = a_{n+1} + \alpha(n+1) + \beta \end{cases}$$

と置き換えられる！

ここで，Ⓑを展開して，

$$a_{n+1} + \alpha n + \alpha + \beta = 5a_n + 5\alpha n + 5\beta$$

$$\therefore \quad a_{n+1} = 5a_n + 4\alpha n - \alpha + 4\beta \quad \cdots Ⓑ'$$
　　　　　　　　　　8　　10
　　　　　　　　　（Ⓐより）

このとき，ⒶとⒷ´を比較して

$$\begin{cases} 4\alpha = 8 & \cdots ㋐ \\ -\alpha + 4\beta = 10 & \cdots ㋑ \end{cases}$$

④より $\alpha = 2$
これを⑤に用いて $-2 + 4\beta = 10$ ∴ $\beta = 3$
これらを⑧に代入して
$$a_{n+1} + 2(n+1) + 3 = 5(a_n + 2n + 3)$$
で，仕上げは 問題14-1 と同じです！

> こっ，これは…
> 問題14-1 だぁーっ！

解答でござる

$a_1 = 5$ …①
$a_{n+1} = 5a_n + 8n + 10$ …②

②が そろえる！

$a_{n+1} + \alpha(n+1) + \beta = 5(a_n + \alpha n + \beta)$ …③

と変形できたとする。

③より $a_{n+1} = 5a_n + 4\alpha n - \alpha + 4\beta$ …③′

このとき，②と③′を比較して
$$\begin{cases} 4\alpha = 8 & \cdots ④ \\ -\alpha + 4\beta = 10 & \cdots ⑤ \end{cases}$$

④⑤より $\alpha = 2, \beta = 3$
これらを③に代入して
$$a_{n+1} + 2(n+1) + 3 = 5(a_n + 2n + 3)$$
ここで，$\{b_n\} = \{a_n + 2n + 3\}$ とおくと
$b_{n+1} = 5b_n$ …⑥
⑥から $\{b_n\}$ は，初項 $b_1 = a_1 + 2\times 1 + 3 = 10$
（①より，$a_1 = 5$）
公比5の等比数列である。よって
$$b_n = 10 \cdot 5^{n-1}$$
$$= 2 \times 5 \cdot 5^{n-1}$$
$$= 2 \cdot 5^n$$
つまり $a_n + 2n + 3 = 2 \cdot 5^n$

∴ $a_n = \mathbf{2 \cdot 5^n - 2n - 3}$ …(答)

> $8n + 10$ が n の 1次式 だから
> ↓
> n^2 や $(n+1)^2$ などが出てくるワケがない！
> よってこのようにおく!!
> ③を展開して a_{n+1} 以外を右辺に移項しました！
> $\begin{cases} a_{n+1} = 5a_n + 8n + 10 & \cdots ② \\ a_{n+1} = 5a_n + 4\alpha n - \alpha + 4\beta & \cdots ③' \end{cases}$
> ここから先は，問題14-1 とまったく同一である！

Theme 14 よくありがちな漸化式【応用パターンA】

ここからが正念場だ！

問題14-3 ちょいムズ

次の漸化式で決定される数列の第n項a_nを求めよ。
(1) $a_1 = 4$,　　$a_{n+1} = 2a_n + 3n - 8$
(2) $a_1 = -5$,　　$a_{n+1} = 5a_n + 8n$
(3) $a_1 = 3$,　　$a_{n+1} = 2a_n + n^2 - n + 1$

ナイスな導入!!

これは，すべて **問題14-2** と同じであーーる！
(1) では　　　$a_{n+1} = 2a_n + 3n - 8$ …Ⓐ

そろえる！↓ 変形

$a_{n+1} + \alpha(n+1) + \beta = 2(a_n + \alpha n + \beta)$ …Ⓑ

Ⓑを展開してⒶと比較し，α, β を決定する!!
これは，まったくと言っていいほど，**問題14-2** と同じでっせ♥

(2) では　　　$a_{n+1} = 5a_n + 8n$ …Ⓐ

そろえる！↓ 変形

$a_{n+1} + \alpha(n+1) + \beta = 5(a_n + \alpha n + \beta)$ …Ⓑ

これも，まったく **問題14-2** と同じです！　Ⓐの式で$8n$しかなく，定数項がナイので，ついついⒷを

$a_{n+1} + \alpha(n+1) = 5(a_n + \alpha n)$ …Ⓒ　　定数項のβ抜き!!

と設定してしまいそうなんですが，$\alpha(n+1)$から$\alpha n + \alpha$となり，
定数項が発生しますネ！　そこで，Ⓒを展開すると

$a_{n+1} = 5a_n + 4\alpha n - \alpha$ …Ⓒ´　　定数項

となります。このⒸ´とⒶを比較すると，

$\begin{cases} 4\alpha = 8 & \text{…㋐} \\ -\alpha = 0 & \text{…㋑} \end{cases}$ ← $\begin{cases} a_{n+1} = 5a_n + \mathbf{8}n & \text{…Ⓐ} \\ a_{n+1} = 5a_n + \mathbf{4\alpha} n - \alpha & \text{…Ⓒ´} \end{cases}$ $\overset{+0}{}$

Ⓐに定数項がないもんで…

このとき，㋐㋑を同時にみたすαは存在しません!!
だって，㋐から$\alpha = 2$となり，㋑から$\alpha = 0$になるっしょ!?
つまーーり!!　Ⓑのようにおく必要があります!!

Ⓐの式に定数項がナイからといって，Ⓑの式をⒸの式のような設定にしてしまうと 爆死 しまっせ!!

で，**厄介者**の（3）です!!

(3) では　　$a_{n+1} = 2a_n + n^2 - n + 1$ …Ⓐ　となってますネ！

Ⓐの式を見ればおわかりの通り，n^2 と，2次の項が思いっ切りあります！

てなワケで，Ⓐを…

$$a_{n+1} + \alpha(n+1)^2 + \beta(n+1) + \gamma = 2(a_n + \alpha n^2 + \beta n + \gamma) \quad \text{…Ⓑ}$$

2次の項を作っておく！　バババーン!!

のように変形することを目標にすればOKで——す♥

で，Ⓑを展開してⒶと比較し，α, β, γ を求めりゃあ，仕上げは，**問題14-2** と同じですヨ！　では，やってみましょう!!

Ⓑを展開して，

$$a_{n+1} + \alpha(n^2 + 2n + 1) + \beta(n+1) + \gamma = 2a_n + 2\alpha n^2 + 2\beta n + 2\gamma$$

$$\therefore\ a_{n+1} = 2a_n + \alpha n^2 + (\beta - 2\alpha)n - \alpha - \beta + \gamma \quad \text{…Ⓑ'}$$

ⒶとⒷ'を比較して

$$a_{n+1} = 2a_n + 1n^2 - 1n + 1 \quad \text{…Ⓐ}$$

$$\begin{cases} \alpha = 1 & \text{…㋑} \\ \beta - 2\alpha = -1 & \text{…㋺} \\ -\alpha - \beta + \gamma = 1 & \text{…㋩} \end{cases}$$

㋑㋺より　　$\beta - 2 \times 1 = -1 \quad \therefore\ \beta = 1$
　　　　　　　　　　　　α

よって㋩から　　$-1 - 1 + \gamma = 1 \quad \therefore\ \gamma = 3$
　　　　　　　　　$\alpha\ \ \beta$

以上をまとめて，$(\alpha, \beta, \gamma) = (1, 1, 3)$

これらをⒷに代入して

$$\underbrace{a_{n+1} + (n+1)^2 + (n+1) + 3}_{b_{n+1}} = 2(\underbrace{a_n + n^2 + n + 3}_{b_n}) \quad \text{…Ⓒ}$$

置き換え可能！

つまり　$a_{n+1} + (n+1)^2 + (n+1) + 3 = b_{n+1}$ だよ〜ん♥

Ⓒで $\{b_n\} = \{a_n + n^2 + n + 3\}$ とおくと

Theme 14 よくありがちな漸化式【応用パターンA】

$b_{n+1} = 2b_n$ …① ← こっ、これは Theme ⑪ の タイプ2 でしたネ！ 等比数列のタイプです！

①より、$\{b_n\}$ は、初項 $b_1 = a_1 + 1^2 + 1 + 3 = 8$, ← $a_1 = 3$ でした!!
公比 2 の等比数列となります！

よって $b_n = 8 \cdot 2^{n-1}$ ← 等比数列の一般項の公式 $a \cdot r^{n-1}$
$= 2^3 \cdot 2^{n-1}$
$= 2^{n+2}$ ← $3 + n - 1$ カッコよくまとめます ♥

すなわち $a_n + n^2 + n + 3 = 2^{n+2}$

$b_n = a_n + n^2 + n + 3$ より $\therefore\ a_n = 2^{n+2} - n^2 - n - 3$ ← 答えです!!

解答でござる

(1) $a_1 = 4$ …①
   $a_{n+1} = 2a_n + 3n - 8$ …②

②が α, β を そろえる！

   $a_{n+1} + \alpha(n+1) + \beta = 2(a_n + \alpha n + \beta)$ …③

と変形できたとする。

③より
   $a_{n+1} = 2a_n + \alpha n - \alpha + \beta$ …③´

このとき、②と③´を比較して

$\begin{cases} \alpha = 3 & \cdots ④ \\ -\alpha + \beta = -8 & \cdots ⑤ \end{cases}$

④⑤より $\alpha = 3, \beta = -5$

これらを③に代入して
   $a_{n+1} + 3(n+1) - 5 = 2(a_n + 3n - 5)$

ここで、$\{b_n\} = \{a_n + 3n - 5\}$ とおくと
   $b_{n+1} = 2b_n$ …⑥

⑥から $\{b_n\}$ は、初項 $b_1 = a_1 + 3 \times 1 - 5 = 2$
                                      4   (①より)、
公比 2 の等比数列である。よって

このおき方は 問題14-2 と同じなり！

②で
   $a_{n+1} = 2a_n + 3n - 8$

この部分が n の1次式より、
   $a_{n+1} + \alpha(n+1) + \beta$
   $= 2(a_n + \alpha n + \beta)$

1次式の $n+1$ 関係の式と n 関係の式を設定する！

$\begin{cases} a_{n+1} = 2a_n + 3n - 8 & \cdots ② \\ a_{n+1} = 2a_n + \alpha n \\ \qquad\qquad -\alpha + \beta & \cdots ③´ \end{cases}$

④を⑤に代入して
   $-3 + \beta = -8$
    α
   $\therefore\ \beta = -5$

   $\underbrace{a_{n+1} + 3(n+1) - 5}_{b_{n+1}}$
   $= 2\underbrace{(a_n + 3n - 5)}_{b_n}$

$$b_n = 2 \cdot 2^{n-1}$$
$$= 2^n \quad \longleftarrow \quad 2 \times 2^{n-1} = 2^{1+n-1} = 2^n$$

つまり $a_n + 3n - 5 = 2^n$

$$\therefore \quad a_n = \boldsymbol{2^n - 3n + 5} \quad \cdots \text{(答)}$$

(2) $a_1 = -5 \quad \cdots ①$

$a_{n+1} = \boldsymbol{5}a_n + \boxed{8n} \quad \cdots ②$

②が ← そろえる！

$a_{n+1} + \alpha(n+1) + \beta = \boldsymbol{5}(a_n + \alpha n + \beta) \quad \cdots ③$

と変形できたとする。

③より

$a_{n+1} = 5a_n + \boxed{4\alpha n} \underline{-\alpha + 4\beta} \quad \cdots ③'$
$\phantom{a_{n+1} = 5a_n + 4\alpha n \ }{}_{=0}$

このとき，②と③'を比較して

$$\begin{cases} 4\alpha = 8 & \cdots ④ \\ -\alpha + 4\beta = 0 & \cdots ⑤ \end{cases}$$

④⑤より $\alpha = 2, \ \beta = \dfrac{1}{2}$

これらを③に代入して

$$a_{n+1} + 2(n+1) + \frac{1}{2} = 5\left(a_n + 2n + \frac{1}{2}\right)$$

ここで，$\{b_n\} = \left\{a_n + 2n + \dfrac{1}{2}\right\}$ とおくと

$b_{n+1} = \boldsymbol{5}b_n \quad \cdots ⑥$

⑥から $\{b_n\}$ は，初項 $b_1 = \underset{-5}{a_1} + 2 \times 1 + \dfrac{1}{2} = -\dfrac{5}{2}$ (①より),

公比 $\boldsymbol{5}$ の等比数列である。よって

$$b_n = -\frac{5}{2} \cdot 5^{n-1}$$
$$= -\frac{5^n}{2} \quad \longleftarrow$$

つまり $a_n + 2n + \dfrac{1}{2} = -\dfrac{5^n}{2}$

$$\therefore \quad a_n = \boldsymbol{-\frac{5^n}{2} - 2n - \frac{1}{2}} \quad \cdots \text{(答)}$$

このあたりが欲張りどころだぞ!!

こっ，これも **問題14-2** と同じおき方！ 詳しくは **ナイスな導入** 参照！

$$\begin{cases} a_{n+1} = 5a_n + \boxed{8n}^{+0} \quad \cdots ② \\ a_{n+1} = 5a_n + \boxed{4\alpha n} \\ \phantom{a_{n+1} = 5a_n + {}} \underline{-\alpha + 4\beta}_{\ 0} \quad \cdots ③' \end{cases}$$

②で定数項がないから

④より $\alpha = 2$

これを⑤に代入して

$-\underset{\alpha}{2} + 4\beta = 0$

$4\beta = 2$

$\therefore \quad \beta = \dfrac{2}{4} = \dfrac{1}{2}$

$\underbrace{a_{n+1} + 2(n+1) + \dfrac{1}{2}}_{b_{n+1}} = 5\underbrace{\left(a_n + 2n + \dfrac{1}{2}\right)}_{b_n}$

$-\dfrac{5}{2} \cdot 5^{n-1}$
$= -\dfrac{5 \cdot 5^{n-1}}{2}$
$= -\dfrac{5^{1+n-1}}{2}$
$= -\dfrac{5^n}{2}$

Theme 14　よくありがちな漸化式【応用パターンA】

(3)　$a_1 = 3$　…①

　　$a_{n+1} = \mathbf{2}a_n + n^2 - n + 1$　…②

②が　$a_{n+1} + \alpha(n+1)^2 + \beta(n+1) + \gamma$
　　　　$= \mathbf{2}(a_n + \alpha n^2 + \beta n + \gamma)$　…③

（そろえる！）

と変形できたとする。

③より　$a_{n+1} = 2a_n + \alpha n^2 + (\beta - 2\alpha)n$
　　　　　　　　　$- \alpha - \beta + \gamma$　…③′

このとき，②と③′を比較して

$$\begin{cases} \alpha = 1 & \cdots ④ \\ \beta - 2\alpha = -1 & \cdots ⑤ \\ -\alpha - \beta + \gamma = 1 & \cdots ⑥ \end{cases}$$

④⑤⑥より　$\alpha = 1$, $\beta = 1$, $\gamma = 3$

これらを③に代入して

　　$a_{n+1} + (n+1)^2 + (n+1) + 3$
　　$= 2(a_n + n^2 + n + 3)$

ここで，$\{b_n\} = \{a_n + n^2 + n + 3\}$ とおくと，

　　$b_{n+1} = \mathbf{2}b_n$　…⑦

⑦から $\{b_n\}$ は，初項 $b_1 = a_1 + 1^2 + 1 + 3 = 8$
　　　　　　　　　　　　　　　　　　　3
　　　　　　　　　　　　　　　　（①より），

公比 **2** の等比数列である。よって

　　$b_n = 8 \cdot 2^{n-1}$
　　　　$= 2^3 \cdot 2^{n-1}$
　　　　$= 2^{n+2}$

つまり　$a_n + n^2 + n + 3 = 2^{n+2}$

$\therefore\ a_n = \mathbf{2^{n+2} - n^2 - n - 3}$ …（答）

---

②で
　$a_{n+1} = 2a_n + \mathbf{n^2 - n + 1}$
この部分が n の **2次式** より，
　$a_{n+1} + \alpha(n+1)^2 + \beta(n+1) + \gamma$
　　　$= 2(a_n + \alpha n^2 + \beta n + \gamma)$

2次式の $n+1$ 関係の式と n 関係の式を設定する！

$\begin{cases} a_{n+1} = 2a_n + 1n^2 - 1n \\ \quad\quad\quad + 1 & \cdots② \\ a_{n+1} = 2a_n + \alpha n^2 \\ \quad\quad\quad + (\beta - 2\alpha)n \\ \quad\quad\quad - \alpha - \beta + \gamma & \cdots③′ \end{cases}$

④を⑤に用いて
　$\beta - 2 \times 1 = -1$
　　　　　α
　　　　　　$\therefore\ \beta = 1$

これらを⑥に用いて
　$-1 - 1 + \gamma = 1$
　　$\alpha\ \ \beta$
　　　　　　$\therefore\ \gamma = 3$

$b_n = 8 \cdot 2^{n-1}$
　　$= 2^3 \cdot 2^{n-1}$
　　$= 2^{3+n-1}$
　　$= 2^{n+2}$

ザ・まとめ【応用パターンA】

　　$a_{n+1} = pa_n + f(n)$
　　　　　　　　　　n の式
　　　　　　↓変形
　　$a_{n+1} + g(n+1) = p\{a_n + g(n)\}$
　$n+1$ 関係の式で統一！　公比　n 関係の式で統一！

とにかく，
　　　　　　　公比
　$b_{n+1} = pb_n$
Theme 11 の タイプ2 の等比数列を表す漸化式の形にするのが目標！

Theme 15 よくありがちな漸化式【応用パターンB】

$a_{n+1} = pa_n + q \cdot r^n$ のタイプ ♥

$q \cdot r^{n-1}$ や $q \cdot r^{n+1}$ などの形もあるヨ ♥

ではでは，代表例を一発!!

この場合も $p \neq 1$ です！もしも，$p = 1$ だったら Theme 13 のタイプになります

問題 15-1　　　　　　　　　　　　　　　　　　　　　標準

次の漸化式で決定される数列の第 n 項 a_n を求めよ。

$$a_1 = 4, \qquad a_{n+1} = 6a_n + 2 \cdot 3^n$$

ナイスな導入!!

これは**覚えてしまう**べし!!

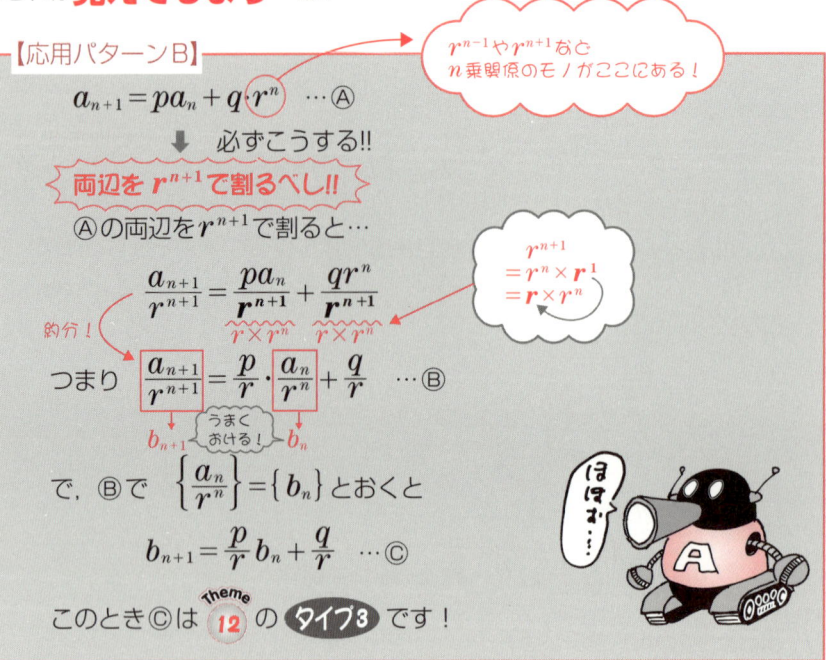

【応用パターンB】

$a_{n+1} = pa_n + q \cdot r^n$ …Ⓐ

r^{n-1} や r^{n+1} など n 乗関係のモノがここにある！

↓ 必ずこうする!!

両辺を r^{n+1} で割るべし!!

Ⓐの両辺を r^{n+1} で割ると…

$$\frac{a_{n+1}}{r^{n+1}} = \frac{pa_n}{r^{n+1}} + \frac{qr^n}{r^{n+1}}$$

$r^{n+1} = r^n \times r^1 = r \times r^n$

約分！

つまり　$\boxed{\dfrac{a_{n+1}}{r^{n+1}}} = \dfrac{p}{r} \cdot \boxed{\dfrac{a_n}{r^n}} + \dfrac{q}{r}$　…Ⓑ

b_{n+1}　うまくおける！　b_n

で，Ⓑで $\left\{\dfrac{a_n}{r^n}\right\} = \{b_n\}$ とおくと

$$b_{n+1} = \frac{p}{r} b_n + \frac{q}{r} \quad \text{…Ⓒ}$$

このときⒸは Theme 12 の **タイプ3** です！

では，本問を通して具体的にやってみましょう!!

$a_{n+1} = 6a_n + 2 \cdot 3^n$　…Ⓐ

3^n じゃないヨ！

Ⓐの両辺を 3^{n+1} で割ると！

Theme 15　よくありがちな漸化式【応用パターンB】

$$\frac{a_{n+1}}{3^{n+1}} = \frac{6a_n}{3^{n+1}} + \frac{2\cdot 3^n}{3^{n+1}}$$

$$\frac{a_{n+1}}{3^{n+1}} = \frac{6a_n}{3\times 3^n} + \frac{2\cdot 3^n}{3\times 3^n}$$

$3^{n+1} = 3^1 \times 3^n = 3\times 3^n$

約分で――す!!

$$\frac{\cancel{6}^2 \cdot a_n}{3\times 3^n} = 2\cdot \frac{a_n}{3^n}$$

$$\frac{2\cdot \cancel{3^n}}{3\times \cancel{3^n}} = \frac{2}{3}$$

$$\boxed{\frac{a_{n+1}}{3^{n+1}}} = 2\cdot \boxed{\frac{a_n}{3^n}} + \frac{2}{3} \quad \cdots ⑧$$

このとき⑧で $\left\{\dfrac{a_n}{3^n}\right\} = \{b_n\}$ とおくと,

当然 $b_{n+1} = \dfrac{a_{n+1}}{3^{n+1}}$ となります！

$$\boxed{b_{n+1}} = \underline{2}b_n + \frac{2}{3} \quad \cdots ⓒ$$

ここで, ⓒは Theme ⑫で猛特訓した タイプ3 となっております。
では復習も兼ねてやってみますか!?

ⓒが $b_{n+1} - k = \underline{2}(b_n - k) \quad \cdots ⓓ$　　詳しくは, Theme ⑫ 参照！

そろえる！　と変形できたとします。

ⓓを展開して $b_{n+1} = 2b_n - k \quad \cdots ⓓ'$

ⓒとⓓ'を比較して $-k = \dfrac{2}{3} \quad \therefore k = -\dfrac{2}{3}$

ⓒで $b_{n+1} = 2b_n + \boxed{\dfrac{2}{3}}$
ⓓ'で $b_{n+1} = 2b_n - k$　一致！

これをⓓに代入して

$$b_{n+1} - \underbrace{\left(-\frac{2}{3}\right)}_{k} = 2\left\{b_n - \underbrace{\left(-\frac{2}{3}\right)}_{k}\right\}$$

$$b_{n+1} + \frac{2}{3} = 2\left(b_n + \frac{2}{3}\right)$$

ここで, さらに $\left\{b_n + \dfrac{2}{3}\right\} = \{c_n\}$ とおくと

当然 $c_{n+1} = b_{n+1} + \dfrac{2}{3}$ となりますョ♥

$$c_{n+1} = \underline{2}c_n$$

これは Theme ⑪ の タイプ2 です!!
ぶっちゃけ, Theme ⑭ でもそうでしたが, 最終的にこのタイプになることが多いんです！

よって $\{c_n\}$ は, 初項 $c_1 = b_1 + \dfrac{2}{3} = \dfrac{a_1}{3} + \dfrac{2}{3}$

$= \dfrac{④}{3} + \dfrac{2}{3} = \dfrac{6}{3} = 2$, 公比 $\underline{2}$ の等比数列である。

$a_1 = 4$ でした！

$b_n = \dfrac{a_n}{3^n}$ でした！

$\therefore \ c_n = 2\cdot 2^{n-1} = 2^n \ \ _{1+n-1}$

等比数列の一般項の公式 $a\cdot r^{n-1}$

つまり $b_n + \dfrac{2}{3} = 2^n$

$c_n = b_n + \dfrac{2}{3}$ だったでしょ！

$\therefore \ b_n = 2^n - \dfrac{2}{3}$

よって $\dfrac{a_n}{3^n} = 2^n - \dfrac{2}{3}$ ← $b_n = \dfrac{a_n}{3^n}$ だったでしょ！

両辺を 3^n 倍して

$\dfrac{a_n}{3^n} \times 3^n = 2^n \times 3^n - \dfrac{2}{3} \times 3^n$ $\dfrac{2}{3} \times 3^n = 2 \times \dfrac{3^n}{3^1} = 2 \times 3^{n-1}$

$2^n \times 3^n = (2 \times 3)^n = 6^n$

$\therefore\ a_n = \boldsymbol{6^n - 2 \cdot 3^{n-1}}$ ← できあがり♥

解答でござる

$a_1 = 4$ …①
$a_{n+1} = 6a_n + 2 \cdot 3^n$ …②

②の両辺を 3^{n+1} で割ると

$\dfrac{a_{n+1}}{3^{n+1}} = \dfrac{6a_n}{3^{n+1}} + \dfrac{2 \cdot 3^n}{3^{n+1}}$

$\boxed{\dfrac{a_{n+1}}{3^{n+1}}} = 2 \cdot \boxed{\dfrac{a_n}{3^n}} + \dfrac{2}{3}$ …③

③で $\left\{\dfrac{a_n}{3^n}\right\} = \{b_n\}$ とおくと

$\boxed{b_{n+1}} = \boldsymbol{2}\boxed{b_n} + \dfrac{2}{3}$ …④
（そろえる！）

④が $b_{n+1} - k = \underline{\boldsymbol{2}}(b_n - k)$ …⑤

と変形できたとする。

⑤を展開して $b_{n+1} = 2b_n - k$ …⑤´

④と⑤´を比較して

$-k = \dfrac{2}{3}$ $\therefore\ k = -\dfrac{2}{3}$

これを⑤に代入して

$b_{n+1} - \left(-\dfrac{2}{3}\right) = 2\left\{b_n - \left(-\dfrac{2}{3}\right)\right\}$

$b_{n+1} + \dfrac{2}{3} = 2\left(b_n + \dfrac{2}{3}\right)$ …⑥

⑥で, $\left\{b_n + \dfrac{2}{3}\right\} = \{c_n\}$ とおくと

$c_{n+1} = \boldsymbol{2}c_n$
（公比）

$a_{n+1} = pa_n + q \cdot r^n$ の
タイプでは
両辺を r^{n+1} で割れ！
これ定石よ～ん♥
このあたりの詳しい途中計算は ナイスな導入 をよく読んでちょ！

こっ, これは超有名な
Theme 12 の タイプ3 です！

このおき方大丈夫？
Theme 12 をよく復習してネ♥

⑤より
$b_{n+1} - k = 2b_n - 2k$
$\therefore\ b_{n+1} = 2b_n - k$

$\begin{cases} b_{n+1} = 2b_n + \boxed{\dfrac{2}{3}} \ \cdots ④ \\ b_{n+1} = 2b_n \boxed{-k} \ \cdots ⑤´ \end{cases}$ 一致！

$b_{n+1} - \boldsymbol{k} = 2(b_n - \boldsymbol{k}) \cdots ⑤$
$k = -\dfrac{2}{3}$

Theme 11 の タイプ2 です！
等比数列を表してましたネ！

Theme 15 よくありがちな漸化式【応用パターンB】

よって，$\{c_n\}$ は，初項 $c_1 = b_1 + \dfrac{2}{3} = \dfrac{a_1}{3} + \dfrac{2}{3} =$ $\dfrac{4}{3} + \dfrac{2}{3} = \dfrac{6}{3} = 2$（①より），公比 **2** の等比数列となる。

$c_n = b_n + \dfrac{2}{3}$ より，$c_1 = b_1 + \dfrac{2}{3}$
さらに $b_n = \dfrac{a_n}{3^n}$ より，$b_1 = \dfrac{a_1}{3}$
で，①から $a_1 = 4$

$c_{n+1} = \mathbf{2} c_n$
　　　　公比

$\therefore\ \boxed{c_n} = 2 \times 2^{n-1} = 2^n$

等比数列の一般項の公式
$a \cdot r^{n-1}$
初項　公比

つまり，$\boxed{b_n + \dfrac{2}{3}} = 2^n$

$\therefore\ \boxed{b_n} = 2^n - \dfrac{2}{3}$

さらに $\boxed{\dfrac{a_n}{3^n}} = 2^n - \dfrac{2}{3}$

$c_n \to b_n \to a_n$
といった感じに，どんどんもどしていく！

両辺を 3^n 倍して

$a_n = 2^n \times 3^n - \dfrac{2}{3} \times 3^n$

ここで
$2^n \times 3^n = (2 \times 3)^n = 6^n$
$\dfrac{2}{3} \times 3^n = 2 \times \dfrac{3^n}{3^1} = 2 \times 3^{n-1}$

$\qquad\qquad = \mathbf{6^n - 2 \cdot 3^{n-1}}$ …（答）

$\dfrac{a^m}{a^n} = a^{m-n}$ でしょ？

まさかの別解

じつは… このタイプって，Theme **14** のような解き方もできます…。

$a_{n+1} = 6a_n + 2 \cdot 3^n$ …Ⓐ

Ⓐが

$a_{n+1} + \alpha \cdot 3^{n+1} = 6(a_n + \alpha \cdot 3^n)$ …Ⓑ

と変形できるとする。

ここに 3^n 関係のものがある！そこでⒷのおき方を考える！

Ⓑを展開して，

$a_{n+1} = 6a_n + 6\alpha \cdot 3^n - \alpha \cdot 3^{n+1}$

3×3^n

$a_{n+1} = 6a_n + 6\alpha \cdot 3^n - 3\alpha \cdot 3^n$

$\therefore\ a_{n+1} = 6a_n + 3\alpha \cdot 3^n$ …Ⓑ´

Ⓐとは Ⓑ´を比較して

3^n を A とおくと
$6\alpha \cdot 3^n - 3\alpha \cdot 3^n$
$= 6\alpha A - 3\alpha A$
$= 3\alpha A$
$= 3\alpha \cdot 3^n$

$3\alpha = 2\qquad \therefore\ \alpha = \dfrac{2}{3}$

Ⓐで $a_{n+1} = 6a_n + \boxed{2} \cdot 3^n$
Ⓑ´で $a_{n+1} = 6a_n + \boxed{3\alpha} \cdot 3^n$

これをⒷに代入して

一致！

いろんな解法があるもんだなぁ…

$$a_{n+1} + \frac{2}{3} \cdot 3^{n+1} = 6\left(a_n + \frac{2}{3} \cdot 3^n\right) \quad \cdots ⓒ$$

ⓒで $\left\{a_n + \frac{2}{3} \cdot 3^n\right\} = \{b_n\}$ とおくと

当然 $b_{n+1} = a_{n+1} + \frac{2}{3} \cdot 3^{n+1}$

$$b_{n+1} = 6b_n$$

またもやコレ… これは Theme ⑪ の タイプ2 等比数列のタイプです！

よって $\{b_n\}$ は，初項 $b_1 = a_1 + \frac{2}{3} \cdot 3^1 = 4 + 2 = 6$，公比 **6** の等比数列である。

$$\therefore \quad b_n = 6 \cdot 6^{n-1} = 6^n$$

等比数列の一般項の公式
$a \cdot r^{n-1}$
↑   ↑
初項 公比

もどす！

すなわち，$a_n + \frac{2}{3} \cdot 3^n = 6^n$

$$\therefore \quad a_n = 6^n - \frac{2}{3} \cdot 3^n = \mathbf{6^n - 2 \cdot 3^{n-1}} \quad \cdots (答)$$

なるほどねぇ

ホラできた♥

ほとんど同じなんだけど，ほんの少し違った物件がありますから，**TRY** あれ！

問題15-2 　　　　　　　　　　　　　　　　　　　標準

次の漸化式で決定される数列の第 n 項 a_n を求めよ。
$$a_1 = 9, \quad a_{n+1} = 3a_n + 9 \cdot 3^n$$

ナイスな導入!!

出発は 問題15-1 と同じ!!

まぁ，両辺を 3^{n+1} で **割りゃいい**んです!!

しかし，少し違うところが…　では，やってみましょう♥

$$a_{n+1} = 3a_n + 9 \cdot 3^n \quad \cdots Ⓐ$$

Ⓐの両辺を 3^{n+1} で割ると

$$\frac{a_{n+1}}{3^{n+1}} = \frac{3a_n}{3^{n+1}} + \frac{9 \cdot 3^n}{3^{n+1}}$$

$$\frac{a_{n+1}}{3^{n+1}} = \frac{3a_n}{3 \times 3^n} + \frac{\overset{3}{9} \cdot 3^n}{3 \times 3^n}$$

ここで 3ところがきれいに約分されてしまう！これがあとでドラマを生み出す！

約分です!!

$3^{n+1} = 3 \times 3^n$ と表せる！

$$\therefore \quad \frac{a_{n+1}}{3^{n+1}} = \frac{a_n}{3^n} + 3 \quad \cdots Ⓑ$$

b_{n+1} 　 b_n

割るんだぁー

Theme 15 よくありがちな漸化式【応用パターンB】　169

Ⓑで $\left\{\dfrac{a_n}{3^n}\right\}=\{b_n\}$ とおくと

$$b_{n+1}=b_n+3 \quad \cdots Ⓒ$$

あらら，Ⓒでスゴイことが起こってますネ！　**そーです．**
Ⓒは，これ以上変形する必要はありませんネ!!　だって…
Ⓒっつう奴は…

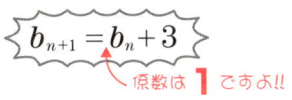

　　　　　$b_{n+1}=b_n+3$
　　　　　係数は **1** ですよ!!

ということは…!?

こっ，これは…　もう忘れちゃってるかも知れませんが，Theme **11** の
タイプ1 そう，**等差数列**のタイプの**超超超基本**の漸化式です！
もう一度イメージしてみましょう！

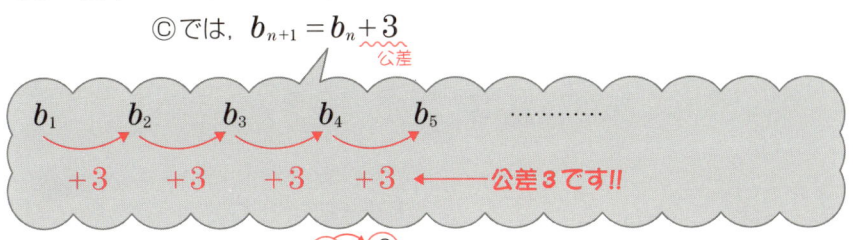

Ⓒでは，$b_{n+1}=b_n+3$
　　　　　　　　　　公差

$b_1 \xrightarrow{+3} b_2 \xrightarrow{+3} b_3 \xrightarrow{+3} b_4 \xrightarrow{+3} b_5 \cdots\cdots$　←公差3です!!

よって $\{b_n\}$ は，初項 $b_1=\dfrac{a_1}{3}=\dfrac{9}{3}=3$，　　$b_n=\dfrac{a_n}{3^n}$ よし

公差3の等差数列である。

$$\therefore \boxed{b_n}=3+(n-1)\times 3$$
　　　　もどす！　　　　　　　等差数列の一般項の公式
　　　　　　　$=3n$　　　　　　$\underset{\text{初項}}{a}+(n-1)\underset{\text{公差}}{d}$

すなわち $\boxed{\dfrac{a_n}{3^n}}=3n$

$$\therefore a_n=\underline{3n\times 3^n}=\boldsymbol{n\cdot 3^{n+1}}$$　←ホラできた！
　　　　　あわせる！
　　　　　$3^1\times 3^n=3^{n+1}$

解答でござる

$a_1=9 \quad \cdots ①$

$a_{n+1}=3a_n+9\cdot 3^n \quad \cdots ②$

②の両辺を 3^{n+1} で割ると

$$\dfrac{a_{n+1}}{3^{n+1}}=\dfrac{3a_n}{3^{n+1}}+\dfrac{9\cdot 3^n}{3^{n+1}}$$

$a_{n+1}=pa_n+q\cdot r^n$ のタイプでは
　両辺を r^{n+1} で割れ！
これ決まり!!

$$\frac{a_{n+1}}{3^{n+1}} = \frac{3a_n}{3 \times 3^n} + \frac{9 \cdot 3^n}{3 \times 3^n}$$

$3^{n+1} = 3 \times 3^n$

$$\frac{a_{n+1}}{3^{n+1}} = \frac{a_n}{3^n} + 3 \quad \cdots ③$$

$\begin{cases} \dfrac{3a_n}{3\times 3^n} = \dfrac{a_n}{3^n} \\ \dfrac{9\cdot 3^n}{3\times 3^n} = 3 \end{cases}$ 約分

③で $\left\{\dfrac{a_n}{3^n}\right\} = \{b_n\}$ とおくと

Theme 11 の タイプ1

等差数列を表します！

$$b_{n+1} = b_n + 3 \quad \cdots ④$$

④より $\{b_n\}$ は，初項 $b_1 = \dfrac{a_1}{3} = \dfrac{9}{3} = 3$（①より），

$b_n = \dfrac{a_n}{3^n}$ だったよネ♥

それで $n=1$ としました！

公差 **3** の等差数列である。

$$\therefore \boxed{b_n} = 3 + (n-1) \times 3 = 3n$$

等差数列の一般項の公式
$a + (n-1)d$
初項 3　公差 3

つまり $\boxed{\dfrac{a_n}{3^n}} = 3n$

$$\therefore a_n = 3n \cdot 3^n = \boldsymbol{n \cdot 3^{n+1}} \cdots \text{（答）}$$

$3n \cdot 3^n = n \times 3^1 \times 3^n$
あわせる！ $= n \cdot 3^{n+1}$

ナイスフォロー【応用パターンB】

$a_{n+1} = pa_n + q \cdot r^n$ のタイプでは

両辺を r^{n+1} で割ればOK！

しかし，今回の 問題15-2 のように

問題15-2 では，$a_{n+1} = 3a_n + 9 \cdot 3^n$

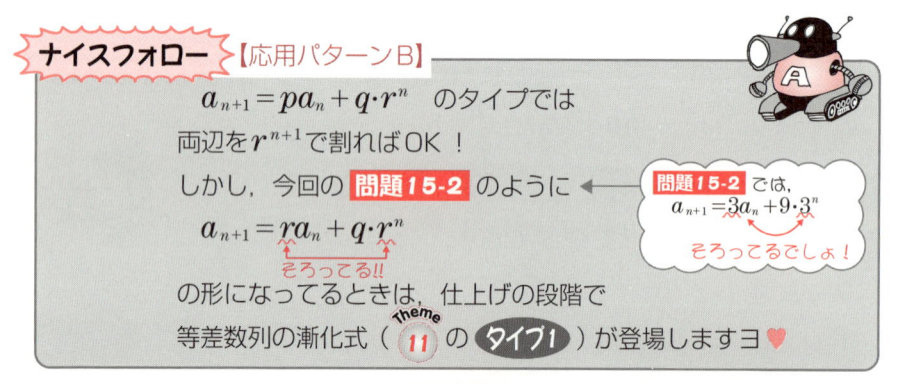

$$a_{n+1} = ra_n + q \cdot r^n$$

そろってる！！

そろってるでしょ！

の形になってるときは，仕上げの段階で

等差数列の漸化式（Theme 11 の タイプ1）が登場しますヨ♥

しかも！ このタイプでは，問題15-1 のように **まさかの別解** が

存在しましぇ──ん！　試しにやってみます？　ではでは……

$$a_{n+1} = 3a_n + 9 \cdot 3^n \quad \cdots Ⓐ$$

Ⓐが $a_{n+1} + \alpha \cdot 3^{n+1} = 3(a_n + \alpha \cdot 3^n) \quad \cdots Ⓑ$

問題15-1 の **まさかの別解** 参照！

と変形できたとする！

Ⓑを展開して $a_{n+1} = 3a_n + 3\alpha \cdot 3^n - \alpha \cdot 3^{n+1}$

3×3^n

$a_{n+1} = 3a_n + \underline{3\alpha \cdot 3^n - 3\alpha \cdot 3^n}$

$a_{n+1} = 3a_n \quad \cdots Ⓑ'$ 　きっ消える…！　これは悲劇だ…！

Ⓑ'がⒶと一致するなんて **不可能** でしょ？　だから **この解法はダメ！**

Theme 15 よくありがちな漸化式【応用パターンB】

ちょっくら，練習してみましょうか！　とりあえず比較的計算が楽なモノを…

問題 15-3　　　　　　　　　　　　　　　　　　　　　　標準

次の漸化式で決定される数列の第n項a_nを求めよ。
(1) $a_1 = 1$,　　　$a_{n+1} = 3a_n + 2^n$
(2) $a_1 = 2$,　　　$a_{n+1} = 3a_n + 3^{n-1}$

ナイスな導入!!　　まとめておこう！

【応用パターンB】
$$a_{n+1} = pa_n + q \cdot r^n$$

r^nじゃなくてr^{n+1}やr^{n-1}などの場合もあるヨ！

↓　ときたら…

両辺をr^{n+1}で割れ!!

(1) では，　$a_{n+1} = 3a_n + 2^n$　より両辺を2^{n+1}で割る！
(2) では，　$a_{n+1} = 3a_n + 3^{n-1}$　より両辺を3^{n+1}で割る！

解答でござる

(1)　$a_1 = 1$　…①
　　　$a_{n+1} = 3a_n + 2^n$　…②
②の両辺を2^{n+1}で割ると

$$\frac{a_{n+1}}{2^{n+1}} = \frac{3a_n}{2^{n+1}} + \frac{2^n}{2^{n+1}}$$

$$\frac{a_{n+1}}{2^{n+1}} = \frac{3a_n}{2 \times 2^n} + \frac{2^n}{2 \times 2^n}$$

$$\boxed{\frac{a_{n+1}}{2^{n+1}}} = \frac{3}{2} \cdot \boxed{\frac{a_n}{2^n}} + \frac{1}{2}　…③$$

③で$\left\{\dfrac{a_n}{2^n}\right\} = \{b_n\}$とおくと

$$\boxed{b_{n+1}} = \frac{3}{2}\boxed{b_n} + \frac{1}{2}　…④$$

④が　$b_{n+1} - k = \dfrac{3}{2}(b_n - k)$　…⑤
と変形できたとする。

$a_{n+1} = pa_n + q \cdot r^n$のタイプでは，とにかく両辺を$r^{n+1}$で割るべし！　これ決まりなり♥

$2^{n+1} = 2^1 \times 2^n = 2 \times 2^n$

$\begin{cases} \dfrac{3a_n}{2 \times 2^n} = \dfrac{3}{2} \cdot \dfrac{a_n}{2^n} \\ \dfrac{2^n}{2 \times 2^n} = \dfrac{1}{2} \end{cases}$

これはTheme12のタイプ3
最重要の型ですヨ！

この変形は，有名でっせ！
Theme12をよく復習！

⑤を展開して

$$b_{n+1} = \frac{3}{2}b_n - \frac{1}{2}k \quad \cdots \text{⑤}'$$

④と⑤´を比較して

$$-\frac{1}{2}k = \frac{1}{2} \quad \therefore \quad k = -1$$

これを⑤に代入して

$$b_{n+1} - (-1) = \frac{3}{2}\{b_n - (-1)\}$$

$$b_{n+1} + 1 = \frac{3}{2}(b_n + 1) \quad \cdots \text{⑥}$$

⑥で $\{b_n + 1\} = \{c_n\}$ とおくと

$$c_{n+1} = \frac{3}{2}c_n$$

よって $\{c_n\}$ は,

初項 $c_1 = b_1 + 1 = \dfrac{a_1}{2} + 1 = \dfrac{1}{2} + 1 = \dfrac{3}{2}$ (①より),

公比 $\dfrac{3}{2}$ の等比数列となる。

$$\therefore \quad c_n = \frac{3}{2} \cdot \left(\frac{3}{2}\right)^{n-1} = \left(\frac{3}{2}\right)^n$$

つまり $b_n + 1 = \left(\dfrac{3}{2}\right)^n$

$$\therefore \quad b_n = \left(\frac{3}{2}\right)^n - 1$$

すなわち $\dfrac{a_n}{2^n} = \dfrac{3^n}{2^n} - 1$

両辺を 2^n 倍して

$$a_n = 3^n - 2^n \quad \cdots \text{(答)}$$

---

⑤より

$$b_{n+1} - k = \frac{3}{2}b_n - \frac{3}{2}k$$

$$b_{n+1} = \frac{3}{2}b_n - \frac{3}{2}k + k$$

$$\therefore \quad b_{n+1} = \frac{3}{2}b_n - \frac{1}{2}k$$

$$\begin{cases} b_{n+1} = \dfrac{3}{2}b_n + \dfrac{1}{2} & \cdots \text{④} \\ b_{n+1} = \dfrac{3}{2}b_n - \dfrac{1}{2}k & \cdots \text{⑤}' \end{cases} \text{ 致!}$$

$$b_{n+1} - k = \frac{3}{2}(b_n - k) \cdots \text{⑤}$$
$k = -1$

Theme ⑪ の タイプ2 です！

等比数列を表す漸化式

$$\begin{cases} c_n = b_n + 1 \text{より} \\ c_1 = b_1 + 1 \\ \text{さらに} b_n = \dfrac{a_n}{2^n} \text{より} \\ b_1 = \dfrac{a_1}{2} \text{で, ①から} \\ a_1 = 1 \end{cases}$$

等比数列の一般項の公式

$a \cdot r^{n-1}$
初項 $\dfrac{3}{2}$　公比 $\dfrac{3}{2}$

$\left(\dfrac{3}{2}\right)^n = \dfrac{3^n}{2^n}$ です！

$$\dfrac{a_n}{2^n} = \dfrac{3^n}{2^n} - 1$$

$$\dfrac{a_n}{2^n} \times 2^n$$

$$= \dfrac{3^n}{2^n} \times 2^n - 1 \times 2^n$$

$$\therefore \quad a_n = 3^n - 2^n$$

Theme 15　よくありがちな漸化式【応用パターンB】

(2)　$a_1 = 2$　…①
　　$a_{n+1} = 3a_n + 3^{n-1}$　…②

②の両辺を 3^{n+1} で割ると

$$\frac{a_{n+1}}{3^{n+1}} = \frac{3a_n}{3^{n+1}} + \frac{3^{n-1}}{3^{n+1}}$$

$$\frac{a_{n+1}}{3^{n+1}} = \frac{3a_n}{3 \times 3^n} + \frac{1}{9}$$

$$\frac{a_{n+1}}{3^{n+1}} = \frac{a_n}{3^n} + \frac{1}{9} \quad \text{…③}$$

③で $\left\{\dfrac{a_n}{3^n}\right\} = \{b_n\}$ とおくと

$$b_{n+1} = b_n + \frac{1}{9} \quad \text{…④}$$

④より $\{b_n\}$ は，初項 $b_1 = \dfrac{a_1}{3} = \dfrac{2}{3}$（①より），

公差 $\dfrac{1}{9}$ の等差数列である。

$$\therefore \boxed{b_n} = \frac{2}{3} + (n-1) \times \frac{1}{9} = \frac{n+5}{9}$$

すなわち $\boxed{\dfrac{a_n}{3^n}} = \dfrac{n+5}{9}$

両辺を 3^n 倍して

$$a_n = \frac{n+5}{9} \times 3^n$$

$$= (n+5) \times \frac{3^n}{3^2}$$

$$= \underline{(n+5) \cdot 3^{n-2}} \quad \text{…（答）}$$

とにかく r^{n+1} で割れ!!

$\dfrac{3^{n-1}}{3^{n+1}} = \dfrac{1}{3^{n+1-(n-1)}} = \dfrac{1}{3^2} = \dfrac{1}{9}$

もしくは，

$\dfrac{3^{n-1}}{3^{n+1}} = 3^{(n-1)-(n+1)} = 3^{-2}$

$= \dfrac{1}{3^2} = \dfrac{1}{9}$

$\dfrac{a^m}{a^n} = a^{m-n}$ なもんで！

$\dfrac{3a_n}{3 \times 3^n} = \dfrac{a_n}{3^n}$

これは Theme 11 の タイプ1
等差数列のタイプでっせ♥

等差数列の一般項の公式

$\underbrace{a}_{\text{初項}\frac{2}{3}} + (n-1)\underbrace{d}_{\text{公差}\frac{1}{9}}$

$\dfrac{2}{3} + (n-1) \times \dfrac{1}{9}$

$= \dfrac{6}{9} + \dfrac{n-1}{9}$

$= \dfrac{n+5}{9}$

$\dfrac{n+5}{9} \times 3^n$　まとめる

$= (n+5) \times \dfrac{3^n}{9} \quad 3^2$

$= (n+5) \times \dfrac{3^n}{3^2}$

$= (n+5) \cdot 3^{n-2}$

よーし!! またまた練習の嵐だぁーっ!! ちょっと計算がエグイぞ!!

問題15-4 ちょいムズ

次の漸化式で決定される数列の第n項a_nを求めよ。
(1) $a_1 = 5$, $a_{n+1} = 8a_n + 5 \cdot 2^n$
(2) $a_1 = -10$, $a_{n+1} = 10a_n + 5^{n+2}$
(3) $a_1 = 6$, $a_n = 2a_{n-1} + 3 \cdot 2^{n+1}$

ナイスな導入!!

問題15-1 & 問題15-2 とかなり話がかぶるから簡単にいきまーす ♥♥

(1) では, $a_{n+1} = 8a_n + 5 \cdot 2^n$ より
両辺を2^{n+1}で割るべし!!

注目 必ず r^{n+1} で割るぜ!!

(2) では, $a_{n+1} = 10a_n + 5^{n+2}$ より
両辺を5^{n+1}で割るべし!!

(3) では, $a_n = 2a_{n-1} + 3 \cdot 2^{n+1}$ となっているから
気になる!

(1)(2)のようにr^{n+1}**で割る**作戦を用いたいから, 1つずらしましょう!

よって $a_{n+1} = 2a_n + 3 \cdot 2^{n+2}$
すべて1つずつ増やす!

で, 作りなおしたところで満を持して

$a_{n+1} = 2a_n + 3 \cdot 2^{n+2}$ より

両辺を2^{n+1}で割りまーす ♥

割るのかぁ…

解答でござる

(1) $a_1 = 5$ …①
  $a_{n+1} = 8a_n + 5 \cdot 2^n$ …②
  ②の両辺を2^{n+1}で割ると

  $\dfrac{a_{n+1}}{2^{n+1}} = \dfrac{8a_n}{2^{n+1}} + \dfrac{5 \cdot 2^n}{2^{n+1}}$

$a_{n+1} = pa_n + q \cdot r^n$のタイプでは
両辺をr^{n+1}で割るべし!
決まりでっせ ♥

Theme 15 よくありがちな漸化式【応用パターンB】   175

$$\frac{a_{n+1}}{2^{n+1}} = \frac{8a_n}{2 \times 2^n} + \frac{5 \cdot 2^n}{2 \times 2^n}$$ $2^{n+1} = 2^1 \times 2^n = 2 \times 2^n$

$$\begin{cases} \dfrac{8a_n}{2 \times 2^n} = 4 \cdot \dfrac{a_n}{2^n} \\ \dfrac{5 \cdot 2^n}{2 \times 2^n} = \dfrac{5}{2} \quad \text{約分} \end{cases}$$

$$\boxed{\frac{a_{n+1}}{2^{n+1}}} = 4 \cdot \boxed{\frac{a_n}{2^n}} + \frac{5}{2} \quad \cdots ③$$

③で $\left\{\dfrac{a_n}{2^n}\right\} = \{b_n\}$ とおくと

これは Theme 12 の タイプ3

$$\boxed{b_{n+1}} = \boxed{4}b_n + \frac{5}{2} \quad \cdots ④$$
そろえる！

この変形はもっともメジャー！
Theme 12 を復習しなさい!!

④が $b_{n+1} - k = \underline{\underline{4}}(b_n - k) \quad \cdots ⑤$

と変形できたとする。

⑤より
$b_{n+1} - k = 4b_n - 4k$
∴ $b_{n+1} = 4b_n - 3k$

⑤を展開して $b_{n+1} = 4b_n - 3k \quad \cdots ⑤'$

④と⑤'を比較して

$$-3k = \frac{5}{2} \quad \therefore \quad k = -\frac{5}{6}$$

$$\begin{cases} b_{n+1} = 4b_n + \boxed{\dfrac{5}{2}} \quad \cdots ④ \\ b_{n+1} = 4b_n \boxed{-3k} \quad \cdots ⑤' \end{cases}$$ 一致！

これを⑤に代入して

$$b_{n+1} - \left(-\frac{5}{6}\right) = 4\left\{b_n - \left(-\frac{5}{6}\right)\right\}$$

$b_{n+1} - \boldsymbol{k} = 4(b_n - \boldsymbol{k})$
$k = -\dfrac{5}{6} \quad \cdots ⑤$

$$b_{n+1} + \frac{5}{6} = 4\left(b_n + \frac{5}{6}\right) \quad \cdots ⑥$$

⑥で $\left\{b_n + \dfrac{5}{6}\right\} = \{c_n\}$ とおくと

$$c_{n+1} = \boldsymbol{4}c_n$$

Theme 11 の タイプ2 です!!
等比数列を表す漸化式だよ♥

よって $\{c_n\}$ は，初項 $c_1 = b_1 + \dfrac{5}{6} = \dfrac{a_1}{2} + \dfrac{5}{6} =$

$\dfrac{5}{2} + \dfrac{5}{6} = \dfrac{15+5}{6} = \dfrac{20}{6} = \dfrac{10}{3}$（①より），公比 $\boldsymbol{4}$

$\begin{cases} c_n = b_n + \dfrac{5}{6} \text{ より, } c_1 = b_1 + \dfrac{5}{6} \\ \text{さらに } b_n = \dfrac{a_n}{2^n} \text{ より, } b_1 = \dfrac{a_1}{2} \\ \text{で，①から } a_1 = 5 \end{cases}$

の等比数列となる。

$$\therefore \quad \boxed{c_n = \frac{10}{3} \cdot 4^{n-1}}$$

等比数列の一般項の公式
$a \cdot r^{n-1}$
初項 $\dfrac{10}{3}$　公比 4

つまり $\boxed{b_n + \dfrac{5}{6}} = \dfrac{10}{3} \cdot 4^{n-1}$

$$\therefore \boxed{b_n} = \frac{10}{3} \cdot 4^{n-1} - \frac{5}{6}$$

すなわち $\boxed{\dfrac{a_n}{2^n}} = \dfrac{10}{3} \cdot 4^{n-1} - \dfrac{5}{6}$

両辺を 2^n 倍して

$$a_n = \frac{10}{3} \cdot 4^{n-1} \times 2^n - \frac{5}{6} \times 2^n$$

$$= \frac{5 \times 2}{3} \times 2^{2n-2} \times 2^n - \frac{5}{3 \times 2} \times 2^n$$

$$= \frac{5}{3} \cdot 2^{3n-1} - \frac{5}{3} \cdot 2^{n-1} \cdots \text{(答)}$$

$\dfrac{10}{3} \cdot 4^{n-1} \times 2^n$
$= \dfrac{2 \times 5}{3} \times (2^2)^{n-1} \times 2^n$
$= \dfrac{5}{3} \times 2^1 \times 2^{2n-2} \times 2^n$
$= \dfrac{5}{3} \times 2^{3n-1}$ 〔$1+2n-2+n$ $=3n-1$〕

$\dfrac{5}{6} \times 2^n = \dfrac{5}{3 \times 2} \times 2^n$
$= \dfrac{5}{3} \times 2^{n-1}$ 〔$\dfrac{2^n}{2^1} = 2^{n-1}$〕

$\dfrac{5}{3}(2^{3n-1} - 2^{n-1})$
とくくってもよし！

♣ プロフィール
チューリーちゃん（6才）
妖精学校「花組」の福を招く少女妖精。
「虫組」ティンカーベルとは大の仲良し!! 妖精界に年齢は関係ないようだ…

Theme 15 よくありがちな漸化式【応用パターンB】

(2)　　$a_1 = -10$　…①

　　　$a_{n+1} = 10a_n + 5^{n+2}$　…②

②の両辺を 5^{n+1} で割ると

$$\frac{a_{n+1}}{5^{n+1}} = \frac{10a_n}{5^{n+1}} + \frac{5^{n+2}}{5^{n+1}}$$

$$\frac{a_{n+1}}{5^{n+1}} = \frac{10a_n}{5 \times 5^n} + 5$$

$$\boxed{\frac{a_{n+1}}{5^{n+1}}} = 2 \cdot \boxed{\frac{a_n}{5^n}} + 5\quad …③$$

③で　$\left\{\dfrac{a_n}{5^n}\right\} = \{b_n\}$ とおくと

$$\boxed{b_{n+1}} = 2\,\boxed{b_n} + 5\quad …④$$

④が　$b_{n+1} - k = 2(b_n - k)$　…⑤

と変形できたとする。

⑤を展開して　$b_{n+1} = 2b_n - k$　…⑤´

④と⑤´を比較して

　　$-k = 5$　∴　$k = -5$

これを⑤に代入して

　　$b_{n+1} - (-5) = 2\{b_n - (-5)\}$

　　　$b_{n+1} + 5 = 2(b_n + 5)$　…⑥

⑥で　$\{b_n + 5\} = \{c_n\}$ とおくと

　　　$c_{n+1} = 2c_n$

よって $\{c_n\}$ は，

初項 $c_1 = b_1 + 5 = \dfrac{a_1}{5} + 5 = \dfrac{-10}{5} + 5$

$= -2 + 5 = 3$（①より），公比 2 の等比数列となる。

　　　∴　$c_n = 3 \cdot 2^{n-1}$

つまり　$b_n + 5 = 3 \cdot 2^{n-1}$

---

②で
　　$a_{n+1} = 10a_n + 5^{n+2}$
$n+2$ 乗となっているが，それは別にして 5^{n+1} で割るべし!!
必ず！　r^{n+1} で割れ!!

$\dfrac{5^{n+2}}{5^{n+1}} = 5^{n+2-(n+1)} = 5^1 = 5$
（これは $\dfrac{a^m}{a^n} = a^{m-n}$ と同じこと！）

$\dfrac{\overset{2}{10}a_n}{5 \times 5^n} = 2 \cdot \dfrac{a_n}{5^n}$

何度も言うように，これは Theme 12 の タイプ3 です！

⑤より
　　$b_{n+1} - k = 2b_n - 2k$
　　∴　$b_{n+1} = 2b_n - k$

$\begin{cases} b_{n+1} = 2b_n \boxed{+5} & …④ \\ b_{n+1} = 2b_n \boxed{-k} & …⑤´ \end{cases}$ 一致！

$b_{n+1} - \boldsymbol{k} = 2(b_n - \boldsymbol{k})$
　　　$k = -5$

Theme 11 の タイプ2
等比数列を表します！

$c_n = b_n + 5$ より，$c_1 = b_1 + 5$
さらに $b_n = \dfrac{a_n}{5^n}$ より，$b_1 = \dfrac{a_1}{5}$
で，①から $a_1 = -10$

等比数列の一般項の公式
$a \cdot r^{n-1}$

$$\therefore \boxed{b_n} = 3 \cdot 2^{n-1} - 5$$

すなわち $\boxed{\dfrac{a_n}{5^n}} = 3 \cdot 2^{n-1} - 5$

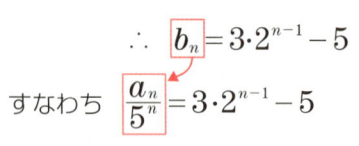

両辺を 5^n 倍して

$$a_n = 3 \cdot 2^{n-1} \times 5^n - 5 \times 5^n$$

$$= 3 \cdot \dfrac{1}{2} \cdot 2^n \times 5^n - 5^{n+1}$$

$$= \dfrac{3}{2} \cdot (2 \times 5)^n - 5^{n+1}$$

$$= \boldsymbol{\dfrac{3}{2} \cdot 10^n - 5^{n+1}} \cdots (答)$$

別に無理しなくても
$$(3 \cdot 2^{n-1} - 5) \cdot 5^n$$
として 5^n をくくり出して これを答えにしてもOK！

$$2^{n-1} = 2^n \times 2^{-1}$$
$$= 2^n \times \dfrac{1}{2}$$
$$= \dfrac{1}{2} \times 2^n$$

（$a^{-n} = \dfrac{1}{a^n}$ ですヨ！）

$2^n \times 5^n = (2 \times 5)^n = 10^n$

そろった意味がわかりました？

(3)　$a_1 = 6$ 　…①

$a_{n+1} = 2a_n + 3 \cdot 2^{n+2}$ 　…②

②の両辺を 2^{n+1} で割ると

$$\dfrac{a_{n+1}}{2^{n+1}} = \dfrac{2a_n}{2^{n+1}} + \dfrac{3 \cdot 2^{n+2}}{2^{n+1}}$$

$$\dfrac{a_{n+1}}{2^{n+1}} = \dfrac{2a_n}{2 \times 2^n} + 6$$

$$\boxed{\dfrac{a_{n+1}}{2^{n+1}}} = \boxed{\dfrac{a_n}{2^n}} + 6 \quad \cdots ③$$

③で $\left\{\dfrac{a_n}{2^n}\right\} = \{b_n\}$ とおくと

$\boxed{b_{n+1}} = \boxed{b_n} + 6$ 　…④

④より $\{b_n\}$ は，初項 $b_1 = \dfrac{a_1}{2} = \dfrac{6}{2} = 3$（①より），
公差6の等差数列である。

$$\therefore \boxed{b_n} = 3 + (n-1) \times 6 = 6n - 3$$

よって $\boxed{\dfrac{a_n}{2^n}} = 6n - 3$

両辺を 2^n 倍して

$$a_n = (6n - 3) \cdot 2^n = \boldsymbol{3(2n - 1) \cdot 2^n}$$
$\cdots$（答）

$a_n = 2a_{n-1} + 3 \cdot 2^{n+1}$

イヤ!!　1つずらす!!

$a_{n+1} = 2a_n + 3 \cdot 2^{n+2}$

ここも1つずれます!!

$$\dfrac{3 \cdot 2^{n+2}}{2^{n+1}}$$
$$= 3 \times \dfrac{2^{n+2}}{2^{n+1}}$$
$$= 3 \times 2^{n+2-(n+1)}$$
$$= 3 \times 2^1$$
$$= 6$$

（$\dfrac{a^m}{a^n} = a^{m-n}$）

これは Theme 11 の タイプ1
等差数列を表す漸化式

等差数列の一般項の公式
$\underline{a} + (n-1)\underline{d}$
初項3　　公差6

類題をいっぱい解くって大切なことだよ!!

Theme 16 よくありがちな漸化式【応用パターンC】

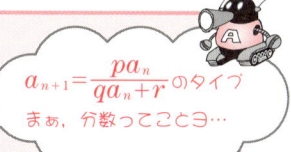

$a_{n+1} = \dfrac{pa_n}{qa_n+r}$ のタイプ
まぁ, 分数ってことョ…

では早速, 代表例をおひとつ…

問題 16-1 　　　　　　　　　　　　　　　　　　　　　　　　　標準

次の漸化式で決定される数列の第 n 項 a_n を求めよ.

$$a_1 = 1, \quad a_{n+1} = \dfrac{a_n}{4-6a_n}$$

ナイスな導入!!

まぁ, ぶっちゃけ, この【応用パターンC】は, 逆数をとりゃあいいってこと！
じゃあ, やってみまっせ♥

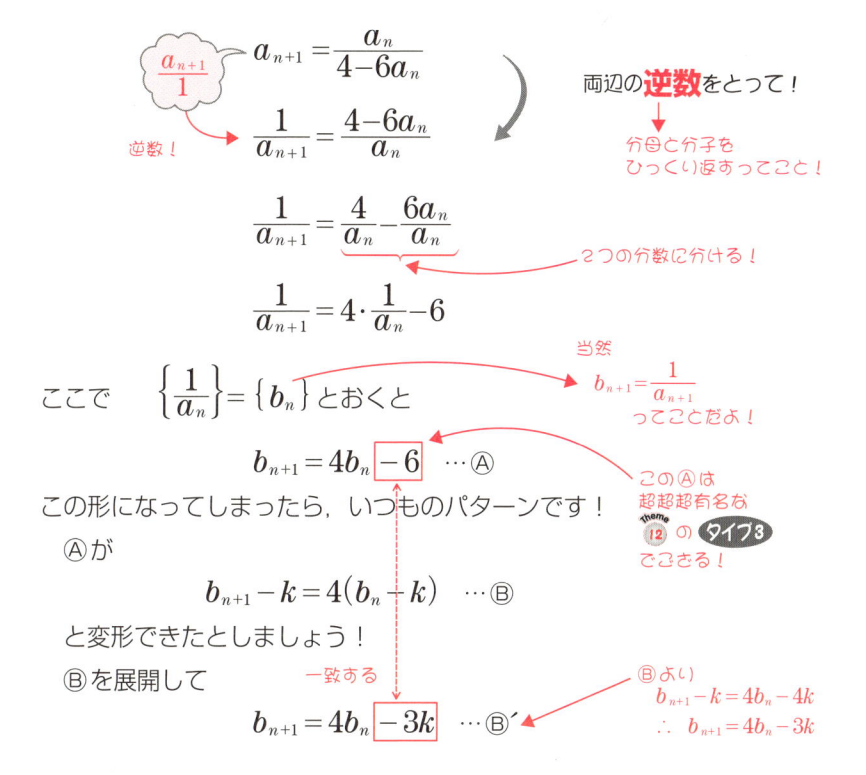

$\dfrac{a_{n+1}}{1}$　逆数!

$$a_{n+1} = \dfrac{a_n}{4-6a_n}$$

$$\dfrac{1}{a_{n+1}} = \dfrac{4-6a_n}{a_n}$$

両辺の**逆数**をとって！
分母と分子を
ひっくり返すってこと！

$$\dfrac{1}{a_{n+1}} = \dfrac{4}{a_n} - \dfrac{6a_n}{a_n}$$

2つの分数に分ける！

$$\dfrac{1}{a_{n+1}} = 4 \cdot \dfrac{1}{a_n} - 6$$

ここで $\left\{\dfrac{1}{a_n}\right\} = \{b_n\}$ とおくと

当然 $b_{n+1} = \dfrac{1}{a_{n+1}}$ ってことだよ！

$$b_{n+1} = 4b_n \boxed{-6} \quad \cdots \text{Ⓐ}$$

この形になってしまったら, いつものパターンです！

この Ⓐ は 超超超有名な Theme 12 の タイプ3 でござる！

Ⓐが

$$b_{n+1} - k = 4(b_n - k) \quad \cdots \text{Ⓑ}$$

と変形できたとしましょう！

Ⓑを展開して

一致する

$$b_{n+1} = 4b_n \boxed{-3k} \quad \cdots \text{Ⓑ}'$$

Ⓑ より
$b_{n+1} - k = 4b_n - 4k$
∴ $b_{n+1} = 4b_n - 3k$

Ⓐと Ⓑ′ を比較して，
$$-3k = -6 \quad \therefore \quad k = 2$$

（Ⓑで $b_{n+1} - k = 4(b_n - k)$，$k=2$）

これを Ⓑ に代入して
$$b_{n+1} - 2 = 4(b_n - 2) \quad \cdots Ⓒ$$

Ⓒで，$\{b_n - 2\} = \{c_n\}$ とおくと
$$c_{n+1} = 4c_n$$

（これは何度もいうように Theme 11 の タイプ2 等比数列のタイプっす！）

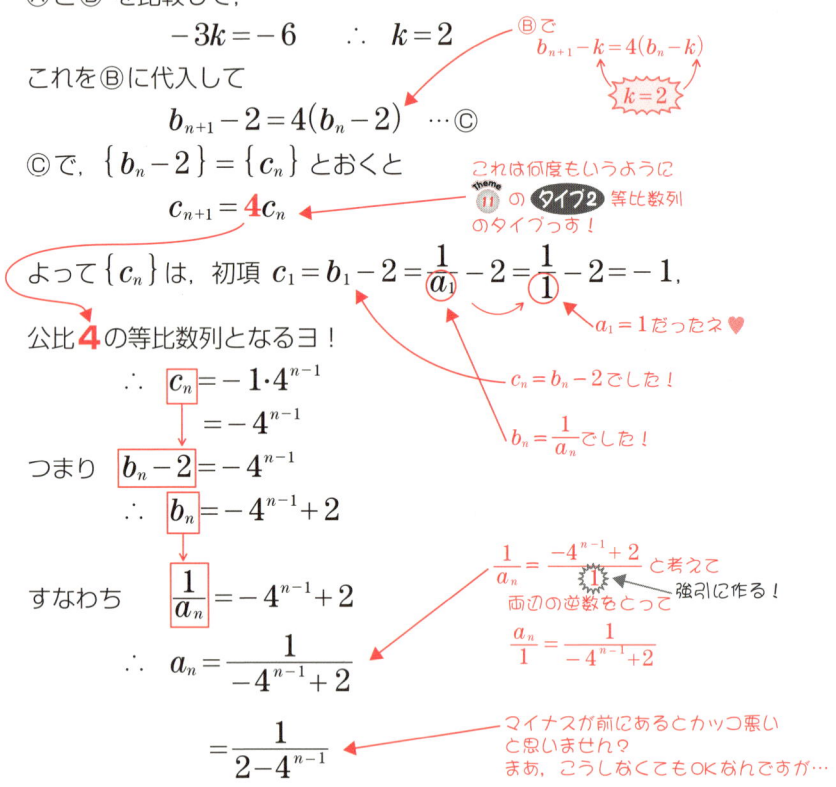

よって $\{c_n\}$ は，初項 $c_1 = b_1 - 2 = \dfrac{1}{a_1} - 2 = \dfrac{1}{1} - 2 = -1$，

（$a_1 = 1$ だったネ♥）

公比 **4** の等比数列となるヨ！
$$\therefore \quad c_n = -1 \cdot 4^{n-1}$$
$$= -4^{n-1}$$

（$c_n = b_n - 2$ でした！　$b_n = \dfrac{1}{a_n}$ でした！）

つまり $\boxed{b_n - 2} = -4^{n-1}$
$$\therefore \quad \boxed{b_n} = -4^{n-1} + 2$$

すなわち $\boxed{\dfrac{1}{a_n}} = -4^{n-1} + 2$

$$\therefore \quad a_n = \dfrac{1}{-4^{n-1} + 2}$$

（$\dfrac{1}{a_n} = \dfrac{-4^{n-1}+2}{1}$ と考えて両辺の逆数をとって　強引に作る！　$\dfrac{a_n}{1} = \dfrac{1}{-4^{n-1}+2}$）

$$= \dfrac{1}{2 - 4^{n-1}}$$

（マイナスが前にあるとカッコ悪いと思いません？　まあ，こうしなくても OK なんですが…）

解答でござる

$$a_1 = 1 \quad \cdots ①$$

$$a_{n+1} = \dfrac{a_n}{4 - 6a_n} \quad \cdots ②$$

②で $a_{n+1} = 0$ とすると，$a_n = 0$ となってしまい $a_1 = 1 \neq 0$ であることに反する。よって，$a_n \neq 0$

②で両辺の逆数をとって
$$\dfrac{1}{a_{n+1}} = \dfrac{4 - 6a_n}{a_n}$$

（$a_{n+1} \neq 0$ も明らかだ！　ぶちゃけ 1 も 0 にならないってこと!!）

（②の両辺を逆数にするとき，a_n，a_{n+1} が分母にきてしまう！　だから，こいつらが 0 となると困るんだ…。厳密に言うと，これは断っておいたほうがいいね！　詳しく言うと
②で $a_{n+1} = 0$ だったとします。すると
$0 = \dfrac{a_n}{4-6a_n}$　分母をはらって
$0 \times (4 - 6a_n) = a_n$
$\therefore a_n = 0$
となるでしょ？　ってことは，a_{n+1}（第 $n+1$ 項）が 0 となるためには，その 1 つ前の項（第 n 項）が 0 でなければならない！　てなワケでどんどん前の項がことごとく 0 となっていきます！　つまり次々に 0 となってしまう！　だから全部 0 ってことです。じゃあ a_1 だけ！ってのはおかしいでしょ？）

$$\frac{1}{a_{n+1}} = \frac{4}{a_n} - \frac{6a_n}{a_n}$$

右辺をバラバラにする！

$$\boxed{\frac{1}{a_{n+1}}} = 4 \cdot \boxed{\frac{1}{a_n}} - 6$$

ここで，$\left\{\dfrac{1}{a_n}\right\} = \{b_n\}$ とおくと

$$\boxed{b_{n+1}} = 4\boxed{b_n} - 6 \quad \cdots ③$$

これは Theme 12 で散々やりました！
何かと登場する有名人です♥

③が

$$b_{n+1} - k = 4(b_n - k) \quad \cdots ④$$

と変形できたとする。
④を展開して

$$b_{n+1} = 4b_n - 3k \quad \cdots ④'$$

③と④´を比較して

$$-3k = -6 \quad \therefore \quad k = 2$$

$$\begin{cases} b_{n+1} = 4b_n \boxed{-6} & \cdots ③ \\ b_{n+1} = 4b_n \boxed{-3k} & \cdots ④' \end{cases}$$
一致する！

これを④に代入して

$$b_{n+1} - 2 = 4(b_n - 2)$$

④で
$$b_{n+1} - \boldsymbol{k} = 4(b_n - \boldsymbol{k})$$
$k = 2$

$\{b_n - 2\} = \{c_n\}$ とおくと

$$c_{n+1} = 4c_n$$

よって $\{c_n\}$ は，初項 $c_1 = b_1 - 2 = \dfrac{1}{a_1} - 2$

$= \dfrac{1}{1} - 2 = -1$（①より），公比 4 の等比数列となる。

Theme 11 の タイプ2
等比数列を表す漸化式

$c_n = b_n - 2$ より，$c_1 = b_1 - 2$
さらに $b_n = \dfrac{1}{a_n}$ より，$b_1 = \dfrac{1}{a_1}$
また，①より $a_1 = 1$ でしたネ！

$$\therefore \boxed{c_n} = -1 \cdot 4^{n-1} = -4^{n-1}$$

つまり $\boxed{b_n - 2} = -4^{n-1}$

$$\therefore \boxed{b_n} = -4^{n-1} + 2$$

すなわち $\boxed{\dfrac{1}{a_n}} = -4^{n-1} + 2$

$$\therefore \quad a_n = \frac{1}{2 - 4^{n-1}} \quad \cdots \text{(答)}$$

$4^{n-1} = (2^2)^{n-1}$
$= 2^{2(n-1)} = 2^{2n-2}$

となるもんで

$$a_n = \frac{1}{2 - 4^{n-1}}$$
$$= \frac{1}{2 - 2^{2n-2}}$$

としてもOK♥

よっしゃあ!! このタイプも練習しまくりだぜ ♥

問題16-2 【標準】

次の漸化式で決定される数列の第n項a_nを求めよ。

(1) $a_1 = \dfrac{1}{3}$,　　$a_{n+1} = \dfrac{a_n}{2-5a_n}$

(2) $a_1 = 1$,　　$a_n = \dfrac{a_{n-1}}{2a_{n-1}+3}$

ナイスな導入!! 【応用パターンＣ】

$a_{n+1} = \dfrac{pa_n}{qa_n+r}$　のタイプでは

逆数をとって, $\left\{\dfrac{1}{a_n}\right\} = \{b_n\}$ とおくべし!!

（覚えれば いいね）

解答でござる

(1)　$a_1 = \dfrac{1}{3}$　…①

　　　$a_{n+1} = \dfrac{a_n}{2-5a_n}$　…②

②で$a_{n+1}=0$とすると, $a_n=0$となってしまい

$a_1 = \dfrac{1}{3} \neq 0$ であることに反する。よって, $a_n \neq 0$

②で両辺の逆数をとって

　$\dfrac{1}{a_{n+1}} = \dfrac{2-5a_n}{a_n}$

　$\dfrac{1}{a_{n+1}} = \dfrac{2}{a_n} - \dfrac{5a_n}{a_n}$

　$\boxed{\dfrac{1}{a_{n+1}}} = 2 \cdot \boxed{\dfrac{1}{a_n}} - 5$

ここで, $\left\{\dfrac{1}{a_n}\right\} = \{b_n\}$ とおくと

　$\boxed{b_{n+1}} = 2\boxed{b_n} - 5$　…③

（$a_{n+1} \neq 0$ も 言ったことになる！）

この記述をカットしてある参考書をよく見かけますが, 厳密に言うとマズイっすねぇ…。ちゃんと**分母≠0**を語っておかなきゃネ ♥

$a_{n+1} \neq 0$ とか $a_n \neq 0$

右辺の分数を2つに分ける！

$\dfrac{2}{a_n} - \dfrac{5a_n}{a_n}$

$= 2 \cdot \dfrac{1}{a_n} - 5$

Theme 12 の **タイプ3**

の超有名な漸化式ですョ！

Theme 16 よくありがちな漸化式【応用パターン C】

③が
$$b_{n+1} - k = 2(b_n - k) \quad \cdots ④$$
と変形できたとする。
④を展開して $b_{n+1} = 2b_n - k \quad \cdots ④'$
③と④′を比較して
$$-k = -5 \quad \therefore \quad k = 5$$
これを④に代入して
$$b_{n+1} - 5 = 2(b_n - 5)$$
$\{b_n - 5\} = \{c_n\}$ とおくと
$$c_{n+1} = 2c_n$$
よって $\{c_n\}$ は,
初項 $c_1 = b_1 - 5 = \dfrac{1}{a_1} - 5 = \dfrac{1}{\frac{1}{3}} - 5 = 3 - 5$
$= -2$ (①より), 公比 2 の等比数列となる。
$$\therefore \quad \boxed{c_n} = -2 \cdot 2^{n-1} = -2^n$$
つまり $\boxed{b_n - 5} = -2^n$
$$\therefore \quad \boxed{b_n} = 5 - 2^n$$
すなわち $\boxed{\dfrac{1}{a_n}} = 5 - 2^n$
$$\therefore \quad a_n = \dfrac{1}{5 - 2^n} \quad \cdots \text{(答)}$$

④より
$b_{n+1} - k = 2b_n - 2k$
$\therefore \quad b_{n+1} = 2b_n - k$

$\begin{cases} b_{n+1} = 2b_n \boxed{-5} \quad \cdots ③ \\ b_{n+1} = 2b_n \boxed{-k} \quad \cdots ④' \end{cases}$ 一致する！

④で
$b_{n+1} - \boldsymbol{k} = 2(b_n - \boldsymbol{k})$
$k = 5$

$c_n = b_n - 5$ より, $c_1 = b_1 - 5$
さらに $b_1 = \dfrac{1}{a_1}$ より, $b_n = \dfrac{1}{a_n}$
また①より, $a_1 = \dfrac{1}{3}$ でしたネ！

$\dfrac{1}{\frac{1}{3}} \times 3 = \dfrac{3}{1} = 3$

等比数列の一般項の公式
$a \cdot r^{n-1}$

$\dfrac{1}{a_n} = \dfrac{5 - 2^n}{1}$
$a_n = \dfrac{1}{5 - 2^n}$
逆数にする！

(2) $a_1 = 1 \quad \cdots ①$
$$a_n = \dfrac{a_{n-1}}{2a_{n-1} + 3} \quad \text{より}$$
$$a_{n+1} = \dfrac{a_n}{2a_n + 3} \quad \cdots ②$$
②で $a_{n+1} = 0$ とすると, $a_n = 0$ となってしまい
$a_1 = 1 \neq 0$ であることに反する。よって, $a_n \neq 0$
②で両辺の逆数をとって

a_n と a_{n-1} の関係式は, イヤな感じ…。もちろん, このままでも解けますが, 1つずらして, a_{n+1} と a_n の式になおしておこう！
コレオススメ♥
$a_{n+1} \neq 0$ も言ったことになる！

$$\frac{1}{a_{n+1}} = \frac{2a_n + 3}{a_n}$$

$$\frac{1}{a_{n+1}} = \frac{2a_n}{a_n} + \frac{3}{a_n}$$ ← 右辺の分散を2つに分ける！

$$\boxed{\frac{1}{a_{n+1}}} = 3 \cdot \boxed{\frac{1}{a_n}} + 2$$ ←

$\dfrac{3}{a_n} + \dfrac{2a_n}{a_n}$

$= 3 \cdot \dfrac{1}{a_n} + 2$

ここで，$\left\{\dfrac{1}{a_n}\right\} = \{b_n\}$ とおくと

$$\boxed{b_{n+1}} = 3\boxed{b_n} + 2 \quad \cdots ③$$

Theme 12 の **タイプ3** の型

③が

$$b_{n+1} - k = 3(b_n - k) \quad \cdots ④$$

と変形できたとする。

④を展開して

$$b_{n+1} = 3b_n - 2k \quad \cdots ④'$$

④より
$b_{n+1} - k = 3b_n - 3k$
∴ $b_{n+1} = 3b_n - 2k$

③と④'を比較して

$$-2k = 2 \quad \therefore \quad k = -1$$

$\begin{cases} b_{n+1} = 3b_n \boxed{+2} & \cdots ③ \\ b_{n+1} = 3b_n \boxed{-2k} & \cdots ④' \end{cases}$ 一致する！

これを④に代入して

$$b_{n+1} - (-1) = 3\{b_n - (-1)\}$$

$$b_{n+1} + 1 = 3(b_n + 1)$$

④で
$b_{n+1} - \mathbf{k} = 3(b_n - \mathbf{k})$
$k = -1$

$\{b_n + 1\} = \{c_n\}$ とおくと

$$c_{n+1} = 3c_n$$

よって $\{c_n\}$ は，初項 $c_1 = b_1 + 1 = \dfrac{1}{a_1} + 1$

$= \dfrac{1}{1} + 1 = 2$ （①より），公比 **3** の等比数列となる。

$c_n = b_n + 1$ より，$c_1 = b_1 + 1$
さらに $b_n = \dfrac{1}{a_n}$ より，$b_1 = \dfrac{1}{a_1}$
また①より，$a_1 = 1$ でしたネ！

$$\therefore \quad \boxed{c_n} = 2 \cdot 3^{n-1}$$

つまり $\boxed{b_n + 1} = 2 \cdot 3^{n-1}$

$\therefore \quad \boxed{b_n} = 2 \cdot 3^{n-1} - 1$

等比数列の一般項の公式
$a \cdot r^{n-1}$

すなわち $\boxed{\dfrac{1}{a_n}} = 2 \cdot 3^{n-1} - 1$

$\dfrac{1}{a_n} = \dfrac{2 \cdot 3^{n-1} - 1}{1}$

$a_n = \dfrac{1}{2 \cdot 3^{n-1} - 1}$

逆数をとる！

$$\therefore \quad a_n = \frac{1}{2 \cdot 3^{n-1} - 1} \quad \cdots \text{(答)}$$

Theme 16　よくありがちな漸化式【応用パターンC】　185

で．こんなんもあるヨ♥

【応用パターンC】→ 問題16-1 & 問題16-2 と似てるんだけど，まったく違ったタイプがあります。このタイプは

$a_{n+1}=\dfrac{pa_n}{qa_n+r}$ じゃなくて　$a_{n+1}=\dfrac{pa_n+s}{qa_n+r}$ ←これ!!

【応用パターンC】　　　　　　　　　　となってしまってるヤツです！

でも安心して!!　必ず**ヒント**が…設問中にセットされてるからネ♥

じゃあ，とりあえず1問紹介しましょう！

問題16-3　　　　　　　　　　　　　　　　　　　　　　ちょいムズ

$a_1=1$,　$a_{n+1}=\dfrac{a_n-1}{a_n+3}$　で定義されている数列$\{a_n\}$について

(1) $b_n=\dfrac{1}{a_n+1}$ とおくとき，b_{n+1}とb_nの関係式を求めよ。

(2) 一般項a_nを求めよ。

ナイスな導入!!

ホレホレ！(1)を見なしゃ——い！　スゴイ**ヒント**だ!!
ではでは，やってまいりましょう♥

$$a_{n+1}=\dfrac{a_n-1}{a_n+3}\quad\cdots(*)$$

この記号は**アスタリスク**といいます♥

(1)で $b_n=\dfrac{1}{a_n+1}$ とおくっつうことは，同時に $b_{n+1}=\dfrac{1}{a_{n+1}+1}$ っつうことだ！

$b_n(a_n+1)=1$　←分母をはらう！→　$b_{n+1}(a_{n+1}+1)=1$

$a_n+1=\dfrac{1}{b_n}$　←b_n，b_{n+1}で両辺を割る！→　$a_{n+1}+1=\dfrac{1}{b_{n+1}}$

∴ $a_n=\dfrac{1}{b_n}-1$　　　　　　　　　　∴ $a_{n+1}=\dfrac{1}{b_{n+1}}-1$

こいつらを（*）にぶち込みます!!　すると…

$$\underset{a_{n+1}}{\dfrac{1}{b_{n+1}}-1}=\dfrac{\overset{a_n}{\dfrac{1}{b_n}-1}-1}{\underset{a_n}{\dfrac{1}{b_n}-1}+3}$$

←b_{n+1}とb_nの式に変身だぁ——っ！

$$\frac{1}{b_{n+1}} - 1 = \frac{\frac{1}{b_n} - 2}{\frac{1}{b_n} + 2}$$ ← 分母と分子ともに $\times b_n$

$$\frac{1}{b_{n+1}} - 1 = \frac{1 - 2b_n}{1 + 2b_n}$$

どんどん簡単になって…

$$\frac{1}{b_{n+1}} = \frac{1 - 2b_n}{1 + 2b_n} + 1$$ ← 1を移項しました！

$$\frac{1}{b_{n+1}} = \frac{1 - 2b_n + 1 + 2b_n}{1 + 2b_n}$$ ← 通分です！ $1 = \frac{1+2b_n}{1+2b_n}$ より

分母と分子をひっくり返す！

$$\frac{1}{b_{n+1}} = \frac{2}{2b_n + 1}$$

両辺の逆数をとって… 分母と分子をひっくり返す！

$$\frac{b_{n+1}}{1} = \frac{2b_n + 1}{2}$$

$$b_{n+1} = \frac{2b_n}{2} + \frac{1}{2}$$ ← 右辺を2つに分ける！

$$\therefore\ b_{n+1} = b_n + \underbrace{\frac{1}{2}}_{公差}$$

これは，Theme 11 の タイプ1 等差数列を表す漸化式

あとは，もう大丈夫ですネ ♥ **ヒントをうまく活用**すりゃあ楽勝！

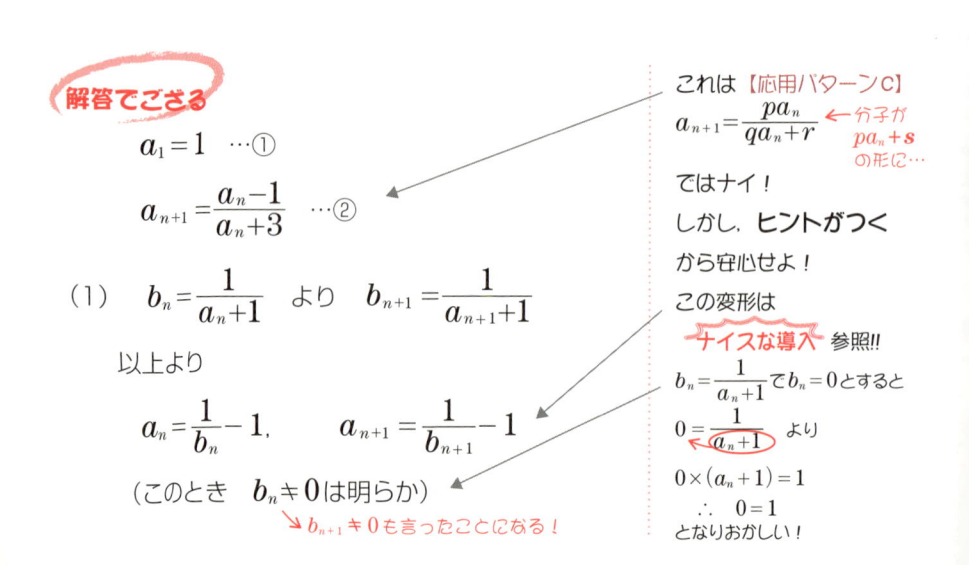

解答でござる

$a_1 = 1$ …①

$a_{n+1} = \dfrac{a_n - 1}{a_n + 3}$ …②

(1) $b_n = \dfrac{1}{a_n + 1}$ より $b_{n+1} = \dfrac{1}{a_{n+1} + 1}$

以上より

$a_n = \dfrac{1}{b_n} - 1,\quad a_{n+1} = \dfrac{1}{b_{n+1}} - 1$

（このとき $b_n \neq 0$ は明らか）

↳ $b_{n+1} \neq 0$ も言ったことになる！

これは【応用パターンC】
$a_{n+1} = \dfrac{pa_n}{qa_n + r}$ ← 分子が $pa_n + s$ の形に…

ではナイ！

しかし，**ヒントがつく**から安心せよ！

この変形は ナイスな導入 参照!!

$b_n = \dfrac{1}{a_n + 1}$ で $b_n = 0$ とすると

$0 = \dfrac{1}{\boxed{a_n + 1}}$ より

$0 \times (a_n + 1) = 1$

$\therefore\ 0 = 1$

となりおかしい！

これらを②に代入して

$$\underbrace{\frac{1}{b_{n+1}}}_{a_{n+1}} - 1 = \frac{\overbrace{\frac{1}{b_n}-1}^{a_n}-1}{\underbrace{\frac{1}{b_n}-1}_{a_n}+3}$$

$a_{n+1} = \dfrac{1}{b_{n+1}} - 1$

$a_n = \dfrac{1}{b_n} - 1$

$a_{n+1} = \dfrac{a_n - 1}{a_n + 3}$ …②

この変形も**ナイスな導入**をよく見てネ ♥

整理して

$$\frac{1}{b_{n+1}} = \frac{2}{2b_n+1}$$

両辺の逆数をとって

$$b_{n+1} = \frac{2b_n+1}{2}$$

右辺 $= \dfrac{2b_n}{2} + \dfrac{1}{2}$
$= b_n + \dfrac{1}{2}$

$$\therefore\ \boldsymbol{b_{n+1} = b_n + \frac{1}{2}} \quad \cdots\text{(答)}$$

これは Theme 11 の **タイプ1** 等差数列を表す漸化式

(2) (1) から

$\{b_n\}$ は，初項 $b_1 = \dfrac{1}{a_1+1} = \dfrac{1}{(1)+1} = \dfrac{1}{2}$（①より），

公差 $\dfrac{1}{2}$ の等差数列である。

$b_n = \dfrac{1}{a_n+1}$ より，$b_1 = \dfrac{1}{a_1+1}$
さらに①より，$a_1 = 1$ です！

公差

$b_{n+1} = b_n + \dfrac{1}{2}$

$$\therefore\ \boxed{b_n} = \frac{1}{2} + (n-1) \times \frac{1}{2} = \frac{n}{2}$$

つまり $\boxed{\dfrac{1}{a_n+1}} = \dfrac{n}{2}$

等差数列の一般項の公式
$a + (n-1)d$
初項 $\dfrac{1}{2}$　公差 $\dfrac{1}{2}$

両辺の逆数をとって

$$a_n + 1 = \frac{2}{n}$$

$\dfrac{a_n+1}{1} = \dfrac{2}{n}$

$$\therefore\ a_n = \boldsymbol{\frac{2}{n} - 1} \cdots\text{(答)}$$

通分して
$\dfrac{2}{n} - \dfrac{n}{n}$
$= \dfrac{2-n}{n}$
などとしてもOK！

て，なワケで…

もう1つやっとこうぜ！

問題 16-4　ちょいムズ

$a_1 = 1$,　$a_{n+1} = \dfrac{5a_n + 3}{a_n + 3}$　で定義される数列 $\{a_n\}$ について

(1) $b_n = \dfrac{a_n - 3}{a_n + 1}$　とおくとき，b_{n+1} と b_n の関係式を求めよ。

(2) 一般項 a_n を求めよ。

ナイスな導入!!

こっ，これも (1) が**夢のヒント**に……

(1) で　$b_n = \dfrac{a_n - 3}{a_n + 1}$　より右辺の分母をはらって

$$(a_n + 1) b_n = a_n - 3$$
$$a_n b_n + b_n = a_n - 3$$
$$a_n b_n - a_n = -b_n - 3$$
$$(b_n - 1) a_n = -b_n - 3$$
$$\therefore\ a_n = \dfrac{-b_n - 3}{b_n - 1}$$

とにかく $a_n = \cdots\cdots$ の形にしたいのであーる！

$b_n = \cdots$　↓変形　$a_n = \cdots$　にして，もとの漸化式に代入すればよし！

ここで $b_n \neq 1$ は明らか
なぜかと言うと
$b_n = \dfrac{a_n - 3}{a_n + 1}$ で $b_n = 1$ とすると
$1 = \dfrac{a_n - 3}{a_n + 1}$
$(a_n + 1) \times 1 = a_n - 3$
$a_n + 1 = a_n - 3$
$\therefore\ 1 = -3$
よって $b_n \neq 1$　おかしい！

（つまり，$a_{n+1} = \dfrac{-b_{n+1} - 3}{b_{n+1} - 1}$ となるヨ！）

こいつらを与えられたもとの漸化式にぶち込んだらOKってもんよ…♥

解答でござる

$a_1 = 1$　…①

$a_{n+1} = \dfrac{5a_n + 3}{a_n + 3}$　…②

(1)　$b_n = \dfrac{a_n - 3}{a_n + 1}$　より　$b_{n+1} = \dfrac{a_{n+1} - 3}{a_{n+1} + 1}$

以上より

このタイプには基本的に**ヒント**がセットされます！

ヒントはうまく活用しなきゃネ♥

Theme 16　よくありがちな漸化式【応用パターンC】　189

$$a_n = \frac{-b_n - 3}{b_n - 1}, \quad a_{n+1} = \frac{-b_{n+1} - 3}{b_{n+1} - 1}$$

← この変形は　ナイスな導入　参照！

これらを②に代入して

$$\frac{-b_{n+1} - 3}{b_{n+1} - 1} = \frac{5 \times \left(\frac{-b_n - 3}{b_n - 1}\right) + 3}{\frac{-b_n - 3}{b_n - 1} + 3}$$

②で
$$a_{n+1} = \frac{5a_n + 3}{a_n + 3}$$
$$a_{n+1} = \frac{-b_{n+1} - 3}{b_{n+1} - 1}$$
$$a_n = \frac{-b_n - 3}{b_n - 1}$$

$$\frac{-b_{n+1} - 3}{b_{n+1} - 1} = \frac{5 \times (-b_n - 3) + 3 \times (b_n - 1)}{-b_n - 3 + 3 \times (b_n - 1)}$$

右辺で

$$\frac{5 \times \left(\frac{-b_n - 3}{b_n - 1}\right) + 3}{\frac{-b_n - 3}{b_n - 1} + 3}$$ 分母・分子に $b_n - 1$ をかける

$$\frac{-b_{n+1} - 3}{b_{n+1} - 1} = \frac{-2b_n - 18}{2b_n - 6}$$

$$(-b_{n+1} - 3)(2b_n - 6) = (-2b_n - 18)(b_{n+1} - 1)$$

$$-2b_{n+1}b_n + 6b_{n+1} - 6b_n + 18 = -2b_{n+1}b_n + 2b_n - 18b_{n+1} + 18$$

$$\frac{-b_{n+1} - 3}{b_{n+1} - 1} = \frac{-2b_n - 18}{2b_n - 6}$$ 分母をはらう！

$$24b_{n+1} = 8b_n$$

展開しました ♥

残るのはこれだけ！

$$\therefore \; \boldsymbol{b_{n+1} = \frac{1}{3} b_n} \cdots \text{(答)}$$

$$b_{n+1} = \frac{\overset{1}{8}}{\underset{3}{24}} b_n$$

(2) (1)から

$\{b_n\}$ は，初項 $b_1 = \frac{a_1 - 3}{a_1 + 1} = \frac{1 - 3}{1 + 1} = \frac{-2}{2} = -1$ (①より)，

$\begin{cases} b_n = \frac{a_n - 3}{a_n + 1} \text{ より，} b_1 = \frac{a_1 - 3}{a_1 + 1} \\ \text{さらに①より，} a_1 = 1 \text{ っす！} \end{cases}$

公比 $\dfrac{1}{3}$ の等比数列である。

$b_{n+1} = \frac{1}{3} b_n$　公比

$$\therefore \; b_n = -1 \cdot \left(\frac{1}{3}\right)^{n-1} = -\left(\frac{1}{3}\right)^{n-1}$$

つまり $\dfrac{a_n - 3}{a_n + 1} = -\left(\dfrac{1}{3}\right)^{n-1}$

等比数列の一般項の公式
$a \cdot r^{n-1}$
初項 -1　公比 $\dfrac{1}{3}$

$$a_n - 3 = -\left(\frac{1}{3}\right)^{n-1} \cdot (a_n + 1)$$

左辺の分母をはらいました！

$$a_n - 3 = -\left(\frac{1}{3}\right)^{n-1} \cdot a_n - \left(\frac{1}{3}\right)^{n-1}$$

右辺を展開

$$\left\{1+\left(\frac{1}{3}\right)^{n-1}\right\}a_n = 3-\left(\frac{1}{3}\right)^{n-1}$$ ← $a_n + \left(\frac{1}{3}\right)^{n-1} \cdot a_n$
$= 3 - \left(\frac{1}{3}\right)^{n-1}$ より

$$\therefore\ a_n = \frac{3-\left(\frac{1}{3}\right)^{n-1}}{1+\left(\frac{1}{3}\right)^{n-1}}$$

ここで $a_n = \dfrac{3-\dfrac{1}{3^{n-1}}}{1+\dfrac{1}{3^{n-1}}}$ ← $\left(\dfrac{1}{3}\right)^{n-1} = \dfrac{1^{n-1}}{3^{n-1}} = \dfrac{1}{3^{n-1}}$

$$\therefore\ a_n = \frac{3\times 3^{n-1}-1}{3^{n-1}+1}$$ ← 分母・分子に 3^{n-1} をかけた

$$= \boldsymbol{\frac{3^n-1}{3^{n-1}+1}}\ \cdots\text{(答)}$$ ← $3\times 3^{n-1} = 3^n$ です!

プロフィール

桃太郎

　食べる事が大好きなグルメ猫。基本的に勉強は嫌いなようで、サボリの常習犯♥

　垂れた耳がチャームポイントのやさしい猫で、おむちゃんの飼い猫の一匹です♥

プロフィール

虎次郎

　抜群の運動神経を誇るアスリート猫。肝心な勉強に対しても、前向きで真面目!!もちろん、虎次郎もおむちゃんの飼い猫で、体重は桃太郎の半分の4kgです。

Theme 17 よくありがちな漸化式【応用パターンD】

$a_n{}^3$ や $a_n{}^5$ など次数がバラバラで困る漸化式の攻略！

では早速！　TRY ですヨ♥

問題 17-1　　　　　　　　　　　　　　　　　　　　ちょいムズ

次の漸化式で決定される数列の第 n 項 a_n を求めよ。
$$a_1 = 3, \quad a_{n+1}{}^5 = a_n{}^2$$

ナイスな導入!!

こう覚える!!　指数の項 ← $a_n{}^3$ や $a_n{}^5$ マニアックなところでは $\sqrt{a_n}$ などなど…

が登場したら… → $a_n^{\frac{1}{2}}$ でしょ？

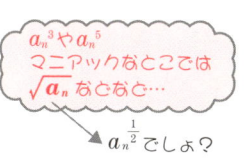

↓

迷わず両辺の $\log_{10}\cdots$ をとれ!!　　大胆発言…

では，やってみるべ！
$$a_{n+1}{}^5 = a_n{}^2 \quad \cdots Ⓐ$$

Ⓐの両辺で，$\log_{10}\cdots$ をとると

$$\log_{10} a_{n+1}{}^5 = \log_{10} a_n{}^2$$

$$5\log_{10} a_{n+1} = 2\log_{10} a_n$$

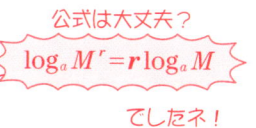

公式は大丈夫？
$$\log_a M^r = r\log_a M$$
でしたネ！

$$\therefore \quad \log_{10} a_{n+1} = \frac{2}{5}\log_{10} a_n \quad \cdots Ⓑ$$

このとき，Ⓑで $\{\log_{10} a_n\} = \{b_n\}$ とおくと

当然 $\log_{10} a_{n+1} = b_{n+1}$ となーる！

$$b_{n+1} = \frac{2}{5} b_n \quad \cdots Ⓒ$$

Ⓒの形になってしまえばおしまいだ！　これは Theme 11 の **タイプ2**
そう，キホン中のキホン！　等比数列を表す漸化式だったよね♥
仕上げはあんたに任せるぜ!!

解答でござる

$a_1 = 3$ …①

$a_{n+1}{}^5 = a_n{}^2$ …②

②の両辺で，**常用対数**をとると

$$\log_{10} a_{n+1}{}^5 = \log_{10} a_n{}^2$$

$$5\log_{10} a_{n+1} = 2\log_{10} a_n$$

$$\log_{10} a_{n+1} = \frac{2}{5}\log_{10} a_n \quad \text{…③}$$

③で $\{\log_{10} a_n\} = \{b_n\}$ とおくと

$$b_{n+1} = \frac{2}{5} b_n \quad \text{…④}$$

④から $\{b_n\}$ は，

初項 $b_1 = \log_{10} a_1 = \log_{10} 3$ （①より），

公比 $\dfrac{2}{5}$ の等比数列となる。

$$\therefore \quad b_n = (\log_{10} 3) \times \left(\frac{2}{5}\right)^{n-1}$$

$$= \left(\frac{2}{5}\right)^{n-1} \log_{10} 3$$

$$= \log_{10} 3^{\left(\frac{2}{5}\right)^{n-1}}$$

つまり $\log_{10} a_n = \log_{10} 3^{\left(\frac{2}{5}\right)^{n-1}}$

$$\therefore \quad a_n = 3^{\left(\frac{2}{5}\right)^{n-1}} \quad \text{…（答）}$$

よーーし!! どんどん行くぞぉーーっ！

とんとん力がついていく気がするぜ!!

$\log_{10} \triangle$ のことだよ！底が10の対数のことをとくにこう呼ぶ。

対数の公式
$\log_a M^{\boxed{r}} = \boxed{r}\log_a M$

何度も言うように，これはテーマ⑪の**タイプ2** 等比数列を表す型

$b_n = \log_{10} a_n$ より
$b_1 = \log_{10} a_1$
さらに①から $a_1 = 3$ です！

ここで，いい加減な人は**死ぬ**！

$\log_{10} 3 \times \left(\dfrac{2}{5}\right)^{n-1}$

なんて書き方をすると

$3 \times \left(\dfrac{2}{5}\right)^{n-1}$ が $\log_{10}\square$ の□の中にすべて入ってるように見える！ 注意せよ!!

まぎらわしくならないように $\left(\dfrac{2}{5}\right)^{n-1}$ は前にもっていく！

$\boxed{r}\log_a M = \log_a M^{\boxed{r}}$

$\log_{10} \boxed{a_n} = \log_{10} \boxed{3^{\left(\frac{2}{5}\right)^{n-1}}}$
一致する！

問題 17-2 【ちょいムズ】

次の漸化式で決定される数列の第 n 項 a_n を求めよ。
(1) $a_1 = 5$,　　　$a_{n+1}{}^3 = a_n{}^4$
(2) $a_1 = 1000$,　　$a_{n+1} = 10\sqrt{a_n}$

ナイスな導入!!

問題 17-1 で特訓したように，とにかく $\log_{10} \cdots$ の形へもっていけば OK なのヨ ♥

常用対数だよ ♥

(2) では，$\sqrt{a_n} = a_n{}^{\frac{1}{2}}$ だったことを思い出せば楽勝！

たとえば $\sqrt{5} = 5^{\frac{1}{2}}$ でしょ？

解答でござる

(1)　$a_1 = 5$　…①

$a_{n+1}{}^3 = a_n{}^4$　…②

②の両辺で常用対数をとると

$\log_{10} a_{n+1}{}^3 = \log_{10} a_n{}^4$

$3\log_{10} a_{n+1} = 4\log_{10} a_n$

$\log_{10} a_{n+1} = \dfrac{4}{3} \log_{10} a_n$　…③

③で $\{\log_{10} a_n\} = \{b_n\}$ とおくと

$b_{n+1} = \dfrac{4}{3} b_n$　…④

④から $\{b_n\}$ は，

初項 $b_1 = \log_{10} a_1 = \log_{10} 5$　（①より），

公比 $\dfrac{4}{3}$ の等比数列となる。

$a_{n+1}{}^3$ や $a_n{}^4$ が出てきたら $\log_{10} \cdots$ をとる！これキマリ！

$\log_a M^r = r \log_a M$

これは等比数列を表す漸化式だね ♥

$b_n = \log_{10} a_n$ より
$b_1 = \log_{10} a_1$
さらに①より $a_1 = 5$ です！

$$\therefore \boxed{b_n} = (\log_{10} 5) \times \left(\frac{4}{3}\right)^{n-1}$$

等比数列の一般項の公式
$a \cdot r^{n-1}$
初項 $\log_{10} 5$　公比 $\frac{4}{3}$

$$= \left(\frac{4}{3}\right)^{n-1} \log_{10} 5$$

$$= \log_{10} 5^{\left(\frac{4}{3}\right)^{n-1}}$$

⓻ $\log_a M = \log_a M^{⓻}$

つまり　$\boxed{\log_{10} a_n} = \log_{10} 5^{\left(\frac{4}{3}\right)^{n-1}}$

$$\therefore \ a_n = \underline{5^{\left(\frac{4}{3}\right)^{n-1}}} \quad \cdots \text{(答)}$$

$\log_{10}\boxed{a_n} = \log_{10} \boxed{5^{\left(\frac{4}{3}\right)^{n-1}}}$
一致！

(2)　$a_1 = 1000 \quad \cdots ①$
　　$a_{n+1} = 10\sqrt{a_n}$　より

$\sqrt{a_n} = a_n^{\frac{1}{2}}$ です！
早めになおしておきましょう！

　　$a_{n+1} = 10 a_n^{\frac{1}{2}} \quad \cdots ②$

②の両辺で常用対数をとると

$$\log_{10} a_{n+1} = \log_{10} 10 a_n^{\frac{1}{2}}$$

$$\log_{10} a_{n+1} = \log_{10} 10 + \log_{10} a_n^{\frac{1}{2}}$$

$\log_a MN = \log_a M + \log_a N$

$$\log_{10} a_{n+1} = \frac{1}{2} \log_{10} a_n + 1 \quad \cdots ③$$

$\log_{10} a_n^{\left(\frac{1}{2}\right)} = \left(\frac{1}{2}\right)\log_{10} a_n$
$\log_{10} 10 = 1$
一般に $\log_a a = 1$

③で $\{\log_{10} a_n\} = \{b_n\}$ とおくと

$$b_{n+1} = \frac{1}{2} b_n + 1 \quad \cdots ④$$

これは Theme 12 の タイプ3

④が　$b_{n+1} - k = \frac{1}{2}(b_n - k) \quad \cdots ⑤$

と変形できたとする。
⑤を展開して

$$b_{n+1} = \frac{1}{2} b_n + \frac{1}{2} k \quad \cdots ⑤'$$

⑤より
$b_{n+1} = \frac{1}{2} b_n - \frac{1}{2} k + k$
$\therefore \ b_{n+1} = \frac{1}{2} b_n + \frac{1}{2} k$

④と⑤'を比較して

$$\frac{1}{2} k = 1 \qquad \therefore \ k = 2$$

$\begin{cases} b_{n+1} = \frac{1}{2} b_n \boxed{+1} & \cdots ④ \\ b_{n+1} = \frac{1}{2} b_n \boxed{+\frac{1}{2}k} & \cdots ⑤' \end{cases}$
一致！

これを⑤に代入して

$$b_{n+1} - 2 = \frac{1}{2}(b_n - 2)$$

$\{b_n - 2\} = \{c_n\}$ とおくと

$$c_{n+1} = \frac{1}{2} c_n$$

よって $\{c_n\}$ は，
初項 $c_1 = b_1 - 2 = \log_{10} a_1 - 2 = \log_{10} 1000 - 2$
$= 3 - 2 = 1$ （①より），公比 $\frac{1}{2}$ の等比数列である。

$\therefore\ c_n = 1 \cdot \left(\frac{1}{2}\right)^{n-1} = \left(\frac{1}{2}\right)^{n-1}$

つまり $b_n - 2 = \left(\frac{1}{2}\right)^{n-1}$

$\therefore\ b_n = \left(\frac{1}{2}\right)^{n-1} + 2$

すなわち

$\log_{10} a_n = \left(\frac{1}{2}\right)^{n-1} + 2$

$\therefore\ a_n = 10^{\left(\frac{1}{2}\right)^{n-1} + 2}$ … （答）

――――

$c_n = b_n - 2$ より，$c_1 = b_1 - 2$
また $b_n = \log_{10} a_n$ より
$b_1 = \log_{10} a_1$
さらに①から $a_1 = 1000$ です！

等比数列の一般項の公式
$a \cdot r^{n-1}$
初項 1　公比 $\frac{1}{2}$

$\log_a B = C$ のとき
　　$B = a^C$ でしたネ！

つまーり！
　$\log_{10} a_n = \triangle$ のとき
　　$a_n = 10^{\triangle}$ です！
で $\triangle = \left(\frac{1}{2}\right)^{n-1} + 2$

ってことです！

プロフィール

玉三郎

虎次郎と仲良しの小型猫。品種は美声で名高いソマリで毛はフサフサ，少し気まぐれな性格ですが気になることはとことん追求する性分です!! 玉三郎もみっちゃんの飼い猫です。

Theme 18 よくありがちな漸化式【応用パターンE】

$a_{n+1} = f(n) a_n$ （nの式）のタイプ

このパターンは自分で変形に気がつかなくても**ヒント**がつく場合が多いです。しかし，ノーヒントでもできるようにしておいたほうが**強い！** 上位校を目指すなら，自力で解けるように鍛えておこうぜ♥

> **問題18-1** 〔標準〕
>
> 次の漸化式で決定される数列の第n項a_nを求めよ。
> (1) $a_1 = 2$, $\quad na_{n+1} = 5(n+1)a_n$
> (2) $a_1 = -3$, $\quad a_{n+1} = \dfrac{4n}{3(n+1)} a_n$

ナイスな導入!!

本問はハッキリ言って**ワザとらしい!!**

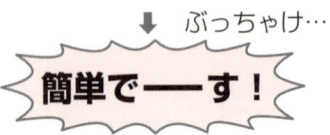

↓ぶっちゃけ…

簡単でーーす！

とにかく漸化式ってヤツは，…

$n+1$関係の式と**n関係の式**をうまくまとめる！ ってな作業に終始していたと思いませんか？

では，(1)から…

$$n a_{n+1} = 5(n+1) a_n$$

（仲間！同じ仲間は集めたくないませんか？）

両辺を$n(n+1)$で割ると ← 移項と同じ理屈です。

$$\frac{n a_{n+1}}{n(n+1)} = \frac{5(n+1)a_n}{n(n+1)}$$

Theme 18 よくありがちな漸化式【応用パターンE】

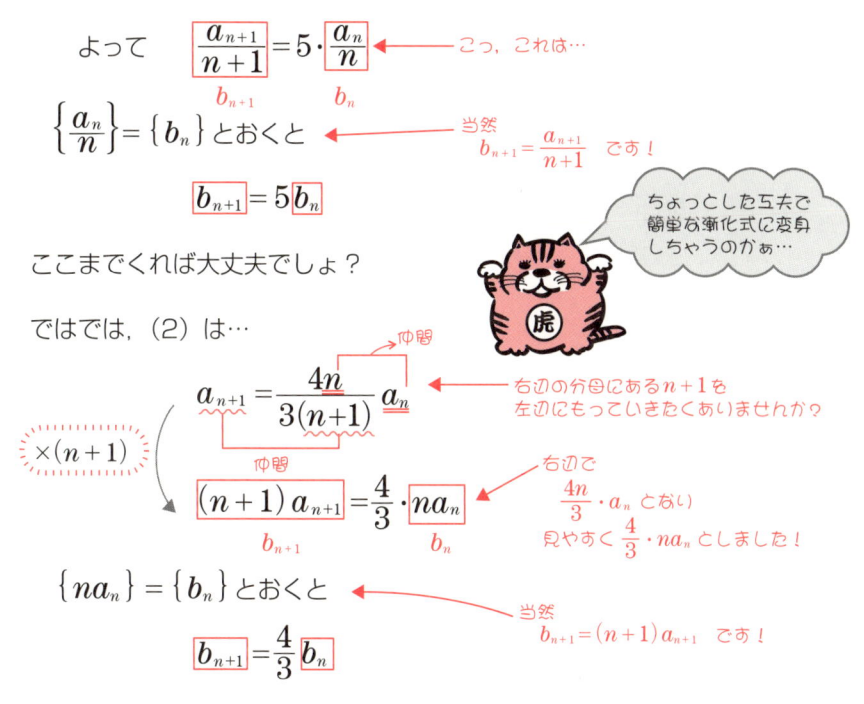

よって　　$\boxed{\dfrac{a_{n+1}}{n+1}} = 5 \cdot \boxed{\dfrac{a_n}{n}}$ ← こっ，これは…

　　　　　　b_{n+1}　　　　b_n

$\left\{\dfrac{a_n}{n}\right\} = \{b_n\}$ とおくと ← 当然 $b_{n+1} = \dfrac{a_{n+1}}{n+1}$ です！

　　　　$\boxed{b_{n+1}} = 5\boxed{b_n}$

ここまでくれば大丈夫でしょ？

ちょっとした工夫で簡単な漸化式に変身しちゃうのがぁ…

ではでは，(2) は…

　　　　　　　　　　　　仲間
$a_{n+1} = \dfrac{4n}{3(n+1)} a_n$ ← 右辺の分母にある $n+1$ を左辺にもっていきたくありませんか？

$\times(n+1)$

　　　　　仲間
$\boxed{(n+1)a_{n+1}} = \dfrac{4}{3} \cdot \boxed{na_n}$ ← 右辺で $\dfrac{4n}{3} \cdot a_n$ とせずに見やすく $\dfrac{4}{3} \cdot na_n$ としました！

　　　b_{n+1}　　　　　b_n

$\{na_n\} = \{b_n\}$ とおくと ← 当然 $b_{n+1} = (n+1)a_{n+1}$ です！

　　　　$\boxed{b_{n+1}} = \dfrac{4}{3}\boxed{b_n}$

ホラ，もう楽勝だ！

まぁ，まとめてしまうと，仲間を集める！ってことだよ。

どのように仲間を集めるかは，**場の空気**を見て自分で考えないとネ♥

仲間を集める!!
場の空気を読む!!

解答でござる

(1) 　$a_1 = 2$ 　…①

　　　$na_{n+1} = 5(n+1)a_n$ 　…②

　　②の両辺を $n(n+1)$ で割ると

$$\boxed{\dfrac{a_{n+1}}{n+1}} = 5 \cdot \boxed{\dfrac{a_n}{n}}$$

$\left\{\dfrac{a_n}{n}\right\} = \{b_n\}$ とおくと

$$\boxed{b_{n+1}} = \mathbf{5}\,\boxed{b_n}$$

n は n, $n+1$ は $n+1$ ってな具合に仲間を集めるのが基本！

よって $\{b_n\}$ は，初項 $b_1 = \dfrac{a_1}{1} = \dfrac{2}{1} = 2$（①より），公比 **5** の等比数列である。

$b_n = \dfrac{a_n}{n}$ より，$b_1 = \dfrac{a_1}{1}$ さらに $a_1 = 2$ です。

$\therefore\ \boxed{b_n} = 2 \cdot 5^{n-1}$

等比数列の一般項の公式
$\underbrace{a}_{\text{初項}2} \cdot \underbrace{r^{n-1}}_{\text{公比}5}$

つまり $\boxed{\dfrac{a_n}{n}} = 2 \cdot 5^{n-1}$

$a_n = n \times 2 \cdot 5^{n-1} = 2n \cdot 5^{n-1}$

$$\therefore\ a_n = \underline{\mathbf{2n \cdot 5^{n-1}}} \ \cdots\text{（答）}$$

(2)　$a_1 = -3$　…①

　　$a_{n+1} = \dfrac{4n}{3(n+1)} a_n$　…②

よーく式の形を見てね♥

②の両辺に $n+1$ をかけて，

$$\boxed{(n+1)a_{n+1}} = \dfrac{4}{3} \cdot \boxed{na_n}$$

$\{na_n\} = \{b_n\}$ とおくと，

$$\boxed{b_{n+1}} = \dfrac{\mathbf{4}}{\mathbf{3}}\,\boxed{b_n}$$

仲間よ集まれ!!
n は n, $n+1$ は $n+1$ ♥

よって $\{b_n\}$ は，
初項 $b_1 = 1 \cdot a_1 = 1 \times (-3) = -3$（①より），
公比 $\dfrac{\mathbf{4}}{\mathbf{3}}$ の等比数列である。

$b_n = na_n$ より，$b_1 = 1 \times a_1$ さらに $a_1 = -3$ でっせ！

$\therefore\ \boxed{b_n} = -3 \cdot \left(\dfrac{4}{3}\right)^{n-1}$

等比数列の一般項の公式
$\underbrace{a}_{\text{初項}-3} \cdot \underbrace{r^{n-1}}_{\text{公比}\frac{4}{3}}$

つまり $\boxed{na_n} = -3 \cdot \left(\dfrac{4}{3}\right)^{n-1}$

$a_n = -3 \cdot \left(\dfrac{4}{3}\right)^{n-1} \times \dfrac{1}{n} = -\dfrac{3}{n} \cdot \left(\dfrac{4}{3}\right)^{n-1}$

$$\therefore\ a_n = \underline{-\dfrac{\mathbf{3}}{\mathbf{n}} \cdot \left(\dfrac{\mathbf{4}}{\mathbf{3}}\right)^{n-1}} \ \cdots\text{（答）}$$

Theme 18 よくありがちな漸化式【応用パターン E】

問題18-1 を難しくすると，こうなります！ 普通**ヒント**がつくと思うけどな…。

問題18-2 〔モロ難〕

次の漸化式で決定される数列の第n項a_nを求めよ。

(1) $a_1 = 4$, $\quad na_{n+1} = 2(n+2)a_n$

(2) $a_1 = 2$, $\quad a_{n+1} = \dfrac{2n+3}{2n-1} a_n$

ナイスな導入!!

これは，**ヒントなし**でやるのは**ムズかしい**！

(1) では，　$na_{n+1} = 2(n+2)a_n$
　　　　　　　　└─仲間!─┘

しか──し!! a_{n+1}の仲間つまり$n+1$関係の式がナイ!!

こーゆーときは…
強引に作るべし！

↓ 両辺を$n(n+2)$で割って

$$\dfrac{na_{n+1}}{n(n+2)} = \dfrac{2(n+2)a_n}{n(n+2)}$$

$$\dfrac{a_{n+1}}{n+2} = \dfrac{2a_n}{n}$$

〔スーパーテクニック！〕

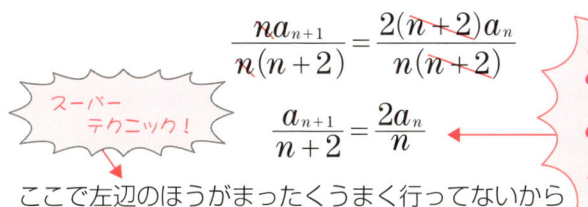

〔とりあえず a_{n+1}側には**大きいやつ** この場合$n+2$　a_n側には**小さいやつ** この場合n をもってくる!!〕

ここで左辺のほうがまったくうまく行ってないから $n+2$とnの平均の値 $\dfrac{n+2+n}{2} = \dfrac{2n+2}{2} = \boldsymbol{n+1}$ で両辺を割ってみましょう。 すると…

$$\boxed{\dfrac{a_{n+1}}{(n+1)(n+2)}} = 2 \cdot \boxed{\dfrac{a_n}{n(n+1)}} \quad \leftarrow \text{おっ!!}$$

てなワケで，$\left\{\dfrac{a_n}{n(n+1)}\right\} = \{b_n\}$とおくと，$\dfrac{a_{n+1}}{(n+1)(n+2)} = b_{n+1}$

となりますよね？　　〔うまく1つずれる！〕

つま──り!! 　$\boxed{b_{n+1}} = 2\boxed{b_n}$ となってしもうた！

ここまでくりゃぁ楽勝でしょ！

で, (2) の場合は $a_{n+1} = \dfrac{2n+3}{2n-1} a_n$ ← ワケわからねぇーや… 仲間がいない…

↓ こんなときは…

とりあえず a_{n+1} 側には **大きい**もの　　この場合 $2n+3$ ┐ +3と-1
　　　　　a_n 側には **小さい**もの　　　この場合 $2n-1$ ┘ 比べりゃ わかるっしょ？

で, $a_{n+1} = \dfrac{2n+3}{2n-1} a_n$
両辺を $2n+3$ で割る

何も そろってない！

$\dfrac{a_{n+1}}{2n+3} = \dfrac{a_n}{2n-1}$

↓ では, **スーパーテクニック**を使うしかないネ ♥

$2n+3$ と **$2n-1$** との平均値　$\dfrac{2n+3+2n-1}{2} = \dfrac{4n+2}{2} = \mathbf{2n+1}$
で両辺を割りまして…

$\dfrac{a_{n+1}}{(2n+1)(2n+3)} = \dfrac{a_n}{(2n-1)(2n+1)}$ ← まだわかり づらいかな…

↓

$\dfrac{a_{n+1}}{\{2(n+1)-1\}\{2(n+1)+1\}} = \dfrac{a_n}{(2n-1)(2n+1)}$

ホラ！ 右辺の **n** のところが そのまま **n+1** に入れかわってるョ！

と, ゅーワケで, $\left\{\dfrac{a_n}{(2n-1)(2n+1)}\right\} = \{b_n\}$ とおくと

当然 $b_{n+1} = \dfrac{a_{n+1}}{\{2(n+1)-1\}\{2(n+1)+1\}}$ となるヨ！

$b_{n+1} = b_n$

よって $b_n = b_1$ となっちゃいます ♥
↑すべて初項と同じ！

簡単すぎて, 逆にとまどっちゃうネ

こっ, これは 究極!! **となりと同じこと を表す漸化式です！**

$b_1 = b_2 = b_3 = b_4 = b_5 \cdots\cdots = b_n$

Theme 18 よくありがちな漸化式【応用パターンE】

解答でござる

(1) $a_1 = 4$ …①

$na_{n+1} = 2(n+2)a_n$ …②

②の両辺を $n(n+2)$ で割ると

$$\frac{a_{n+1}}{n+2} = 2 \cdot \frac{a_n}{n}$$

さらに両辺を $n+1$ で割ると

$$\frac{a_{n+1}}{(n+1)(n+2)} = 2 \cdot \frac{a_n}{n(n+1)} \quad \text{…③}$$

③で，$\left\{\dfrac{a_n}{n(n+1)}\right\} = \{b_n\}$ とおくと

$$b_{n+1} = 2b_n$$

よって，初項 $b_1 = \dfrac{a_1}{1 \cdot 2} = \dfrac{4}{2} = 2$ (①より)，

公比 **2** の等比数列となる

$\therefore\ b_n = 2 \cdot 2^{n-1} = 2^n$

つまり $\dfrac{a_n}{n(n+1)} = 2^n$

$\therefore\ a_n = \boldsymbol{n(n+1) \cdot 2^n}$ …(答)

(2) $a_1 = 2$ …①

$a_{n+1} = \dfrac{2n+3}{2n-1} a_n$ …②

②の両辺を $2n+3$ で割って

$$\frac{a_{n+1}}{2n+3} = \frac{a_n}{2n-1}$$

さらに両辺を $2n+1$ で割ると

$$\frac{a_{n+1}}{(2n+1)(2n+3)} = \frac{a_n}{(2n-1)(2n+1)}$$

あきらめずにがんばろう!!

とにかく a_{n+1} 側に**大きいもの** a_n 側に**小さいもの**をもっていく！ $\to n+2$ $\to n$

これぞ，スーパーテクニック！

$n+2$ と n のまん中の値

$\dfrac{n+2+n}{2} = \dfrac{2n+2}{2} = n+1$

$b_n = \dfrac{a_n}{n(n+1)}$ より

$b_1 = \dfrac{a_1}{1 \cdot 2}$

また①より $a_1 = 4$ です！

等比数列の一般項の公式

$a \cdot r^{n-1}$

初項2　公比2

とにかく a_{n+1} 側に**大きいもの** a_n 側に**小さいもの**をもっていく！ $\to 2n+3$ $\to 2n-1$

$2n+3$ と $2n-1$ のまん中の値

$\dfrac{2n+3+2n-1}{2} = \dfrac{4n+2}{2} = 2n+1$

つまり

$$\frac{a_{n+1}}{\{2(n+1)-1\}\{2(n+1)+1\}} = \frac{a_n}{(2n-1)(2n+1)} \quad \cdots ③$$

③で，$\left\{\dfrac{a_n}{(2n-1)(2n+1)}\right\} = \{b_n\}$ とおくと

$$b_{n+1} = b_n \quad \cdots ④$$

このとき $b_1 = \dfrac{a_1}{(2\times 1-1)(2\times 1+1)} = \dfrac{2}{1\cdot 3} = \dfrac{2}{3}$

（①より）．

④から $b_n = b_1 = \dfrac{2}{3}$

つまり $\dfrac{a_n}{(2n-1)(2n+1)} = \dfrac{2}{3}$

$\therefore\ a_n = \dfrac{2}{3}(2n-1)(2n+1)\ \cdots$（答）

これは，すごい漸化式！

$$b_{n+1} = b_n$$

となりどうしが同じ！

↓ つまり

$$b_1 = b_2 = b_3 = b_4 = \cdots = b_n$$

↓ すべて初項と同じ！

$$b_n = b_1$$

$$b_n = \frac{a_n}{(2n-1)(2n+1)}$$

より

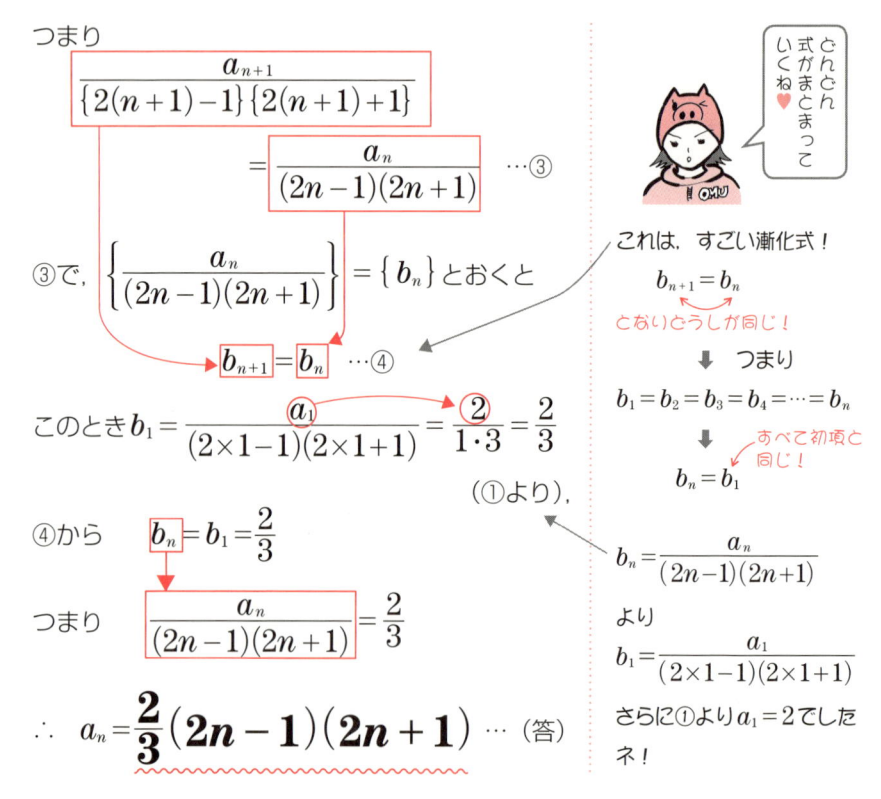

$$b_1 = \frac{a_1}{(2\times 1-1)(2\times 1+1)}$$

さらに①より $a_1 = 2$ でしたネ！

どんどん式がまとまっていくね♥

ちょっと言わせて

この 問題18-2 のタイプでは

（1）の場合は，"$b_n = \dfrac{a_n}{n(n+1)}$ として b_{n+1} と b_n の関係式を求めよ" みたいな **ヒント**が…

（2）の場合も，"$b_n = \dfrac{a_n}{(2n-1)(2n+1)}$ として b_{n+1} と b_n の関係式を求めよ" みたいな**ヒント**が…

とにかく**ヒント**がつくのが**普通**です！
でも，**自力で**できるようにしておいたほうが，この**ヒント**の意味もすんなり理解でき，スピーディーに解けますヨ♥

漸化式ナビ ♥

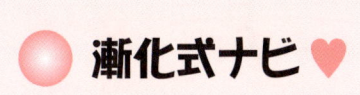

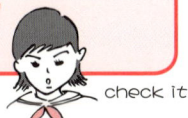

Theme 11 ～ Theme 18 をまとめておきます！

check it

基本タイプその1 （Theme 11 にて…）

$$a_{n+1} = a_n + d$$

↓

初項 a_1，公差 d の等差数列

基本タイプその2 （Theme 11 にて…）

$$a_{n+1} = ra_n$$

↓

初項 a_1，公比 r の等比数列

最重要!!

基本タイプその3 （Theme 12 にて…）

$$a_{n+1} = pa_n + q$$

↓

$$a_{n+1} - k = p(a_n - k)$$

へ変形せよ!! **基本タイプその2** へ帰着します！

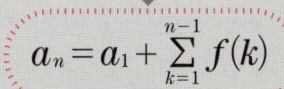

基本タイプその4 （Theme 13 にて…）

$$a_{n+1} = a_n + f(n)$$
（n の式）

↓

$$a_n = a_1 + \sum_{k=1}^{n-1} f(k)$$

で一発解答!!

【応用パターンA】 Theme 14 にて…

$$a_{n+1} = pa_n + f(n)$$

$p=1$のとき 基本タイプその4 となります!!

↓

$$a_{n+1} + g(n+1) = p\{a_n + g(n)\}$$

$n+1$題原の式　　n題原の式

【応用パターンB】 Theme 15 にて…

$$a_{n+1} = pa_n + q \cdot r^n$$

$p=1$のとき 基本タイプその4 となります!!
r^{n+1}やr^{n-1}でもOK！

↓

とにかく両辺をr^{n+1}で割れ!!

$p \neq r$のとき 基本タイプその3 へ　　【応用パターンA】としての別解も存在しました！　　$p=r$のとき 基本タイプその1 へ

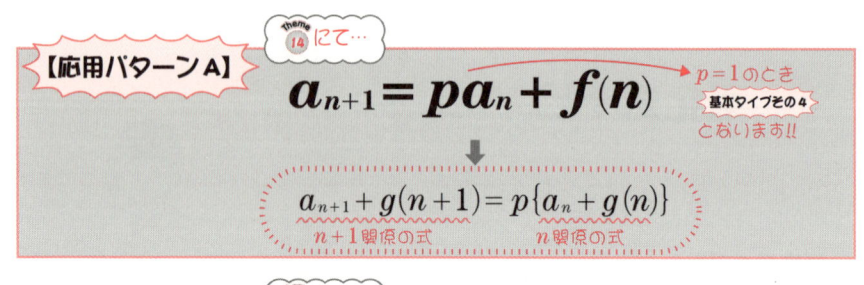

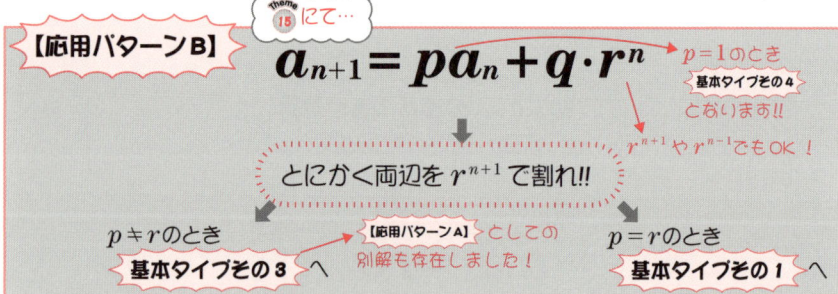

【応用パターンC】 Theme 16 にて…

$$a_{n+1} = \frac{pa_n}{qa_n + r}$$

$a_{n+1} = \frac{pa_n+s}{qa_n+r}$のタイプにはヒントがついたネ

↓

とにかく逆数をとれ!!　$\left\{\dfrac{1}{a_n}\right\} = \{b_n\}$に置き換えるべし！

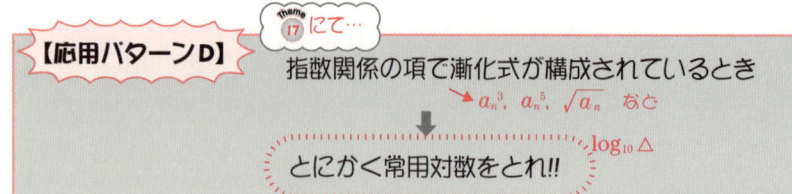

【応用パターンD】 Theme 17 にて…

指数関係の項で漸化式が構成されているとき
→ a_n^3, a_n^5, $\sqrt{a_n}$ など

↓

とにかく常用対数をとれ!!　$\log_{10} \triangle$

【応用パターンE】 Theme 18 にて…

$$a_{n+1} = f(n)\, a_n$$

↓

場の空気を読んで，うまく仲間を集める！　必ずこうなる！
といういいかたがムズカシイので Theme 18 をよく復習せよ!!

Theme 19 S_n が登場したら…

バパーン!!

まず武器をそろえておきましょう♥

一般的に

$$S_n = \underbrace{a_1 + a_2 + a_3 + \cdots\cdots + a_{n-1} + a_n}_{\text{初項から第}n\text{項までの和!}} \quad \cdots Ⓐ$$

と表せますネ!

で、

$$S_{n-1} = \underbrace{a_1 + a_2 + a_3 + \cdots\cdots + a_{n-1}}_{\text{初項から第}n-1\text{項までの和!}} \quad \cdots Ⓑ$$

も言えますネ!

そこで、ⒶとⒷの差をとってみましょう!

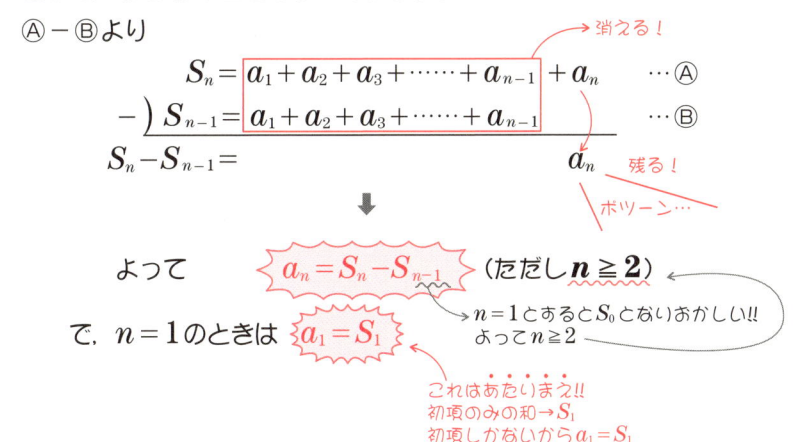

Ⓐ－Ⓑより

$$S_n = \boxed{a_1 + a_2 + a_3 + \cdots\cdots + a_{n-1}} + a_n \quad \cdots Ⓐ$$
$$-)\ S_{n-1} = \boxed{a_1 + a_2 + a_3 + \cdots\cdots + a_{n-1}} \quad \cdots Ⓑ$$
$$S_n - S_{n-1} = \qquad\qquad\qquad\qquad\qquad a_n$$

消える!　残る!　ポツーン…

↓

よって　$a_n = S_n - S_{n-1}$　（ただし $n \geq 2$）

$n=1$ とすると S_0 となりおかしい!! よって $n \geq 2$

で、$n=1$ のときは　$a_1 = S_1$

これはあたりまえ!! 初項のみの和→S_1 初項しかないから $a_1 = S_1$

ザ・まとめ

$n \geq 2$ のとき　$a_n = S_n - S_{n-1}$

$n = 1$ のとき　$a_1 = S_1$

じゃあ、オーソドックスなものから練習しましょう!

問題 19-1 （標準）

数列 $\{a_n\}$ の初項から第 n 項までの和を S_n とする。S_n が次のように表されるとき，$\{a_n\}$ の一般項を求めよ。

(1) $S_n = 2n^2 + 5n$

(2) $S_n = n^2 + 3n + 5$

(3) $S_n = 3^n$

ナイスな導入!!

攻略の**ツボ**はこれだ!!

> $n \geq 2$ のとき　$a_n = S_n - S_{n-1}$
> $n = 1$ のとき　$a_1 = S_1$

この場合分けがポイントでーす♥

まぁ，やってみますか!?

解答でござる

(1)　$S_n = 2n^2 + 5n$　…①

ⅰ) $n \geq 2$ のとき

①で，$S_{n-1} = 2(n-1)^2 + 5(n-1)$
$\qquad\qquad = 2n^2 - 4n + 2 + 5n - 5$
$\qquad\qquad = 2n^2 + n - 3$　…②

①のnのところを $n-1$ に入れかえればOKでーす♥

①-②より

$a_n = S_n - S_{n-1}$
$\quad = (2n^2 + 5n) - (2n^2 + n - 3)$
$\quad = 4n + 3$　…③

$n \geq 2$ のとき　$a_n = S_n - S_{n-1}$

ⅱ) $n = 1$ のとき

①より　$a_1 = S_1 = 2 \times 1^2 + 5 \times 1 = 7$　…④

③は，④をみたす。

$n = 1$ のとき　$a_1 = S_1$

③で $n = 1$ とすると
$a_1 = 4 \times 1 + 3 = 7$
これは④と一致する!!
今回は，1つの式でOK！

以上より

$$a_n = \mathbf{4n + 3} \cdots (答)$$

(2) $S_n = n^2 + 3n + 5$ …①

 i) $n \geqq 2$ のとき

　　①で,　$S_{n-1} = (n-1)^2 + 3(n-1) + 5$　←　①の n のところを
　　　　　　　　　$= n^2 - 2n + 1 + 3n - 3 + 5$　　　　$n-1$ に入れかえれば
　　　　　　　　　$= n^2 + n + 3$　…②　　　　　　　OKです！

　　①－②より

　　　　$a_n = S_n - S_{n-1}$　←　　　　　　　　　　$n \geqq 2$ のとき
　　　　　　$= n^2 + 3n + 5 - (n^2 + n + 3)$　　　　　　　$a_n = S_n - S_{n-1}$
　　　　　　$= 2n + 2$　…③

 ii) $n = 1$ のとき

　　①より　$a_1 = S_1 = 1^2 + 3 \times 1 + 5 = 9$　…④　　　$n=1$ のとき　$a_1 = S_1$

　　③は, ④をみたさない。←　　　　　　　　　　　　③で $n=1$ とすると
　　　　　　　　　　　　　　　　　　　　　　　　　　$a_1 = 2 \times 1 + 2 = 4$
　以上より　　　　　　　　　　　　　　　　　　　　　これは④と一致しない!!

$$a_n = \begin{cases} \underline{\underline{2n+2}} & (n \geqq 2 \text{ のとき}) \\ \underline{\underline{9}} & (n = 1 \text{ のとき}) \end{cases} \cdots \text{(答)}$$

(3) $S_n = 3^n$ …①

 i) $n \geqq 2$ のとき

　　①で,　$S_{n-1} = 3^{n-1}$　…②　←　　　　　　　①の n のところを
　　　　　　　　　　　　　　　　　　　　　　　　　$n-1$ に入れかえれば
　　①－②より　　　　　　　　　　　　　　　　　　OKです！

　　　　$a_n = S_n - S_{n-1}$　←
　　　　　　$= 3^n - 3^{n-1}$　　　　　　　　　　　$n \geqq 2$ のとき
　　　　　　$= 3 \cdot 3^{n-1} - 3^{n-1}$　←　　　　　　　$a_n = S_n - S_{n-1}$
　　　　　　$= 2 \cdot 3^{n-1}$　…③　←
　　　　　　　　　　　　　　　　　　　　　　　　　$3^n = 3^1 \times 3^{n-1} = 3 \cdot 3^{n-1}$

 ii) $n = 1$ のとき　　　　　　　　　　　　　　　　$3 \cdot 3^{n-1} - 3^{n-1}$

　　①より　$a_1 = S_1 = 3^1 = 3$　…④　　　　　　　　$= 2 \cdot 3^{n-1}$　　$3A - A$
　　　　　　　　　　　　　　　　　　　　　　　　　　　　　　　　　$= 2A$
　　③は, ④をみたさない。←　　　　　　　　　　　　　　　　　　　のイメージ！

　以上より　　　　　　　　　　　　　　　　　　　③で $n=1$ とすると
　　　　　　　　　　　　　　　　　　　　　　　　$a_1 = 2 \cdot 3^{1-1} = 2 \cdot 3^0$
$$a_n = \begin{cases} \underline{\underline{2 \cdot 3^{n-1}}} & (n \geqq 2 \text{ のとき}) \\ \underline{\underline{3}} & (n = 1 \text{ のとき}) \end{cases} \cdots \text{(答)}$$
　　　　　　　　　　　　　　　　　　　　　　　　$= 2 \times 1 = 2$　一般に $a^0 = 1$

よしっ!! ここからが本番ってもんだぜ!

問題19-2 ちょいムズ

数列 $\{a_n\}$ の初項から第 n 項までの和を S_n とするとき,
$$S_n = 2a_n + 4n - 3$$
をみたしている。
(1) a_{n+1} と a_n の関係式を求めよ。
(2) 一般項 a_n を求めよ。

ナイスな導入!!

ここで 問題19-1 で解いたやつとは**ちょっと違ったモノ**を…

$$S_n = a_1 + a_2 + a_3 + \cdots\cdots + a_{n-1} + a_n \quad \cdots Ⓐ \quad でしたネ♥$$

そこで, 今回は**1項を増やして**みましょう!

$$S_{n+1} = a_1 + a_2 + a_3 + \cdots\cdots + a_n + \underline{a_{n+1}} \quad \cdots Ⓑ$$

このとき Ⓑ－Ⓐ をやってみると, →消える!!

$$\begin{array}{r} S_{n+1} = \boxed{a_1 + a_2 + a_3 + \cdots\cdots + a_n} + a_{n+1} \quad \cdots Ⓑ \\ -)\ \ S_n = \boxed{a_1 + a_2 + a_3 + \cdots\cdots + a_n} \quad\quad\quad\quad \cdots Ⓐ \\ \hline S_{n+1} - S_n = \quad\quad\quad\quad\quad\quad\quad\quad\quad\quad\quad a_{n+1} \end{array}$$

残る!
ポツーン…

つまーり!!

$$\boxed{a_{n+1} = S_{n+1} - S_n}$$

今回は, $n=1$ としても S_0 が出てこないので, 先ほどのような場合分けはいらなーい!!

ドドーン!!
ザ・まとめ

$n \geqq 2$ のとき $\quad a_n = S_n - S_{n-1}$
$n = 1$ のとき $\quad a_1 = S_1$ 〉セット

これに対して

$$a_{n+1} = S_{n+1} - S_n$$ ← これはピン(場合分けなし)でOK!!

ふーん…

で. 本問では…
$$S_n = 2a_n + 4n - 3 \quad \cdots ①$$

①を1つずらして
$$S_{n+1} = 2a_{n+1} + 4(n+1) - 3 \quad \cdots ②$$

②−①より

$a_{n+1} = S_{n+1} - S_n$ でしたネ！

$$\begin{array}{r} S_{n+1} = 2a_{n+1} + 4(n+1) - 3 \\ -)\quad S_n = 2a_n \phantom{{}+{}} + 4n \phantom{{}+{}} - 3 \\ \hline \boxed{S_{n+1} - S_n} = 2a_{n+1} - 2a_n + 4 \end{array}$$

よって $\boxed{a_{n+1}} = 2a_{n+1} - 2a_n + 4$

$$\therefore \; \boldsymbol{a_{n+1} = 2a_n - 4}$$

こっこれは…有名な形！

①で $n = 1$ とすると

$a_1 = S_1$

$\boxed{S_1} = 2a_1 + 4 \times 1 - 3$
$\boxed{a_1} = 2a_1 + 4 - 3$

$$\therefore \; \boldsymbol{a_1 = -1}$$

こいつらがそろえば Theme 12 の タイプ3 じゃん！

解答でござる

(1) $S_n = 2a_n + 4n - 3 \quad \cdots ①$

①より
$$S_{n+1} = 2a_{n+1} + 4(n+1) - 3 \quad \cdots ②$$

②−①から
$$\boxed{S_{n+1} - S_n} = 2a_{n+1} - 2a_n + 4$$

よって $\boxed{a_{n+1}} = 2a_{n+1} - 2a_n + 4$

$$\therefore \; \boldsymbol{\underline{a_{n+1} = 2a_n - 4}} \;\cdots\text{(答)}$$

①の n のところを $n+1$ に入れかえただけだよ！ 問題の流れから a_{n+1} がほしいから

$a_{n+1} = S_{n+1} - S_n$

を作ることを目標にしよう！！

$a_{n+1} = S_{n+1} - S_n$ です！

(2)　①で $n=1$ として
$$S_1 = 2a_1 + 4\times 1 - 3$$
よって　$a_1 = 2a_1 + 4 - 3$

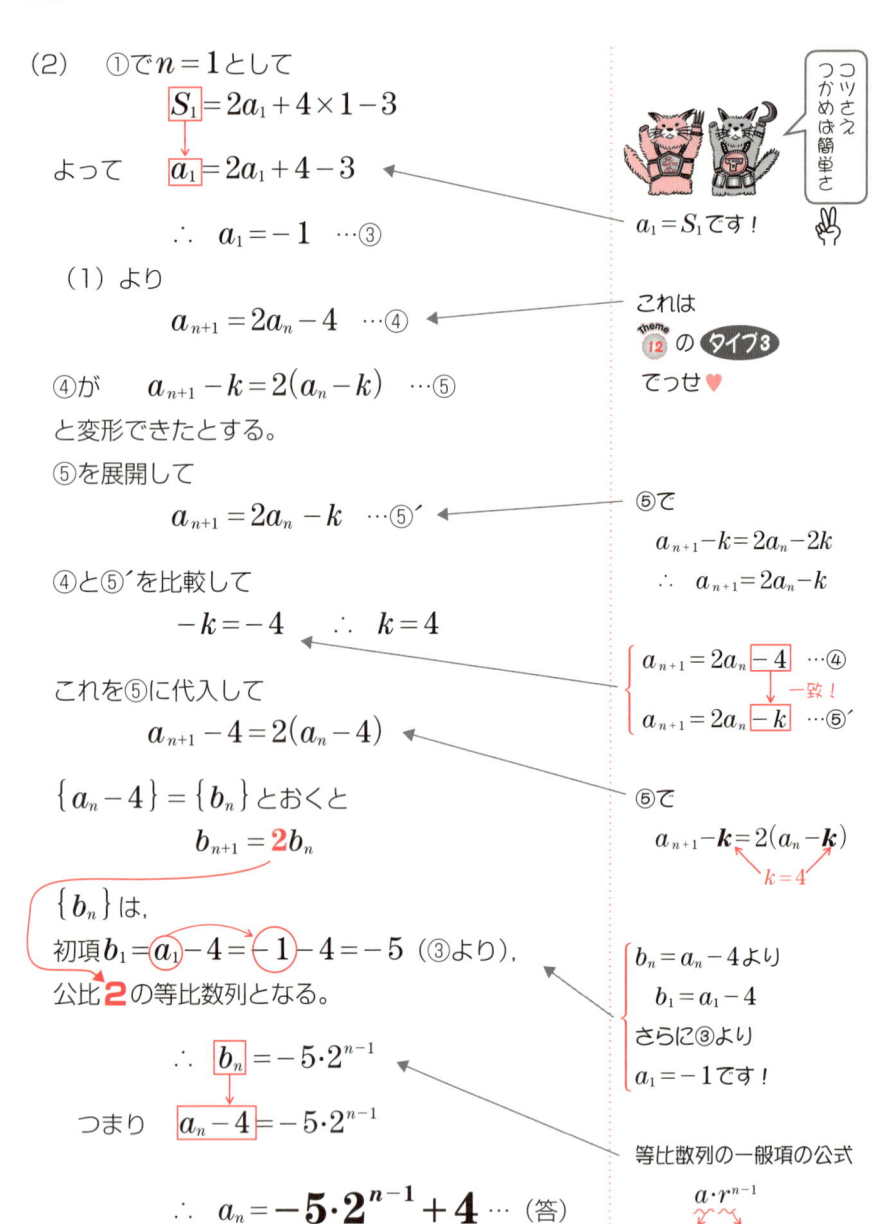

$\quad\therefore\quad a_1 = -1 \quad\cdots\text{③}$

(1)より
$$a_{n+1} = 2a_n - 4 \quad\cdots\text{④}$$

④が　$a_{n+1} - k = 2(a_n - k) \quad\cdots\text{⑤}$
と変形できたとする。

⑤を展開して
$$a_{n+1} = 2a_n - k \quad\cdots\text{⑤}'$$

④と⑤′を比較して
$$-k = -4 \quad\therefore\quad k = 4$$

これを⑤に代入して
$$a_{n+1} - 4 = 2(a_n - 4)$$

$\{a_n - 4\} = \{b_n\}$ とおくと
$$b_{n+1} = 2b_n$$

$\{b_n\}$ は,
初項 $b_1 = a_1 - 4 = -1 - 4 = -5$ （③より）,
公比 2 の等比数列となる。

$$\therefore\quad b_n = -5\cdot 2^{n-1}$$

つまり　$a_n - 4 = -5\cdot 2^{n-1}$

$$\therefore\quad a_n = -5\cdot 2^{n-1} + 4 \quad\cdots\text{(答)}$$

コツさえつかめば簡単さ

$a_1 = S_1$ です！

これは Theme 12 の タイプ3 でっせ ♥

⑤で
$a_{n+1} - k = 2a_n - 2k$
$\therefore\quad a_{n+1} = 2a_n - k$

$\begin{cases} a_{n+1} = 2a_n - 4 \quad\cdots\text{④} \\ a_{n+1} = 2a_n - k \quad\cdots\text{⑤}' \end{cases}$ 一致！

⑤で
$a_{n+1} - k = 2(a_n - k)$
$k = 4$

$\begin{cases} b_n = a_n - 4 \text{より} \\ b_1 = a_1 - 4 \end{cases}$
さらに③より
$a_1 = -1$ です！

等比数列の一般項の公式
$a \cdot r^{n-1}$
初項 -5　公比 2

Theme 19 S_n が登場したら… 211

ガン，ガン行こうぜ!! もう一発！

問題19-3　　　　　　　　　　　　　　　　　　　　ちょいムズ

数列 $\{a_n\}$ の初項から第 n 項までの和を S_n とするとき，
$$2S_n = 3a_n - 2^n$$
をみたしている。

(1) a_{n+1} と a_n の関係式を求めよ。
(2) 一般項 a_n を求めよ。

ナイスな導入!!

これも　$a_{n+1} = S_{n+1} - S_n$　の活用がカギです！
では，やってみましょう♥　**問題19-2** と同じ方針でGO!!

解答でござる

(1)　$2S_n = 3a_n - 2^n$ …①

①より
$$2S_{n+1} = 3a_{n+1} - 2^{n+1} \quad \text{…②}$$

②-①から
$$2(\boxed{S_{n+1} - S_n}) = 3a_{n+1} - 3a_n - 2^{n+1} + 2^n$$
$$2\boxed{a_{n+1}} = 3a_{n+1} - 3a_n - 2^{n+1} + 2^n$$

$$\therefore \quad \underline{a_{n+1} = 3a_n + 2^n} \quad \text{…(答)}$$

①の n のところを $n+1$ に入れかえただけだよ〜ん♥

$a_{n+1} = S_{n+1} - S_n$

$2a_{n+1} = 3a_{n+1} - 3a_n$
$\qquad\qquad -2\cdot 2^n + 2^n$
$-a_{n+1} = -3a_n - 2^n$　×(-1)
$a_{n+1} = 3a_n + 2^n$

$2^n = A$ とすると
$-2A + A$
$= -A$
のイメージ！

(2)　①で $n=1$ として
$$2\boxed{S_1} = 3a_1 - 2^1$$
$$2\boxed{a_1} = 3a_1 - 2^1$$
$$\therefore \quad a_1 = 2 \quad \text{…③}$$

$a_1 = S_1$

（1）より
$$a_{n+1} = 3a_n + 2^n \quad \cdots ④$$

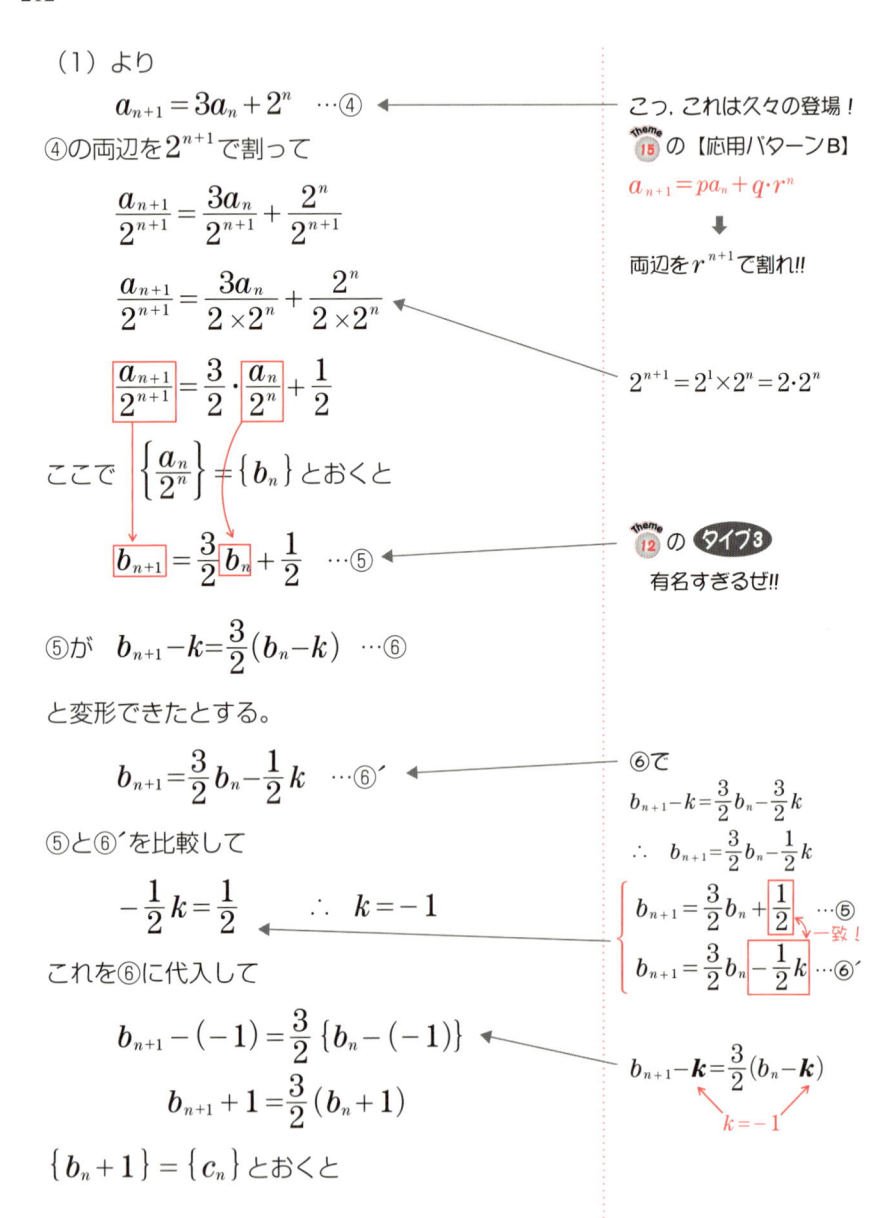

④の両辺を 2^{n+1} で割って

$$\frac{a_{n+1}}{2^{n+1}} = \frac{3a_n}{2^{n+1}} + \frac{2^n}{2^{n+1}}$$

$$\frac{a_{n+1}}{2^{n+1}} = \frac{3a_n}{2 \times 2^n} + \frac{2^n}{2 \times 2^n}$$

$$\boxed{\frac{a_{n+1}}{2^{n+1}}} = \frac{3}{2} \cdot \boxed{\frac{a_n}{2^n}} + \frac{1}{2}$$

ここで $\left\{\dfrac{a_n}{2^n}\right\} = \{b_n\}$ とおくと

$$\boxed{b_{n+1}} = \frac{3}{2}\boxed{b_n} + \frac{1}{2} \quad \cdots ⑤$$

⑤が $b_{n+1} - k = \dfrac{3}{2}(b_n - k) \quad \cdots ⑥$

と変形できたとする。

$$b_{n+1} = \frac{3}{2}b_n - \frac{1}{2}k \quad \cdots ⑥'$$

⑤と⑥′を比較して

$$-\frac{1}{2}k = \frac{1}{2} \quad \therefore \quad k = -1$$

これを⑥に代入して

$$b_{n+1} - (-1) = \frac{3}{2}\{b_n - (-1)\}$$

$$b_{n+1} + 1 = \frac{3}{2}(b_n + 1)$$

$\{b_n + 1\} = \{c_n\}$ とおくと

こっ, これは久々の登場！
Theme 15 の【応用パターンB】
$a_{n+1} = pa_n + q \cdot r^n$
↓
両辺を r^{n+1} で割れ!!

$2^{n+1} = 2^1 \times 2^n = 2 \cdot 2^n$

Theme 12 の タイプ3
有名すぎるぜ!!

⑥で
$b_{n+1} - k = \dfrac{3}{2}b_n - \dfrac{3}{2}k$
∴ $b_{n+1} = \dfrac{3}{2}b_n - \dfrac{1}{2}k$

$\begin{cases} b_{n+1} = \dfrac{3}{2}b_n + \boxed{\dfrac{1}{2}} \quad \cdots ⑤ \\ b_{n+1} = \dfrac{3}{2}b_n \boxed{-\dfrac{1}{2}k} \quad \cdots ⑥' \end{cases}$ 一致！

$b_{n+1} - \boldsymbol{k} = \dfrac{3}{2}(b_n - \boldsymbol{k})$
$k = -1$

Theme 19 S_n が登場したら… 213

$$c_{n+1} = \frac{3}{2} c_n$$

$\{c_n\}$ は，

初項 $c_1 = b_1 + 1 = \dfrac{a_1}{2} + 1 = \dfrac{2}{2} + 1 = 1 + 1 = 2$

（③より），公比 $\dfrac{3}{2}$ の等比数列となる。

$\therefore \boxed{c_n} = 2 \cdot \left(\dfrac{3}{2}\right)^{n-1}$

つまり $\boxed{b_n + 1} = 2 \cdot \left(\dfrac{3}{2}\right)^{n-1}$

$\therefore \boxed{b_n} = 2 \cdot \left(\dfrac{3}{2}\right)^{n-1} - 1$

すなわち $\boxed{\dfrac{a_n}{2^n}} = 2 \cdot \left(\dfrac{3}{2}\right)^{n-1} - 1$

$\phantom{すなわち \boxed{\dfrac{a_n}{2^n}}} = 2 \cdot \dfrac{3^{n-1}}{2^{n-1}} - 1$

両辺を 2^n 倍して

$a_n = 2 \cdot \dfrac{3^{n-1}}{2^{n-1}} \times 2^n - 1 \times 2^n$

$\therefore a_n = \mathbf{4 \cdot 3^{n-1} - 2^n}$ …（答）

右側の注釈：

$c_n = b_n + 1$ より
$c_1 = b_1 + 1$
さらに $b_n = \dfrac{a_n}{2^n}$ より
$b_1 = \dfrac{a_1}{2^1} = \dfrac{a_1}{2}$
また③より $a_1 = 2$ ですよ ♥

等比数列の一般項の公式
$a \cdot r^{n-1}$
初項 2 公比 $\dfrac{3}{2}$

くり返し同じ話が出てくるねぇ…

$\left(\dfrac{3}{2}\right)^{n-1} = \dfrac{3^{n-1}}{2^{n-1}}$

$2 \cdot \dfrac{3^{n-1}}{2^{n-1}} \times 2^n$
$= 2 \cdot \dfrac{2^n}{2^{n-1}} \times 3^{n-1}$
$= 2 \times 2 \times 3^{n-1}$
$= 4 \cdot 3^{n-1}$
$2^{n-(n-1)} = 2^1 = 2$

まぁ，とにかく

$a_{n+1} = S_{n+1} - S_n$ や $a_1 = S_1$ を活用して**漸化式**を作ると!!

Theme 11 ～ Theme 18 で猛特訓したさまざまなパターンになる可能性があるワケで，その代表例を 問題19-2 & 問題19-3 でやったワケであります！

Theme 20 ついに出たぁ!! 3項間漸化式 ♥

a_{n+2}, a_{n+1}, a_n の3項が登場!! ひぇ〜話だ…

まぁ，3項間漸化式は，**やり方を覚えちまえば** OK！
最初に言っておくけど，**2つのタイプ**があります！ 1つずつ紹介しましょう ♥

問題20-1　　　　　　　　　　　　　　　　　　　　　標準

次の漸化式で決定される数列の第n項a_nを求めよ。
　　$a_1 = 1, \quad a_2 = 5, \quad a_{n+2} - 5a_{n+1} + 6a_n = 0$

ナイスな導入!!

覚えろ!!

　　$a_{n+2} + pa_{n+1} + qa_n = 0$　ときたら…

　　　　　　　　↓ 変形する！

　　$a_{n+2} - \alpha a_{n+1} = \beta(a_{n+1} - \alpha a_n)$　← 必ずこの式!! 覚えるべし!!!

このとき，α, β は，$x^2 + px + q = 0$の解！

で，追加説明をしておきましょう ♥

　　　　$a_{n+2} + pa_{n+1} + qa_n = 0$　…Ⓐ

Ⓐが　$a_{n+2} - \alpha a_{n+1} = \beta(a_{n+1} - \alpha a_n)$　…Ⓑ

と変形できたとする。

Ⓑを展開して

　　　　$a_{n+2} - \alpha a_{n+1} = \beta a_{n+1} - \alpha\beta a_n$

$\therefore \quad a_{n+2} - (\alpha + \beta)a_{n+1} + \alpha\beta a_n = 0$　…Ⓑ´

ⒶとⒷ´を比較して

$\begin{cases} -(\alpha+\beta) = p \\ \alpha\beta = q \end{cases} \quad \therefore \quad \begin{cases} \alpha+\beta = -p \\ \alpha\beta = q \end{cases}$　…Ⓒ

このとき，α, β を2解にもつ2次方程式は

　　　　$(x-\alpha)(x-\beta) = 0$　← あたりまえでしょ？

よって　$x^2 - (\alpha+\beta)x + \alpha\beta = 0$　…Ⓓ

Theme 20　ついに出たぁ!! 3項間漸化式 ♥　215

Ⓓにⓒを代入して

$$x^2 - (\underbrace{-p}_{\alpha+\beta})x + \underbrace{q}_{\alpha\beta} = 0 \quad \leftarrow \text{ⓒよい}$$

$$x^2 + px + q = 0 \quad \cdots \text{Ⓔ}$$

つまり，Ⓔを解けばα, βを求めることができるわけよ！
で，Ⓔってどっかで見たような気がしません？

Ⓐの式，つまり　$a_{n+2} + pa_{n+1} + qa_n = 0$ ←Ⓐ

で，$a_{n+2} \to x^2$, $a_{n+1} \to x$, $a_n \to 1$
てな感じに置き換えると，

$$x^2 + px + q = 0 \quad \leftarrow \text{Ⓔだぁ！}$$

がすぐ求まりますヨ♥

これ覚えといて!!

イメージ
$a_{n+2} + pa_{n+1} + qa_n = 0$
　↓　　　↓　　　↓
　x^2　　x　　1

で，本問の場合！

$$\boxed{a_{n+2} - 5a_{n+1} + 6a_n = 0} \quad \cdots \text{Ⓐ}$$

Ⓐが　$a_{n+2} - \alpha a_{n+1} = \beta(a_{n+1} - \alpha a_n)$ …Ⓑ
と変形できたとする。

$a_{n+2} \to x^2$　$a_{n+1} \to x$　$a_n \to 1$

このとき，α, βは，$\boxed{x^2 - 5x + 6 = 0}$ …Ⓔ の解

Ⓔより　$(x-2)(x-3) = 0$　∴　$x = 2, 3$

つまり，$(\alpha, \beta) = (\mathbf{2, 3}), (\mathbf{3, 2})$

どっちがαかβか決まってない！

これらをⓑに代入して

2通りの変形ができる！

$(\alpha, \beta) = (2, 3)$ のとき
$$a_{n+2} - \overset{\alpha}{2}a_{n+1} = \overset{\beta}{3}(a_{n+1} - \overset{\alpha}{2}a_n) \quad \cdots \text{㋑}$$

$(\alpha, \beta) = (3, 2)$ のとき
$$a_{n+2} - \overset{\alpha}{3}a_{n+1} = \overset{\beta}{2}(a_{n+1} - \overset{\alpha}{3}a_n) \quad \cdots \text{㋺}$$

では，㋑から，意味するところを考えてみましょう！

㋑で $a_{n+2} - 2a_{n+1} = 3(a_{n+1} - 2a_n)$

うまく1つわれこる！
   ↓ b_{n+1} ↓ b_n

ご覧になればおわかりの通り $\{a_{n+1} - 2a_n\} = \{b_n\}$ とおくと
うまくいきます！　すると…

ここをそろえる！
当然このとき
$a_{n+2} - 2a_{n+1} = b_{n+1}$
ですよ！

$$b_{n+1} = 3b_n$$

となり，楽勝パターンへと…

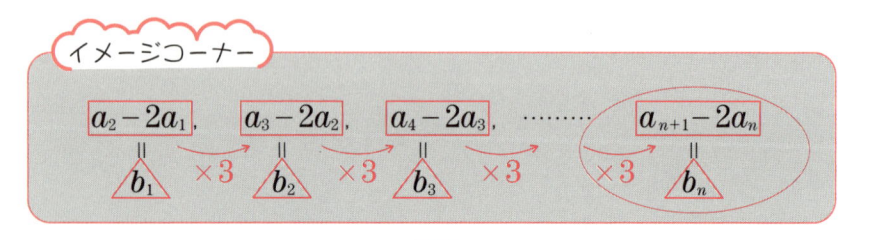

イメージコーナー

$a_2 - 2a_1,$ $a_3 - 2a_2,$ $a_4 - 2a_3,$ ……… $a_{n+1} - 2a_n$
‖ b_1　×3　‖ b_2　×3　‖ b_3　×3 ……×3　‖ b_n

ここで $\{b_n\}$ は，初項 $b_1 = a_2 - 2a_1 = 5 - 2 \times 1 = 3$

$a_1 = 1$
$a_2 = 5$
でしたネ！

公比 3 の等比数列である。

$b_{n+1} = 3b_n$ ↗

よって　　　$b_n = 3 \cdot 3^{n-1} = 3^n$

$a \cdot r^{n-1}$
3 3

つまり　　$a_{n+1} - 2a_n = 3^n$ …㋓

同様に㋺で

$$a_{n+2} - 3a_{n+1} = 2(a_{n+1} - 3a_n)$$
   ↓ c_{n+1} ↓ c_n

$\{a_{n+1} - 3a_n\} = \{c_n\}$ とおくと

$$c_{n+1} = 2c_n$$

$a_1 = 1$
$a_2 = 5$
ですよ！

したがって，$\{c_n\}$ は，初項 $c_1 = a_2 - 3a_1 = 5 - 3 \times 1 = 2$，
公比 2 の等比数列である。

$c_{n+1} = 2c_n$ ↗

Theme 20　ついに出たぁ!!　3項間漸化式　217

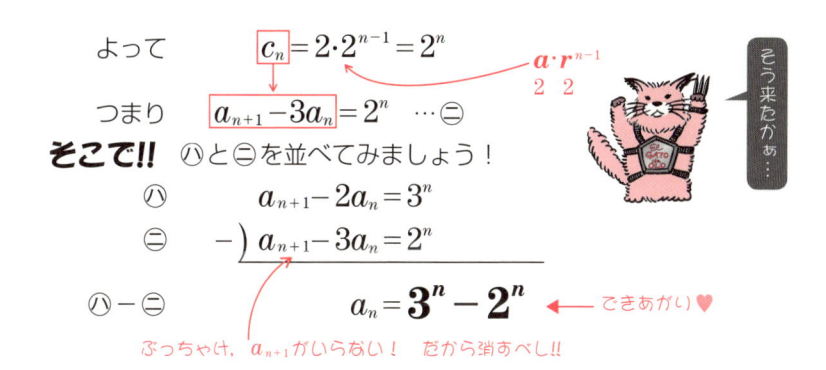

よって　　$\boxed{c_n} = 2 \cdot 2^{n-1} = 2^n$　　← $a \cdot r^{n-1}$
　　　　　　　　　　　　　　　　　　　　　　2　2

つまり　　$\boxed{a_{n+1} - 3a_n} = 2^n$　…㊁

そう来たかぁ…

そこで!!　㊀と㊁を並べてみましょう！

㊀　　　　$a_{n+1} - 2a_n = 3^n$
㊁　　$-)\ a_{n+1} - 3a_n = 2^n$
㊀−㊁　　　　　　$a_n = \mathbf{3^n - 2^n}$　← できあがり♥

ぶっちゃけ，a_{n+1} がいらない！　だから消すべし!!

解答でござる

$a_1 = 1,\quad a_2 = 5$　…①

$a_{n+2} - 5a_{n+1} + 6a_n = 0$　…②

⎰ ②が　これは覚えておくれ!!
⎱ $\boxed{a_{n+2} - \alpha a_{n+1} = \beta(a_{n+1} - \alpha a_n)}$　…(∗)
　と変形できたとする。
　このとき
　　　　$x^2 - 5x + 6 = 0$　より
　　　　$(x-2)(x-3) = 0$
　　　　　　∴　$x = 2,\ 3$
　つまり，$(\alpha, \beta) = (2, 3),\ (3, 2)$

この部分はこっそりと計算用紙に書くのが普通です！まあ，答案用紙に書いてもOKですけど…。

②で
$a_{n+2} - 5a_{n+1} + 6a_n = 0$
　↓　　　　↓　　　　↓
$x^2\ \ -\ 5x\ \ +\ 6 = 0$　（$a_n \to 1$）

（これを人呼んで**特性方程式**と申す！）

いきなりここから答案をSTARTするのが普通ですヨ♥

②より
$\begin{cases} a_{n+2} - 2a_{n+1} = 3(a_{n+1} - 2a_n) & \cdots ③ \\ a_{n+2} - 3a_{n+1} = 2(a_{n+1} - 3a_n) & \cdots ④ \end{cases}$

(∗) で $(\alpha, \beta) = (2, 3)$ を代入

(∗) で $(\alpha, \beta) = (3, 2)$ を代入

③で $\{a_{n+1}-2a_n\}=\{b_n\}$ とおくと

$$b_{n+1}=3b_n$$

このあたりは **ナイスな導入** を参照のこと…。

$b_n=a_{n+1}-2a_n$ より
$b_1=a_2-2a_1$
①より5, 1

このとき $\{b_n\}$ は，
初項 $b_1=a_2-2a_1=5-2\times1=3$（①より），公比 **3**
の等比数列である。

$$\therefore\ b_n=3\cdot3^{n-1}=3^n$$

$a\cdot r^{n-1}$

つまり $\boxed{a_{n+1}-2a_n=3^n}$ …⑤

④で $\{a_{n+1}-3a_n\}=\{c_n\}$ とおくと

$$c_{n+1}=2c_n$$

このあたりも **ナイスな導入** をよく読んでネ！

$c_n=a_{n+1}-3a_n$ より
$c_1=a_2-3a_1$
①より5, 1

このとき $\{c_n\}$ は，
初項 $c_1=a_2-3a_1=5-3\times1=2$（①より），公比 **2**
の等比数列である。

$$\therefore\ c_n=2\cdot2^{n-1}=2^n$$

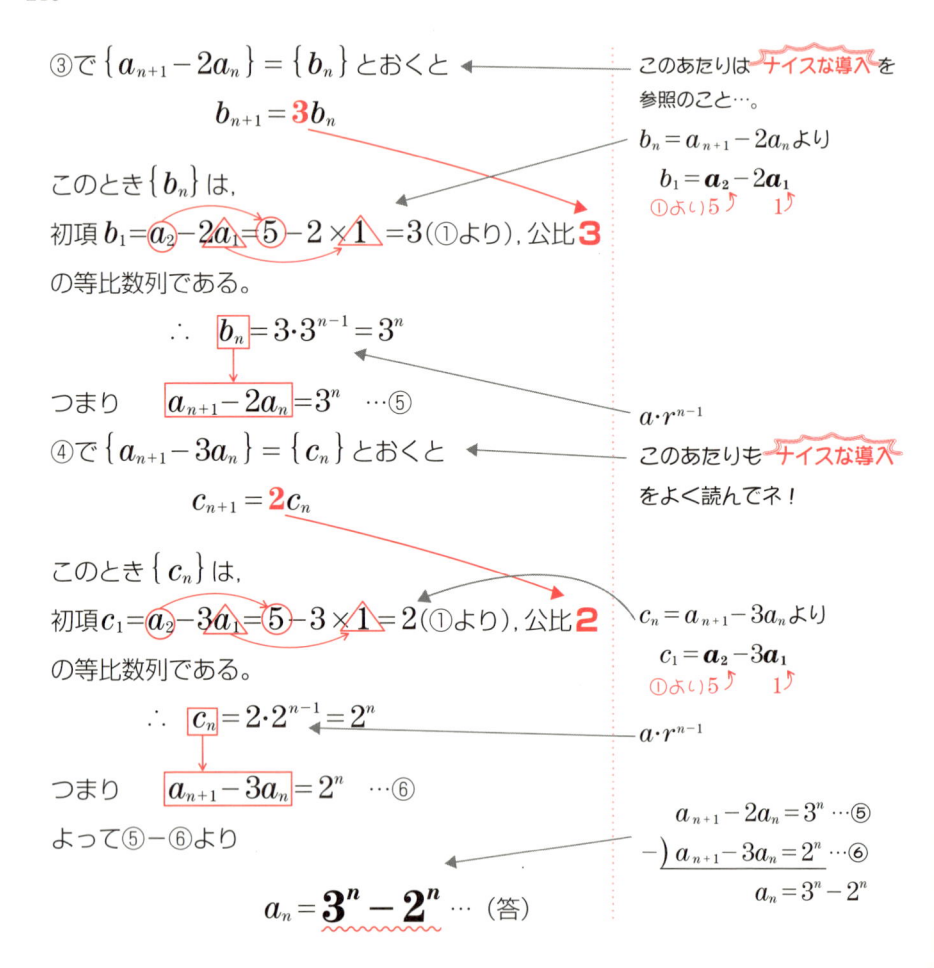

$a\cdot r^{n-1}$

つまり $\boxed{a_{n+1}-3a_n=2^n}$ …⑥

よって⑤－⑥より

$$a_{n+1}-2a_n=3^n\ \cdots⑤$$
$$-)\ a_{n+1}-3a_n=2^n\ \cdots⑥$$
$$a_n=3^n-2^n$$

$$a_n=\mathbf{3^n-2^n}\ \text{…（答）}$$

で，ほとんど同じなんですけど，**ビミョーに違う** タイプがあります！
それが，次に紹介する **問題20-2** なんですよ…。

問題20-2 ちょいムズ

次の漸化式で決定される数列の第 n 項 a_n を求めよ。
$a_1=2$, $a_2=8$, $a_{n+2}-4a_{n+1}+4a_n=0$

Theme 20 ついに出たぁ!! 3項間漸化式 ♥

ナイスな導入!!

まぁ STARTは，問題**20-1** とまったく同じですヨ ♥（同じなのね）
では，やってみますか！

$$a_{n+2} - 4a_{n+1} + 4a_n = 0 \quad \cdots Ⓐ$$

Ⓐが $\boxed{a_{n+2} - \alpha a_{n+1} = \beta(a_{n+1} - \alpha a_n)} \quad \cdots Ⓑ$

と変形できたとする。 ← これお約束！特性方程式といいます！

このとき，

Ⓐで $a_{n+2} - 4a_{n+1} + 4a_n = 0$ （$a_n \to 1$）
$x^2 - 4x + 4 = 0$

$x^2 - 4x + 4 = 0$ より
$(x-2)^2 = 0$
$\therefore x = 2$ ← あれ!! 重解!!

（αもβも2！）
（これ覚えちゃえよ！）

そ——です！　重解になってしもうた！

つま——り!! $\quad (\alpha, \beta) = (2, 2)$ ← αもβも2となる！

⬇ て，ことは…

Ⓑより $\quad a_{n+2} - \overset{\alpha}{2} a_{n+1} = \overset{\beta}{2}(a_{n+1} - \overset{\alpha}{2} a_n) \quad \cdots Ⓒ$

となります！　1通りにしか変形できません!!

Ⓒで $\{a_{n+1} - 2a_n\} = \{b_n\}$ とおくと

$$b_{n+1} = \mathbf{2}b_n$$

当然 $b_{n+1} = a_{n+2} - 2a_{n+1}$ でっせ ♥

よって $\{b_n\}$ は，初項 $b_1 = a_2 - 2a_1 = 8 - 2 \times 2 = 4$，公比 **2**
の等比数列である。

$a_1 = 2$
$a_2 = 8$
でしたネ！

$$\therefore \boxed{b_n} = \mathbf{4 \cdot 2}^{n-1} = 2^2 \cdot 2^{n-1} = 2^{n+1}$$

$a \cdot r^{n-1}$ です！　$2 + n - 1 = n + 1$

つまり $\boxed{a_{n+1} - 2a_n} = 2^{n+1} \quad \cdots Ⓓ$

お——っと，問題20-1 と違うぞぉー！ 問題20-1 では，Ⓓみたいな式が**2つ**できて，連立して a_n を求めたよネ？ でも今回は，(α, β) の組が $(2, 2)$ の1組しかなかったから，Ⓓの**1つしか発生**しません！

じゃあ，Ⓓだけでガンバるしかないネ♥

で，Ⓓより $a_{n+1} = 2a_n + 2^{n+1}$

こっこれは…あのときの…

そ——です。これは，Theme 15 の【応用パターンB】です！

【応用パターンB】
$$a_{n+1} = pa_n + q \cdot r^n$$
↓
とにかく r^{n+1} で割れ!!

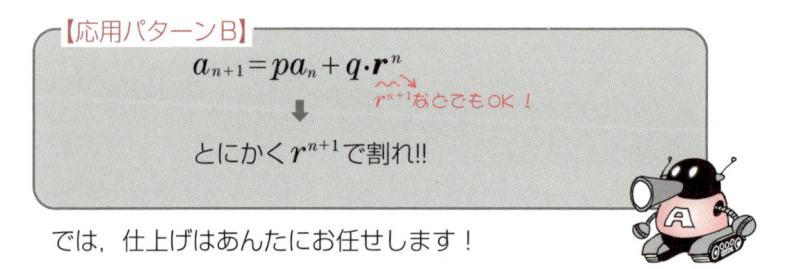

r^{n+1} などでもOK！

では，仕上げはあんたにお任せします！

解答でござる

$a_1 = 2, \quad a_2 = 8 \quad \cdots ①$

$a_{n+2} - 4a_{n+1} + 4a_n = 0 \quad \cdots ②$

②が
$a_{n+2} - \alpha a_{n+1} = \beta(a_{n+1} - \alpha a_n) \quad \cdots (*)$
と変形できたとする
このとき
$$x^2 - 4x + 4 = 0 \quad より$$
$$(x-2)^2 = 0$$
$$\therefore \quad x = 2$$
つまり，$(\alpha, \beta) = (2, 2)$

②より
$a_{n+2} - 2a_{n+1} = 2(a_{n+1} - 2a_n) \quad \cdots ③$

③で $\{a_{n+1} - 2a_n\} = \{b_n\}$ とおくと

この部分は計算用紙にこっそりとやろう！

こっそり(笑)

まさかの重解！これが本問のテーマなり！

(*)に $(\alpha, \beta) = (2, 2)$ を代入
このあたりはナイスな導入をよく見てください。

Theme 20　ついに出たぁ!! 3項間漸化式　221

$$b_{n+1} = 2b_n$$

このとき $\{b_n\}$ は,
初項 $b_1 = a_2 - 2a_1 = 8 - 2 \times 2 = 4$（①より）, 公比 2
の等比数列である。

$$\therefore \boxed{b_n} = 4 \cdot 2^{n-1} = 2^{n+1}$$

つまり $\boxed{a_{n+1} - 2a_n} = 2^{n+1}$

$$\therefore a_{n+1} = 2a_n + 2^{n+1} \quad \cdots ④$$

④の両辺を 2^{n+1} で割ると

$$\frac{a_{n+1}}{2^{n+1}} = \frac{2a_n}{2^{n+1}} + \frac{2^{n+1}}{2^{n+1}}$$

$$\therefore \boxed{\frac{a_{n+1}}{2^{n+1}}} = \boxed{\frac{a_n}{2^n}} + 1 \quad \cdots ⑤$$

⑤で $\left\{\dfrac{a_n}{2^n}\right\} = \{c_n\}$ とおくと

$$\boxed{c_{n+1}} = \boxed{c_n} + \underset{\text{公差}}{1}$$

よって $\{c_n\}$ は, 初項 $c_1 = \dfrac{a_1}{2} = \dfrac{2}{2} = 1$（①より）, 公差 1
の等差数列である。

$$\therefore \boxed{c_n} = 1 + (n-1) \times 1 = n$$

つまり $\boxed{\dfrac{a_n}{2^n}} = n$

$$\therefore a_n = \underline{\boldsymbol{n \cdot 2^n}} \quad \cdots (答)$$

$b_n = a_{n+1} - 2a_n$ より
$b_1 = a_2 - 2a_1$
①より 8　　2

$4 \cdot 2^{n-1} = 2^2 \times 2^{n-1}$
$\qquad = 2^{2+n-1}$
$\qquad = 2^{n+1}$

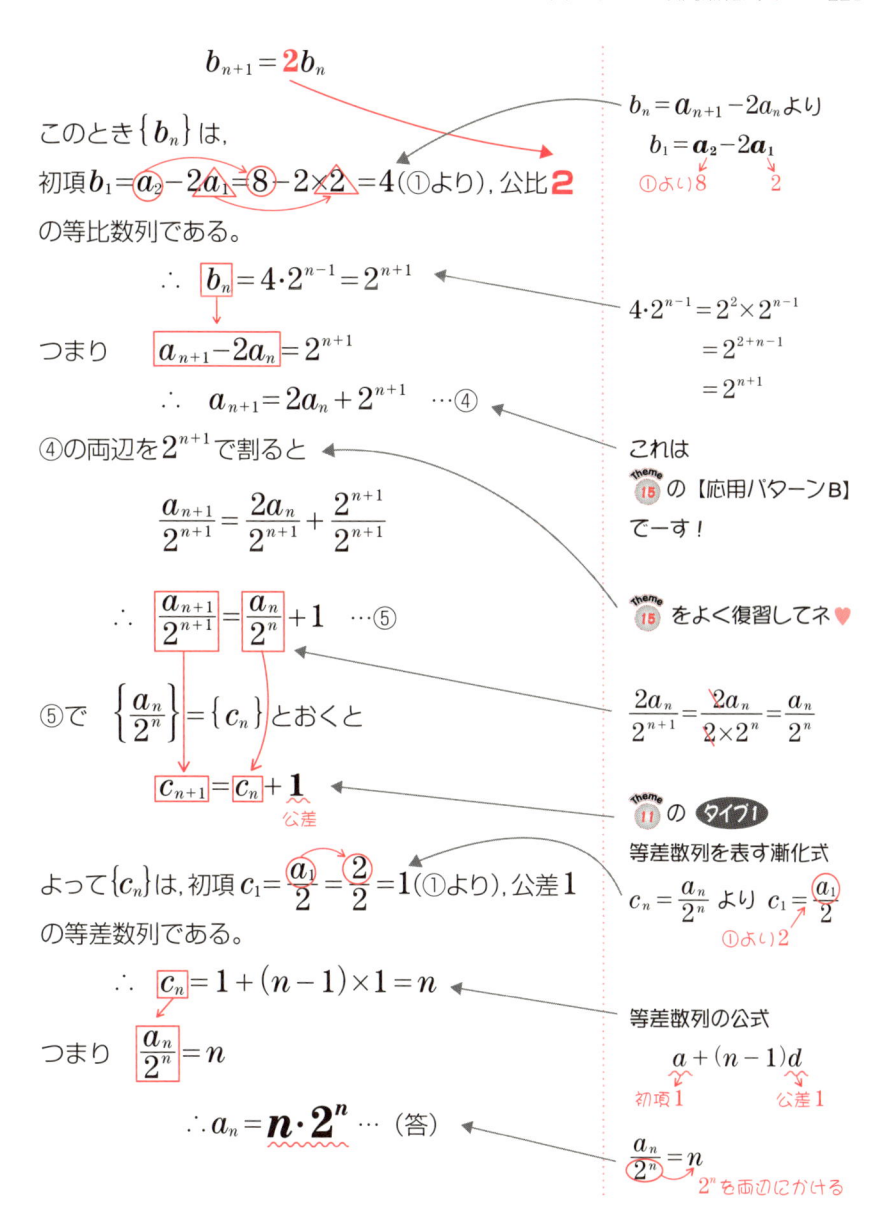

これは
Theme 15 の【応用パターンB】
でーす!

Theme 15 をよく復習してネ♥

$\dfrac{2a_n}{2^{n+1}} = \dfrac{2a_n}{2 \times 2^n} = \dfrac{a_n}{2^n}$

Theme 11 の タイプ1
等差数列を表す漸化式
$c_n = \dfrac{a_n}{2^n}$ より $c_1 = \dfrac{a_1}{2}$
①より 2

等差数列の公式
$a + (n-1)d$
初項1　　公差1

$\dfrac{a_n}{2^n} = n$
2^n を両辺にかける

よっしゃぁーっ！ **3項間の漸化式**もバンバン練習だぁーっ！

問題20-3 ちょいムズ

次の漸化式で決定される数列の第n項a_nを求めよ。

(1) $a_1 = 1$, $a_2 = 4$, $a_{n+2} - 4a_{n+1} - 12a_n = 0$

(2) $a_1 = 1$, $a_2 = 2$, $a_{n+2} + 6a_{n+1} + 8a_n = 0$

(3) $a_1 = 2$, $a_2 = 12$, $a_{n+2} - 6a_{n+1} + 9a_n = 0$

ナイスな導入!!

まぁ，**問題20-1** & **問題20-2** の復習なんですが…
もう一発，まとめておきましょうネ♥

3項間漸化式の攻略!

$$a_{n+2} + pa_{n+1} + qa_n = 0$$

⬇ 変形せよ!!

必ずこれ!!　$a_{n+2} - \alpha a_{n+1} = \beta(a_{n+1} - \alpha a_n)$

置き換え!
$\begin{cases} a_{n+2} \to x^2 \\ a_{n+1} \to x \\ a_n \to 1 \end{cases}$

このとき，(α, β) は

(☆) 　$x^2 + px + q = 0$ の解です!　作れるネ?

で，(☆) が**異なる2解**をもつときは，**問題20-1** のように
2つを変形してから連立して解きます。

しかし，(☆) が**重解**をもつときは，**問題20-2** のように
Theme 15 の【応用パターンB】に帰着します!

【応用パターンB】
$a_{n+1} = pa_n + q \cdot r^n$ のタイプだよ!
こうなったら，r^{n+1} で割りゃあよかったネ♥

Theme 20　ついに出たぁ!! 3項間漸化式　223

解答でござる

(1) $a_1 = 1$, $a_2 = 4$ … ①
$a_{n+2} - 4a_{n+1} - 12a_n = 0$ … ②

②が
$a_{n+2} - \alpha a_{n+1} = \beta(a_{n+1} - \alpha a_n)$ … (∗)
と変形できたとする。
このとき
$x^2 - 4x - 12 = 0$ より
$(x+2)(x-6) = 0$
$\therefore x = -2, 6$
つまり, $(\alpha, \beta) = (-2, 6), (6, -2)$

この部分は計算用紙にこっそりとネ♥

②から
$a_{n+2} - 4a_{n+1} - 12a_n = 0$
↓すぐ作れる！
$x^2 - 4x - 12 = 0$

②より
$\begin{cases} a_{n+2} + 2a_{n+1} = 6(a_{n+1} + 2a_n) & \cdots ③ \\ a_{n+2} - 6a_{n+1} = -2(a_{n+1} - 6a_n) & \cdots ④ \end{cases}$

(∗)に $(\alpha, \beta) = (-2, 6)$ を代入
(∗)に $(\alpha, \beta) = (6, -2)$ を代入

③で, $\{a_{n+1} + 2a_n\} = \{b_n\}$ とおくと
$b_{n+1} = 6b_n$

このとき $\{b_n\}$ は,
初項 $b_1 = a_2 + 2a_1 = 4 + 2 \times 1 = 6$ (①より), 公比 6
の等比数列である。
$\therefore \boxed{b_n} = 6 \cdot 6^{n-1} = 6^n$

つまり $\boxed{a_{n+1} + 2a_n} = 6^n$ … ⑤

問題20-1のナイスな導入 参照！
$b_n = a_{n+1} + 2a_n$ より
$b_1 = a_2 + 2a_1$
　　①より4　　1

$a \cdot r^{n-1}$

問題20-1のナイスな導入 参照！

④で, $\{a_{n+1} - 6a_n\} = \{c_n\}$ とおくと
$c_{n+1} = -2c_n$

このとき $\{c_n\}$ は,
初項 $c_1 = a_2 - 6a_1 = 4 - 6 \times 1 = -2$ (①より),
公比 -2 の等比数列である。

$c_n = a_{n+1} - 6a_n$ より
$c_1 = a_2 - 6a_1$
　　①より4　　1

$$\therefore \boxed{c_n} = -2 \cdot (-2)^{n-1} = (-2)^n$$

つまり $\boxed{a_{n+1} - 6a_n} = (-2)^n$ …⑥

よって⑤－⑥より

$$8a_n = 6^n - (-2)^n$$

$$\therefore a_n = \underline{\underline{\frac{6^n - (-2)^n}{8}}} \cdots (答)$$

マイナスを出さないように！
-2^n としたら 死亡

$a_{n+1} + 2a_n = 6^n$ …⑤
$a_{n+1} - 6a_n = (-2)^n$
$-\underline{}$ …⑥
$8a_n = 6^n - (-2)^n$

(2) $a_1 = 1$, $a_2 = 2$ …①
$a_{n+2} + 6a_{n+1} + 8a_n = 0$ …②

②が
$$a_{n+2} - \alpha a_{n+1} = \beta(a_{n+1} - \alpha a_n) \quad \cdots (*)$$
と変形できたとする。
このとき
$$x^2 + 6x + 8 = 0 \text{ より}$$
$$(x+2)(x+4) = 0$$
$$\therefore x = -2, -4$$
つまり, $(\alpha, \beta) = (-2, -4), (-4, -2)$

何度も言うけど，この部分は計算用紙にこっそりとネ！

②から
$a_{n+2} + 6a_{n+1} + 8a_n = 0$
↓ すぐ作れる！
$x^2 + 6x + 8 = 0$

②より
$$\begin{cases} a_{n+2} + 2a_{n+1} = -4(a_{n+1} + 2a_n) & \cdots ③ \\ a_{n+2} + 4a_{n+1} = -2(a_{n+1} + 4a_n) & \cdots ④ \end{cases}$$

(-(-2), -(-2) for ③; -(-4), -(-4) for ④)

③で, $\{a_{n+1} + 2a_n\} = \{b_n\}$ とおくと
$$b_{n+1} = -4 b_n$$

このとき $\{b_n\}$ は，
初項 $b_1 = a_2 + 2a_1 = 2 + 2 \times 1 = 4$ （①より），
公比 -4 の等比数列である。

$$\therefore \boxed{b_n} = 4 \cdot (-4)^{n-1} = -(-4)^n$$

つまり $\boxed{a_{n+1} + 2a_n} = -(-4)^n$ …⑤

(*)に
$(\alpha, \beta) = (-2, -4)$
を代入

(*)に
$(\alpha, \beta) = (-4, -2)$
を代入

問題 20-1 の ナイスな導入
参照！

$b_n = a_{n+1} + 2a_n$ より
$b_1 = a_2 + 2a_1$
①より 2, 1

これ大丈夫？
$4 \times (-4)^{n-1}$
$= -(-4) \times (-4)^{n-1}$
$= -(-4)^n$

Theme 20　ついに出たぁ!!　3項間漸化式 ♥　225

④で，$\{a_{n+1}+4a_n\}=\{c_n\}$ とおくと
$$c_{n+1}=-2c_n$$

このとき $\{c_n\}$ は，
初項 $c_1=a_2+4a_1=2+4\times 1=6$ （①より），
公比 -2 の等比数列である。
$$\therefore\quad c_n=6\cdot(-2)^{n-1}=-3\cdot(-2)^n$$

つまり　$a_{n+1}+4a_n=-3\cdot(-2)^n$ …⑥

⑥－⑤より
$$2a_n=(-4)^n-3\cdot(-2)^n$$
$$\therefore\quad a_n=\frac{(-4)^n-3\cdot(-2)^n}{2}\quad\cdots（答）$$

(3)　$a_1=2$,　$a_2=12$　…①
　　$a_{n+2}-6a_{n+1}+9a_n=0$ …②

　②が
　　$a_{n+2}-\alpha a_{n+1}=\beta(a_{n+1}-\alpha a_n)$　…（＊）
　と変形できたとする。
　このとき
　　$x^2-6x+9=0$　より
　　$(x-3)^2=0$
　　　　$\therefore\quad x=3$
　つまり，　$(\alpha,\ \beta)=(3,\ 3)$

②より
　　$a_{n+2}-3a_{n+1}=3(a_{n+1}-3a_n)$　…③

③で，$\{a_{n+1}-3a_n\}=\{b_n\}$ とおくと

問題20-1 の ナイスな導入 参照！

$c_n=a_{n+1}+4a_n$ より
$c_1=a_2+4a_1$
①より 2↑　1↑

これも大丈夫かな？
$6\times(-2)^{n-1}$
$=-3\times(-2)\times(-2)^{n-1}$
$=-3\cdot(-2)^n$

$a_{n+1}+4a_n$
$\ =-3\cdot(-2)^n$ …⑥
$a_{n+1}+2a_n$
$-)\ =-(-4)^n$ …⑤
$\overline{2a_n=(-4)^n}$
$\qquad -3\cdot(-2)^n$

この部分は計算用紙にこっそりとやるのが普通！

②より
$a_{n+2}-6a_{n+1}+9a_n=0$
すぐ作れまっせ！
↓
$x^2-6x+9=0$

（＊）で
$(\alpha,\ \beta)=(3,\ 3)$ を代入

問題20-2 の ナイスな導入 をよく復習してネ♥

$$b_{n+1} = 3b_n$$

このとき $\{b_n\}$ は，
初項 $b_1 = a_2 - 3a_1 = 12 - 3 \times 2 = 6$（①より），
公比 3 の等比数列である。

$$\therefore \quad b_n = 6 \cdot 3^{n-1} = 2 \cdot 3^n$$

つまり $a_{n+1} - 3a_n = 2 \cdot 3^n$

$$\therefore \quad a_{n+1} = 3a_n + 2 \cdot 3^n \quad \cdots ④$$

④の両辺を 3^{n+1} で割ると

$$\frac{a_{n+1}}{3^{n+1}} = \frac{3a_n}{3^{n+1}} + \frac{2 \cdot 3^n}{3^{n+1}}$$

$$\therefore \quad \frac{a_{n+1}}{3^{n+1}} = \frac{a_n}{3^n} + \frac{2}{3} \quad \cdots ⑤$$

⑤で $\left\{\dfrac{a_n}{3^n}\right\} = \{c_n\}$ とおくと

$$c_{n+1} = c_n + \frac{2}{3}$$

よって $\{c_n\}$ は，初項 $c_1 = \dfrac{a_1}{3} = \dfrac{2}{3}$（①より），
公差 $\dfrac{2}{3}$ の等差数列である。

$$\therefore \quad c_n = \frac{2}{3} + (n-1) \times \frac{2}{3} = \frac{2n}{3}$$

つまり $\dfrac{a_n}{3^n} = \dfrac{2n}{3}$

両辺を 3^n 倍して

$$a_n = \frac{2n}{3} \times 3^n$$

$$\therefore \quad a_n = 2n \cdot 3^{n-1} \quad \cdots (答)$$

$b_n = a_{n+1} - 3a_n$ より
$b_1 = a_2 - 3a_1$
①より 12　　2

これは平気かい？
$6 \times 3^{n-1} = 2 \times 3 \times 3^{n-1}$
$= 2 \cdot 3^n$

これは
Theme 15 の【応用パターンB】
とにかく r^{n+1} で割る！
本問では 3^{n+1} で割る！

右辺で
$$\frac{3a_n}{3^{n+1}} + \frac{2 \cdot 3^n}{3^{n+1}}$$
$$= \frac{3a_n}{3 \cdot 3^n} + \frac{2 \cdot 3^n}{3 \cdot 3^n}$$
$$= \frac{a_n}{3^n} + \frac{2}{3}$$

これは Theme 11 の タイプ1
等差数列を表すタイプ！

$c_n = \dfrac{a_n}{3^n}$ より $c_1 = \dfrac{a_1}{3}$
①より 2

等差数列の一般項の公式
$a + (n-1)d$
初項 $\dfrac{2}{3}$　　公差 $\dfrac{2}{3}$

$\dfrac{2n}{3} \times 3^n$
$= 2n \times \dfrac{3^n}{3^1}$
$= 2n \cdot 3^{n-1}$

Theme 21 連立漸化式をぶった斬れ!!

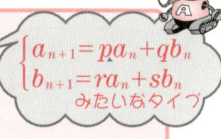

$\begin{cases} a_{n+1} = pa_n + qb_n \\ b_{n+1} = ra_n + sb_n \end{cases}$
みたいなタイプ

この連立漸化式についてうだうだ**本格的なコト**を述べてある参考書がよくあります。そんなコトは大学に入ってから，大学でやりゃあいんだよ！

このタイプの問題には，基本的に**ヒント的な指導**がつきますって！

じゃあ，1問紹介しましょうネ♥

うれしいねぇ～

問題21-1　ちょいムズ

2つの数列 $\{a_n\}$, $\{b_n\}$ が

$a_1 = 2 \qquad b_1 = 2$

$\begin{cases} a_{n+1} = a_n - 8b_n & \cdots \text{①} \\ b_{n+1} = a_n + 7b_n & \cdots \text{②} \end{cases}$

で定義されているとする。このとき

(1) $a_{n+1} + \alpha b_{n+1} = \beta(a_n + \alpha b_n)$ をみたす実数 (α, β) の組をすべて求めよ。

(2) 一般項 a_n と b_n を求めよ。

ナイスな導入!!

ホレホレ，(1)に BIG な，いや **BIGGER** な，いやいや **BIGGEST** な**ヒント**が…!!

(1) の**ヒントの式**を

アスタリスクだね！

$$a_{n+1} + \alpha b_{n+1} = \beta(a_n + \alpha b_n) \quad \cdots (*)$$ とおきます。

$(*)$ に，①，②を代入します

$$\underbrace{a_n - 8b_n}_{\text{①より } a_{n+1}} + \alpha \underbrace{(a_n + 7b_n)}_{\text{②より } b_{n+1}} = \beta(a_n + \alpha b_n)$$

$$\underbrace{(\alpha + 1)a_n + (7\alpha - 8)b_n = \beta a_n + \alpha \beta b_n}_{a_n, \ b_n \text{ でまとめる！}}$$

このとき，左辺と右辺が一致するから ← 恒等式ってことだよ！

$$\begin{cases} \alpha+1=\beta & \cdots ⑦ \\ 7\alpha-8=\alpha\beta & \cdots ⑨ \end{cases}$$

左辺は $(\alpha+1)a_n+(7\alpha-8)b_n$
右辺は $\beta\, a_n + \alpha\beta\, b_n$

⑦⑨より β を消去して

$$7\alpha-8=\alpha(\alpha+1)$$
$$\alpha^2-6\alpha+8=0$$
$$(\alpha-2)(\alpha-4)=0$$
$$\therefore \alpha=2,\ 4$$

⑦より　$\alpha=2$ のとき　$\beta=3$
　　　　$\alpha=4$ のとき　$\beta=5$

⑦より $\beta=\alpha+1$ です！

以上をまとめて，$(\alpha,\ \beta)=(\mathbf{2,\ 3}),\ (\mathbf{4,\ 5})$ ← (1) 終了！

うまくできてるもんだねぇ〜

で. この連中を（*）にハメてみましょう♥

$(\alpha,\ \beta)=(2,\ 3)$ のとき（*）は…

$$a_{n+1}+2b_{n+1}=3(a_n+2b_n)\quad \cdots Ⓐ$$

$(\alpha,\ \beta)=(4,\ 5)$ のとき（*）は…

$$a_{n+1}+4b_{n+1}=5(a_n+4b_n)\quad \cdots Ⓑ$$

おっと2通りの変形が…

Ⓐで，$\{a_n+2b_n\}=\{c_n\}$ とおくと

当然 $c_{n+1}=a_{n+1}+2b_{n+1}$ です！

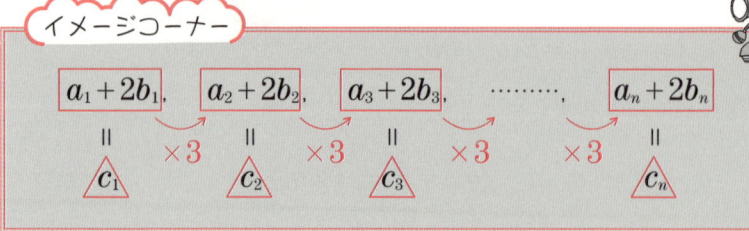

イメージコーナー

$\boxed{a_1+2b_1},\ \boxed{a_2+2b_2},\ \boxed{a_3+2b_3},\ \cdots\cdots,\ \boxed{a_n+2b_n}$

$\parallel\quad\xrightarrow{\times 3}\quad\parallel\quad\xrightarrow{\times 3}\quad\parallel\quad\xrightarrow{\times 3}\quad\xrightarrow{\times 3}\quad\parallel$

$\triangle c_1\qquad\triangle c_2\qquad\triangle c_3\qquad\qquad\triangle c_n$

Theme 21 連立漸化式をぶった斬れ!!

こうなりゃ楽勝だぁ！ → $c_{n+1} = 3c_n$

よって $\{c_n\}$ は，初項 $c_1 = a_1 + 2b_1 = 2 + 2 \times 2 = 6$，公比 3
の等比数列であーーる！

$a_1 = 2, b_1 = 2$ でしたネ！

$$\therefore\ c_n = 6 \cdot 3^{n-1} = 2 \times 3 \times 3^{n-1} = 2 \cdot 3^n$$

つまり，$a_n + 2b_n = 2 \cdot 3^n$ …Ⓒ

この調子でⒷでも $\{a_n + 4b_n\} = \{d_n\}$ とおくと

等比数列のタイプだ！ → $d_{n+1} = 5d_n$

よって $\{d_n\}$ は，初項 $d_1 = a_1 + 4b_1 = 2 + 4 \times 2 = 10$，公比 5
の等比数列となりまっする！

$$\therefore\ d_n = 10 \cdot 5^{n-1} = 2 \times 5 \times 5^{n-1} = 2 \cdot 5^n$$

つまーーり！ $a_n + 4b_n = 2 \cdot 5^n$ …Ⓓ

と，ゆーわけで，ⒸⒹを連立すると…

ヒントにしたがえばいいわけだね!!

Ⓓ − Ⓒ より

$$\begin{array}{r} a_n + 4b_n = 2 \cdot 5^n \quad \cdots Ⓓ \\ -)\ a_n + 2b_n = 2 \cdot 3^n \quad \cdots Ⓒ \\ \hline 2b_n = 2 \cdot 5^n - 2 \cdot 3^n \\ \therefore\ b_n = 5^n - 3^n \end{array}$$

÷2

これをⒸに代入して

$$a_n + 2(5^n - 3^n) = 2 \cdot 3^n$$
$$a_n + 2 \cdot 5^n - 2 \cdot 3^n = 2 \cdot 3^n$$
$$\therefore\ a_n = 4 \cdot 3^n - 2 \cdot 5^n$$

$2 \cdot 3^n + 2 \cdot 3^n = 4 \cdot 3^n$

$2A + 2A = 4A$ のイメージ！

以上をまとめて，

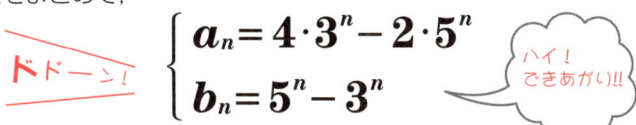

ドドーン！

$$\begin{cases} a_n = 4 \cdot 3^n - 2 \cdot 5^n \\ b_n = 5^n - 3^n \end{cases}$$

ハイ！できあがい!!

解答でござる

$a_1 = 2$, $b_1 = 2$ … ⓪
$\begin{cases} a_{n+1} = a_n - 8b_n & \cdots ① \\ b_{n+1} = a_n + 7b_n & \cdots ② \end{cases}$

(1) $a_{n+1} + \alpha b_{n+1} = \beta(a_n + \alpha b_n)$ …③
③に①②を代入して

$\underbrace{a_n - 8b_n}_{a_{n+1}} + \alpha \underbrace{(a_n + 7b_n)}_{b_{n+1}} = \beta(a_n + \alpha b_n)$

$(\alpha + 1)a_n + (7\alpha - 8)b_n = \beta a_n + \alpha\beta b_n$

左辺と右辺を比較して
$\begin{cases} \alpha + 1 = \beta & \cdots ④ \\ 7\alpha - 8 = \alpha\beta & \cdots ⑤ \end{cases}$

④⑤より $(\alpha, \beta) = \underline{(2, 3)}, \underline{(4, 5)}$ …(答)

(2) (1)の結果を，③に代入して

$a_{n+1} + 2b_{n+1} = 3(a_n + 2b_n)$ …⑥
$a_{n+1} + 4b_{n+1} = 5(a_n + 4b_n)$ …⑦

⑥で $\{a_n + 2b_n\} = \{c_n\}$ とおくと

$c_{n+1} = 3c_n$

よって $\{c_n\}$ は，
初項 $c_1 = a_1 + 2b_1 = 2 + 2 \times 2 = 6$ (⓪より)，
公比 **3** の等比数列となる。

∴ $c_n = 6 \cdot 3^{n-1} = 2 \cdot 3^n$

つまり， $a_n + 2b_n = 2 \cdot 3^n$ …⑧

⑦で $\{a_n + 4b_n\} = \{d_n\}$ とおくと

さぁ行くぜーっ!!

お言葉に甘えて，このヒントをフルに活用しましょう！

①②を③に代入！

左辺を a_n，b_n でまとめる！

④⑤で β を消去
$7\alpha - 8 = \alpha(\alpha + 1)$
$\alpha^2 - 6\alpha + 8 = 0$
$(\alpha - 2)(\alpha - 4) = 0$
∴ $\alpha = 2, 4$

まぁ．ナイスな導入 をよく読んで！

③で $(\alpha, \beta) = (2, 3)$ を代入！
③で $(\alpha, \beta) = (4, 5)$ を代入！

$c_n = a_n + 2b_n$ より
$c_1 = a_1 + 2b_1$
⓪より2　2

$6 \times 3^{n-1} = 2 \times 3 \times 3^{n-1}$
$= 2 \cdot 3^n$

Theme 21 連立漸化式をぶった斬れ!! 231

$$d_{n+1} = 5d_n$$

よって $\{d_n\}$ は，

初項 $d_1 = a_1 + 4b_1 = 2 + 4 \times 2 = 10$ （⓪より），

公比 5 の等比数列となる。

$d_n = a_n + 4b_n$ より
$d_1 = a_1 + 4b_1$
⓪より 2 , 2

$$\therefore \quad d_n = 10 \cdot 5^{n-1} = 2 \cdot 5^n$$

$10 \times 5^{n-1} = 2 \times 5 \times 5^{n-1} = 2 \cdot 5^n$

つまり！ $a_n + 4b_n = 2 \cdot 5^n$ …⑨

⑧⑨を連立して解くと

$$\begin{cases} a_n = 4 \cdot 3^n - 2 \cdot 5^n \\ b_n = 5^n - 3^n \end{cases} \quad \cdots（答）$$

$a_n + 4b_n = 2 \cdot 5^n$ …⑨
$-)\, a_n + 2b_n = 2 \cdot 3^n$ …⑧
$\overline{\quad 2b_n = 2 \cdot 5^n - 2 \cdot 3^n}$
$\therefore \quad b_n = 5^n - 3^n$

a_n は **ナイスな導入** を参照！

もう1問やりましょう！

問題 21-2 ちょいムズ

2つの数列 $\{a_n\}$, $\{b_n\}$ が

$a_1 = 4 \quad b_1 = 2$

$$\begin{cases} a_{n+1} = 5a_n + 3b_n + 12 & \cdots ① \\ b_{n+1} = 3a_n + 5b_n + 2 & \cdots ② \end{cases}$$

で定義されているとき，一般項 a_n と b_n を求めよ。

ナイスな導入!!

あら…？ 問題 21-1 みたいな**ヒント**がない…

↓ こ――ゆ――ときは…

①**＋**②と①**－**②をやると**ウマくいく**ようになってることが多い！

世の中，そんなもんですヨ ♥

①＋②より
$a_{n+1} = 5a_n + 3b_n + 12$ …①
$+)\, b_{n+1} = 3a_n + 5b_n + 2$ …②
$\overline{a_{n+1} + b_{n+1} = 8(a_n + b_n) + 14}$

$\{a_n + b_n\} = \{c_n\}$ とおけるせ!!

n のところが $n+1$ に…

①−②より

$$a_{n+1} = 5a_n + 3b_n + 12 \quad \cdots ①$$
$$-) \quad b_{n+1} = 3a_n + 5b_n + 2 \quad \cdots ②$$
$$\boxed{a_{n+1} - b_{n+1}} = 2(\boxed{a_n - b_n}) + 10$$

$\{a_n - b_n\} = \{d_n\}$ とおけるせ!!

nのところが$n+1$に…

まぁ，とにかく!! 問題21-1 のようにヒントがないときは

①＋② & ①−② をやるとうまくいく!! ってワケだ ♥

解答でござる

$a_1 = 4, \quad b_1 = 2 \quad \cdots ⓪$

$$\begin{cases} a_{n+1} = 5a_n + 3b_n + 12 & \cdots ① \\ b_{n+1} = 3a_n + 5b_n + 2 & \cdots ② \end{cases}$$

①＋②より

$$\boxed{a_{n+1} + b_{n+1}} = 8(\boxed{a_n + b_n}) + 14$$

このとき$\{a_n + b_n\} = \{c_n\}$とおくと

$$\boxed{c_{n+1}} = 8\boxed{c_n} + 14 \quad \cdots ③$$

③が

$$c_{n+1} - k = 8(c_n - k) \quad \cdots ④$$

と変形できたとする。
④を展開して

$$c_{n+1} = 8c_n - 7k \quad \cdots ④'$$

③と④'を比較して
$$-7k = 14 \quad \therefore \quad k = -2$$

これを④に代入して

$$c_{n+1} - (-2) = 8\{c_n - (-2)\}$$
$$\therefore \quad c_{n+1} + 2 = 8(c_n + 2)$$

$\{c_n + 2\} = \{x_n\}$とおくと

このような連立漸化式の攻略もしていこう!!

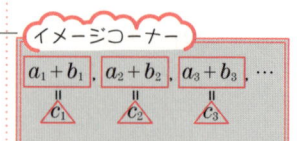

ヒントのないときは
①＋②と①−②

イメージコーナー

$a_1 + b_1, \ a_2 + b_2, \ a_3 + b_3, \ \cdots$
$\ \ c_1 \qquad\ \ c_2 \qquad\ \ c_3$

Theme 12 の タイプ3
超有名で――す!

$$\begin{cases} c_{n+1} = 8c_n \boxed{+14} & \cdots ③ \\ c_{n+1} = 8c_n \boxed{-7k} & \cdots ④' \end{cases}$$
一致!

④で
$c_{n+1} - \boldsymbol{k} = 8(c_n - \boldsymbol{k})$

Theme 21　連立漸化式をぶった斬れ!!　233

$$x_{n+1} = 8 x_n$$

よって $\{x_n\}$ は，
初項 $x_1 = c_1 + 2 = a_1 + b_1 + 2 = 4 + 2 + 2 = 8$
(⓪より)，公比 8 の等比数列となる。

$$\therefore \quad x_n = 8 \cdot 8^{n-1} = 8^n = 2^{3n}$$

$\begin{cases} x_n = c_n + 2 \text{ より} \\ x_1 = c_1 + 2 \\ \text{また，} c_n = a_n + b_n \text{ より} \\ c_1 = a_1 + b_1 \\ \text{⓪より } 4 \quad 2 \\ 8^n = (2^3)^n = 2^{3n} \end{cases}$

つまり，$c_n + 2 = 2^{3n}$

$$\therefore \quad c_n = 2^{3n} - 2$$

すなわち，$a_n + b_n = 2^{3n} - 2 \quad \cdots ⑤$

①−②より

$$a_{n+1} - b_{n+1} = 2(a_n - b_n) + 10$$

このとき $\{a_n - b_n\} = \{d_n\}$ とおくと

$$d_{n+1} = 2 d_n + 10 \quad \cdots ⑥$$

ヒントのないときは
①+②と①−②!

イメージコーナー
$a_1 - b_1,\ a_2 - b_2,\ a_3 - b_3, \cdots$
　∥　　　∥　　　∥
　d_1　　d_2　　d_3

Theme 12 の タイプ3 です！

⑥が　$d_{n+1} - l = 2(d_n - l) \quad \cdots ⑦$
と変形できたとする。
⑦を展開して

$$d_{n+1} = 2 d_n - l \quad \cdots ⑦'$$

④で k を用いたので今回は l を…

⑥と⑦'を比較して

$$-l = 10 \quad \therefore \quad l = -10$$

$\begin{cases} d_{n+1} = 2 d_n + 10 \quad \cdots ⑥ \\ \quad\quad\quad\quad\quad \updownarrow \text{一致！} \\ d_{n+1} = 2 d_n - l \quad \cdots ⑦' \end{cases}$

これを⑦に代入して

$$d_{n+1} - (-10) = 2\{d_n - (-10)\}$$
$$\therefore \quad d_{n+1} + 10 = 2(d_n + 10)$$

⑦で
$d_{n+1} - l = 2(d_n - l)$
$l = -10$

$\{d_n + 10\} = \{y_n\}$ とおくと

$$y_{n+1} = 2 y_n$$

よって $\{y_n\}$ は，
初項 $y_1 = d_1 + 10 = a_1 - b_1 + 10 = 4 - 2 + 10$
$= 12$（⓪より），公比 2 の等比数列となる。

$\begin{cases} y_n = d_n + 10 \text{ より} \\ y_1 = d_1 + 10 \\ \text{また，} d_n = a_n - b_n \text{ より} \\ d_1 = a_1 - b_1 \\ \text{⓪より } 4 \quad 2 \end{cases}$

$\therefore \boxed{y_n} = 12 \cdot 2^{n-1} = 6 \cdot 2^n$

つまり，$\boxed{d_n + 10} = 6 \cdot 2^n$

$\therefore \boxed{d_n} = 6 \cdot 2^n - 10$

すなわち，$\boxed{a_n - b_n} = 6 \cdot 2^n - 10$ …⑧

$12 \times 2^{n-1}$
$= 6 \times 2 \times 2^{n-1}$
$= 6 \cdot 2^n$

⑤+⑧より

$$2a_n = 2^{3n} + 6 \cdot 2^n - 12$$
$$a_n = \frac{2^{3n} + 6 \cdot 2^n - 12}{2}$$
$$\therefore a_n = 2^{3n-1} + 3 \cdot 2^n - 6$$

$\frac{2^{3n}}{2^1} = 2^{3n-1}$

$\frac{\overset{3}{\cancel{6}} \cdot 2^n}{\cancel{2}} = 3 \cdot 2^n$

⑤−⑧より

$$2b_n = 2^{3n} - 6 \cdot 2^n + 8$$
$$b_n = \frac{2^{3n} - 6 \cdot 2^n + 8}{2}$$
$$\therefore b_n = 2^{3n-1} - 3 \cdot 2^n + 4$$

$\frac{2^{3n}}{2^1} = 2^{3n-1}$

$\frac{\overset{3}{\cancel{6}} \cdot 2^n}{\cancel{2}} = 3 \cdot 2^n$

以上をまとめて

$$\left. \begin{array}{l} a_n = \underline{2^{3n-1} + 3 \cdot 2^n - 6} \\ b_n = \underline{2^{3n-1} - 3 \cdot 2^n + 4} \end{array} \right\} \cdots \text{(答)}$$

参考です

⑤のところで2^{3n}とせずに8^nのままで放置してもOK！
その場合は…

$$a_n = \frac{8^n + 6 \cdot 2^n - 12}{2} = \frac{1}{2} \cdot 8^n + 3 \cdot 2^n - 6$$
$$b_n = \frac{8^n - 6 \cdot 2^n + 8}{2} = \frac{1}{2} \cdot 8^n - 3 \cdot 2^n + 4$$

どっちでもOK！

さらに$6 \cdot 2^n = 3 \times 2 \times 2^n = 3 \cdot 2^{n+1}$としちゃっても大丈夫っすヨ！

まぁ，人生いろいろってことよ！

Theme 22 数学的帰納法って何？

とりあえず**数学的帰納法**のイメージから…

☞目的！ **すべての自然数** (1, 2, 3, …)で，ある式や事柄が正しいことを示す！

並んでいるドミノがすべて倒れるための条件は…

その① 最初のドミノが倒れる！ → これがSTART！

その② k番目のドミノが倒れたら，$k+1$番目のドミノも倒れる！
前のドミノが倒れたら，次のドミノは倒れる！

↓

その① & **その②** より，すべてのドミノが倒れる！

↓ これを応用して…

これが数学的帰納法の流れです!!

すべての自然数nに対して（*）が正しいことを示すためには…！

その① $n=1$で（*）が正しいことを示す！ → これがSTART！

その② $n=k$で（*）が正しいならば，$n=k+1$でも（*）が正しいことを示す！ → ドミノと同じイメージ

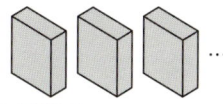

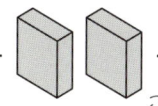

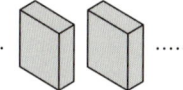

↓

その① & **その②** より，すべての自然数nに対して（*）が正しいことにな――る!!

流れを頭に入れておいて！

$n=1, \quad 2, \quad 3, \quad \cdots\cdots, \quad k, \quad k+1$

1つ目のドミノが倒れて…

このドミノにおいて 前のドミノが倒れたら次のドミノも倒れる

↓ という構造であるなら…

ドミノかぁ…

すべてのドミノが必ず倒れる!!

ことになりますヨ♥

とりあえず例を示しちゃったほうが手っ取り早いぜ！

問題22-1 　　　　　　　　　　　　　　　　　　　　　　　標準

$n = 1, 2, 3, 4, \cdots$ のとき，
$$1^2 + 2^2 + 3^2 + \cdots\cdots + n^2 = \frac{n(n+1)(2n+1)}{6} \quad \cdots (\ast)$$
が成立することを数学的帰納法を用いて証明せよ。

ナイスな導入!!

目的は，$n = 1, 2, 3, 4, \cdots$ で（＊）が正しいことを示すことです！

その☝ $n = 1$で（＊）が成立することを示す！

$n = 1$のとき（＊）の左辺 $= \mathbf{1}^2 = 1$ ←一致！

$n = 1$のとき（＊）の右辺 $= \dfrac{\mathbf{1} \times (\mathbf{1}+1)(2 \times \mathbf{1}+1)}{6} = \dfrac{2 \times 3}{6} = 1$

よって　$n = 1$のとき（＊）は成立する！

その✌ $n = k$で（＊）が成立すると**仮定**したとき，
　　　　$n = k + 1$でも（＊）が成立をすることを示す！
　　　　　　　　　　（このとき$k = 1, 2, 3, 4, \cdots$） ←あたりまえ！

$n = k$で（＊）が成立すると仮定する。つまり，

$$1^2 + 2^2 + 3^2 + \cdots\cdots + k^2 = \frac{k(k+1)(2k+1)}{6} \quad \cdots ①$$

が成立すると仮定する。

（この式のみから，$n = k + 1$のときの式を作り出す！）

このとき，①の両辺に $(\mathbf{k+1})^2$ **を加える**と

（これポイント！とりあえず左辺を$n = k + 1$の場合つまり
$1^2 + 2^2 + 3^2 + \cdots + k^2 + (\mathbf{k+1})^2$
にしたいもんで…）

$$\underbrace{1^2 + 2^2 + 3^2 + \cdots + k^2 + (\mathbf{k+1})^2}_{\text{左辺ですぐ作れる！}} = \frac{k(k+1)(2k+1)}{6} + (\mathbf{k+1})^2 \quad \cdots ②$$

このとき，②の右辺 $= \dfrac{k(k+1)(2k+1)}{6} + (\mathbf{k+1})^2$

左辺はあんないいくけど右辺は少しはかり計算が必要になる　うまくいくかな…?

$= \dfrac{k(k+1)(2k+1) + 6(k+1)^2}{6}$

Theme 22 数学的帰納法って何？ 237

$$= \frac{(k+1)\{k(2k+1)+6(k+1)\}}{6}$$

$$= \frac{(k+1)(2k^2+7k+6)}{6}$$

$$= \frac{(k+1)(k+2)(2k+3)}{6}$$

$$= \frac{(k+1)\{(k+1)+1\}\{2(k+1)+1\}}{6} \quad \cdots ③$$

（＊）の右辺つまり $\frac{n(n+1)(2n+1)}{6}$ で $n=k+1$ を代入した形にちゃんとなりましたぁ!!

タスキガケ
1 ✕ 2 = 4
2   3 = 3 (+
          7

②③より

左辺と右辺をつなげました！

$$\underbrace{1^2+2^2+3^2+\cdots+k^2+(k+1)^2}_{（＊）の左辺の\,n=k+1のとき} = \underbrace{\frac{(k+1)\{(k+1)+1\}\{2(k+1)+1\}}{6}}_{（＊）の右辺の\,n=k+1のとき} \quad \cdots ④$$

よって④より，$n=k+1$ でも（＊）は成立する！
以上より，**$n=1, 2, 3, 4, \cdots$ で（＊）は成立**する!!

これが結論！

⬇ これらをイメージ化しよう ♥

手順1 で **$n=1$ のときOK！** を示した

手順2 で **$n=k$ でOKならば$n=k+1$ でOK！** を示した

この **手順1** と **手順2** がそろえば完ぺきだ！

前がOKならその次もOK！

⬇ そのワケは…

| $n=1$ でOK！ | $n=2$ でOK！ | $n=3$ でOK！ | $n=4$ でOK！ | $n=5$ でOK！ | …… |

ドミノが倒れていくイメージ！

これがSTART！

手順2 より，1つ前がOK！ なら，その次もOK！ であることを示しているため，**次々OK**となる!!

⬇

つまり，すべての自然数（$n=1, 2, 3, 4, \cdots$）でOK！ となるワケだ!!

解答でござる

$$1^2+2^2+3^2+\cdots+n^2=\frac{n(n+1)(2n+1)}{6} \quad \cdots(*)$$

これが $n=1, 2, 3, 4, \cdots$ で正しいことを示す！

i) $n=1$ のとき

 (*)の左辺 $=1^2=1$　 (*)の右辺 $=\dfrac{1\cdot 2\cdot 3}{6}=1$

 よって，$n=1$ で(*)は成立する。

バカらしいけどこれは大切！1つ目のドミノが倒れることを示しとかなきゃ！

ii) $n=k$ ($k=1, 2, 3, \cdots$) で(*)が成立すると仮定する。

 つまり，

$$1^2+2^2+3^2+\cdots+k^2=\frac{k(k+1)(2k+1)}{6} \quad \cdots ①$$

を仮定する。

$n=k$ で(*)が成立することを仮定しました！この式を具体的に作っておきましょうネ♥

この式のみから $n=k+1$ のときの式を作り出す‼ これがテーマ！

①の両辺に $(k+1)^2$ を加えると

$$1^2+2^2+3^2+\cdots+k^2+(k+1)^2$$
$$=\frac{k(k+1)(2k+1)}{6}+(k+1)^2 \quad \cdots ②$$

とりあえず左辺だけでも(*)で $n=k+1$ のときの状態にしたいので，$(k+1)^2$ を両辺に加える。

このとき，②の右辺 $=\dfrac{k(k+1)(2k+1)}{6}+(k+1)^2$

$$=\frac{k(k+1)(2k+1)+6(k+1)^2}{6}$$
$$=\frac{(k+1)\{k(2k+1)+6(k+1)\}}{6}$$
$$=\frac{(k+1)(2k^2+7k+6)}{6}$$
$$=\frac{(k+1)(k+2)(2k+3)}{6}$$
$$=\frac{(k+1)\{(k+1)+1\}\{2(k+1)+1\}}{6} \quad \cdots ③$$

さて，右辺がウマくいくかどうかはわかりません！神に祈りましょうネ♥

なるべくていねいに，(*)の右辺に $n=k+1$ を代入した形になっていく様子を記すべし‼ 途中をあまり省略するとごまかしたように思われるゾ！

②③より

$$1^2+2^2+3^2+\cdots+k^2+(k+1)^2$$
$$=\frac{(k+1)\{(k+1)+1\}\{2(k+1)+1\}}{6} \quad \cdots ④$$

④より，$n=k+1$ でも(*)は成立する。

よっしゃ！ちゃんと(*)で $n=k+1$ を代入した形になってる！

iii) 以上，i)とii)より，$n=1, 2, 3, 4, \cdots$ で(*)が成立することが証明された。

i)で最初のドミノが倒れ
ii)で前のドミノが倒れるなら次のドミノも倒れることが示されたから
↓
iii)すべてのドミノが倒れる！

Theme 22 数学的帰納法って何？

このあたりは**書き方が命**だから，ちゃんと答案を作れるようになるためには，くり返し練習あるのみ!! では，もう1つやってみようぜ!!

問題22-2 標準

$n = 2, 3, 4, 5, \cdots$ のとき，
$$\left(1-\frac{1}{2^2}\right)\left(1-\frac{1}{3^2}\right)\left(1-\frac{1}{4^2}\right)\cdots\left(1-\frac{1}{n^2}\right) = \frac{n+1}{2n} \quad \cdots (*)$$
が成立することを証明せよ。

ナイスな導入!! $n = 2, 3, 4, 5, \cdots$ と**自然数の設定**となっていること自体，**数学的帰納法注意報**なりぃ〜♥（1はありませんが…）

目的は $n = ②, 3, 4, 5, \cdots$ で（*）が正しいことを示す！
今回は，$n = 2$ が START!!

では，流れを言っときます！

その☝ $n = ②$ で（*）が正しいことを示す！ ← これがSTART
（本問では $n = 1$ じゃないよ！）

その✌ $n = k$ で（*）が正しいならば，$n = k+1$ でも（*）が正しいことを示す！ ← 前のドミノが倒れたら，次のドミノも倒れる！

以上，その☝ & その✌ より，$n = 2, 3, 4, \cdots$ で（*）が正しいことが示される!!

解答でござる

$$\left(1-\frac{1}{2^2}\right)\left(1-\frac{1}{3^2}\right)\left(1-\frac{1}{4^2}\right)\cdots\left(1-\frac{1}{n^2}\right) = \frac{n+1}{2n} \quad \cdots (*)$$

ⅰ）$n = 2$ のとき ← 本問でのSTARTは $n = 2$ です！

（*）の左辺 $= 1 - \frac{1}{2^2} = 1 - \frac{1}{4} = \frac{3}{4}$

（*）の右辺 $= \frac{2+1}{2 \times 2} = \frac{3}{4}$ 　一致!!

よって $n = 2$ で（*）が成立する。

$n = 1$ が START となることが多いですが，たまにはこんな場合もありますヨ♥

ii) $n=k$ ($k=2, 3, 4, \cdots$) で（*）が成立すると仮定する。つまり，

$$\left(1-\frac{1}{2^2}\right)\left(1-\frac{1}{3^2}\right)\left(1-\frac{1}{4^2}\right)\cdots\left(1-\frac{1}{k^2}\right)=\frac{k+1}{2k} \quad \cdots ①$$

を仮定する。

← $n=k$ で（*）が成立することを仮定しました！この式を具体的に作ったヨ！

①の両辺に $1-\dfrac{1}{(k+1)^2}$ をかけて，

← とりあえず左辺だけでも（*）で $n=k+1$ のときの形を作りたいもんで…

$$\left(1-\frac{1}{2^2}\right)\left(1-\frac{1}{3^2}\right)\left(1-\frac{1}{4^2}\right)\cdots\left(1-\frac{1}{k^2}\right)\left\{1-\frac{1}{(k+1)^2}\right\}$$

$$=\frac{k+1}{2k}\times\left\{1-\frac{1}{(k+1)^2}\right\} \quad \cdots ②$$

このとき②の右辺 $=\dfrac{k+1}{2k}\times\left\{1-\dfrac{1}{(k+1)^2}\right\}$

← さてさて右辺がうまくいくかな…？

$$=\frac{k+1}{2k}\times\frac{k^2+2k}{(k+1)^2}$$

{ } 内を通分
$$1-\frac{1}{(k+1)^2}$$
$$=\frac{(k+1)^2-1}{(k+1)^2}$$
$$=\frac{k^2+2k}{(k+1)^2}$$

$$=\frac{k+1}{2k}\times\frac{k(k+2)}{(k+1)^2}$$

$$=\frac{k+2}{2(k+1)}$$

← 約分しました！

$$=\frac{(k+1)+1}{2(k+1)} \quad \cdots ③$$

← （*）の右辺 $\dfrac{n+1}{2n}$ の n のところに $k+1$ を入れたものにちゃんとなりました！

②③より

$$\left(1-\frac{1}{2^2}\right)\left(1-\frac{1}{3^2}\right)\left(1-\frac{1}{4^2}\right)\cdots\left(1-\frac{1}{k^2}\right)\left\{1-\frac{1}{(k+1)^2}\right\}$$

$$=\frac{(k+1)+1}{2(k+1)} \quad \cdots ④$$

④より，$n=k+1$ でも（*）は成立する。

iii) 以上，i）とii）より，$n=2, 3, 4, \cdots$ で（*）が成立することが証明された。

i) 1つ目のドミノが倒れ
ii) 前のドミノが倒れれば次のドミノも倒れることが言えれば
↓
iii) すべてのドミノが倒れる。つうワケよ!!

Theme 23 数学的帰納法を用いて不等式をやっつける!!

（油断すると自分が殺られるゾ!!）

先に言っておきます。**数学的帰納法による不等式の証明**では、次の考え方がつきもの…

クイズ ♥

さとこちゃんは、たかひろくんよりもアキラくんのほうが好きです。また、ピットくんよりもたかひろくんのほうが好きらしいよ ♥ さとこちゃんはピットくんとアキラくんとでは、どっちのほうが好きかな？

これは簡単でしょ。

だって①から　　たかひろくん ＜ アキラくん　　…Ⓐ

　　②から　　ピットくん ＜ たかひろくん　　…Ⓑ

ⒶⒷをまとめると…　　　（ⒶⒷ両方に登場してるからはさまる！）

　　　　ピットくん ＜ **たかひろくん** ＜ アキラくん

↓ よって **たかひろくん**のおかげで…

　　　　ピットくん ＜ アキラくん　　…Ⓒ

つまりⒸより **さとこちゃんは**ピットくんより**アキラくんが好き**！

（ダメ!! さま―見ろ!!）

↓

この考え方がこれから一枚噛（か）んできますヨ ♥ では、そのときに…

問題23-1　　　　　　　　　　　　　　　　　　　　　**標準**

$n = 2, 3, 4, \cdots$ のとき，
$$2^n > 2n - 1 \quad \cdots (*)$$
が成立することを数学的帰納法を用いて証明せよ。

ナイスな導入!!

数学的帰納法の流れは大丈夫？

その☝ $n=2$ のとき ← 本問のSTARTは $n=2$ です！

(＊)の左辺 $=2^2=4$ （＊)の右辺 $=2\times 2-1=3$

よって **4＞3** より $n=2$ で（＊)は成立する！

その✌ $n=k$ （$k=2, 3, 4, \cdots$）で（＊)が成立すると仮定する。

つまり，$2^k>2k-1$ …① を仮定する。

この式のみから $n=k+1$ のとき つまり $2^{k+1}>2(k+1)-1$ を作り出す!!

で， いつものパターンで **左辺だけでも** 作っておきましょうネ♥

①の両辺に2をかけて

$2^k\times 2 > (2k-1)\times 2$

$2^{k+1}>4k-2$ …② ← こいつ誰??

ここで問題発生!!

ここでほしかった式は…

（＊）で $n=k+1$ とした式

$2^{k+1}>2(k+1)-1$

である！ でも②はまったく違う!!

そこで!! 先ほどの **クイズ♥** を思い出してくれ!!

アキラくん ＞ たかひろくん ＞ ピットくん の原理で…

2^{k+1} ＞ $4k-2$ ＞ $2(k+1)-1$
　　　　　　　②

ってな感じになっていればいいんじゃん？

つまり，②の $4k-2$ が **まん中にはさまる たかひろくん** の役目を果たしてくれれば，

ほしい式 → $2^{k+1}>2(k+1)-1$ が得られる！

つまーり!! $4k-2>2(k+1)-1$ を示せばよいのである！

Theme 23 数学的帰納法を用いて不等式をやっつける!! 243

では，もどります… $2^{k+1} > 4k-2$ …② ← さっきは，ここまできてましたネ！

このとき， $4k-2-\{2(k+1)-1\}$ ← $4k-2 > 2(k+1)-1$ を示したい!!
$= 2k-3 > 0$ ← $k=2, 3, 4, \cdots$ より明らか!! 実際に入れてみて！

∴ $4k-2 > 2(k+1)-1$ …③

②③より $2^{k+1} > 2(k+1)-1$ …④ ← さっきのクイズ♥の原理だよ〜ん！

④より $n=k+1$ でも（*）は，成立しました♥

よって，以上 その☝ ＆ その✌ より，$n=2, 3, 4, \cdots$ で（*）は成立！

解答でござる

$2^n > 2n-1$ …（*）

i) $n=2$ のとき　　　　　　　　　　　　本問でのSTARTは
（*）の左辺 $= 2^2 = 4$　　　　　　　　　　$n=2$ です！
（*）の右辺 $= 2 \times 2 - 1 = 3$
$4 > 3$ より $n=2$ で（*）は成立する。

ii) $n=k$（$k=2, 3, 4, \cdots$）のとき（*）が成
立すると仮定する。つまり　　　　　　　$n=k$ での成立を仮定！
$2^k > 2k-1$ …①　を仮定する。　　　　具体的に式で示すべし！

①の両辺を2倍して　　　　　　　　　　とりあえず左辺だけでも
　　　　$2^k \times 2 > (2k-1) \times 2$ ←　　　（*）の $n=k+1$ のとき
　　　　$\mathbf{2^{k+1} > 4k-2}$ …②　　　　　　の状態，つまり 2^{k+1} にし
　　　　　アキラくん　たかひろくん　　　　たい！

クイズ♥の原理を思い出せ!!
　　　一方，
　　　　$4k-2 - \{2(k+1)-1\}$ ←　　ナイスな導入でも言った
　　　　$= 2k-3 > 0$（$k=2, 3, 4, \cdots$ より）　ように
　　　∴ $\mathbf{4k-2 > 2(k+1)-1}$ …③　　　$2^{k+1} > 4k-2 >$ はさまる！
　　　　　たかひろくん　ビットくん　　　　　　　　　$2(k+1)-1$

②③より $\mathbf{2^{k+1} > 2(k+1)-1}$　　　　（*）で $n=k+1$ とした
　　　　　アキラくん　ビットくん　　　　ものとして示したいわけ
よって　$n=k+1$ でも（*）は成立する。　です！

iii) 以上，i) と ii) より，$n=2, 3, 4, \cdots$ で（*）
が成立することが証明された。

さて，さて，もう一発いきましょう♥

問題23-2 　ちょいムズ

すべての自然数nについて，
$$1+\frac{1}{2^3}+\frac{1}{3^3}+\cdots+\frac{1}{n^3} \leq \frac{1}{2}\left(3-\frac{1}{n^2}\right) \quad \cdots (*)$$
が成立することを数学的帰納法を用いて証明せよ。

ナイスな導入!! 　手順はいつもの通りですヨ♥

その☝ 　$n=1$のとき

$\frac{1}{1^3}=1$だけということです！

（*）の左辺$=1$ 　（*）の右辺$=\frac{1}{2}\left(3-\frac{1}{1^2}\right)=\frac{1}{2}\times 2=1$

よって　$1\leq 1$となるから$n=1$で（*）は成立っす！

イコールがあるから同じでもOK！

その✌ 　$n=k$（$k=1, 2, 3, \cdots$）のとき，（*）が成立することを仮定！

つまり，　$1+\frac{1}{2^3}+\frac{1}{3^3}+\cdots+\frac{1}{k^3} \leq \frac{1}{2}\left(3-\frac{1}{k^2}\right) \quad \cdots ①$

を仮定する。

で，**左辺だけでも$n=k+1$のときを作りたい**から①の両辺に

$\boxed{\frac{1}{(k+1)^3}}$を加えて…

$$1+\frac{1}{2^3}+\frac{1}{3^3}+\cdots+\frac{1}{k^3}+\boxed{\frac{1}{(k+1)^3}} \leq \frac{1}{2}\left(3-\frac{1}{k^2}\right)+\boxed{\frac{1}{(k+1)^3}} \quad \cdots ②$$

しかし，こんな右辺は，いらん!!

ほしいモノは，（*）で$n=k+1$とした式，つまり

$$1+\frac{1}{2^3}+\frac{1}{3^3}+\cdots+\frac{1}{k^3}+\frac{1}{(k+1)^3} \leq \frac{1}{2}\left\{3-\frac{1}{(k+1)^2}\right\}$$ でしょ？

そこで例のP.241の クイズ♥ の原理で，

$$\frac{1}{2}\left\{3-\frac{1}{(k+1)^2}\right\}-\left\{\frac{1}{2}\left(3-\frac{1}{k^2}\right)+\frac{1}{(k+1)^3}\right\}$$

$\frac{1}{2}\left(3-\frac{1}{k^2}\right)+\frac{1}{(k+1)^3}$
$\leq \frac{1}{2}\left\{3-\frac{1}{(k+1)^2}\right\}$
を示したい！

$$=\frac{3}{2}-\frac{1}{2(k+1)^2}-\frac{3}{2}+\frac{1}{2k^2}-\frac{1}{(k+1)^3}$$

きえる！

Theme 23 数学的帰納法を用いて不等式をやっつける!!

$$= \frac{1}{2k^2} - \frac{1}{2(k+1)^2} - \frac{1}{(k+1)^3}$$

$$= \frac{(k+1)^3 - k^2(k+1) - 2k^2}{2k^2(k+1)^3} \quad \leftarrow \text{通分しましたヨ!}$$

展開!

$$= \frac{k^3 + 3k^2 + 3k + 1 - k^3 - k^2 - 2k^2}{2k^2(k+1)^3}$$

$$= \frac{3k+1}{2k^2(k+1)^3} \geqq 0 \quad \leftarrow \begin{array}{l}k=1,\ 2,\ 3,\ \cdots \text{より明らかだネ!} \\ \text{マイナスになる気配なし!}\end{array}$$

よって $\dfrac{1}{2}\left\{3 - \dfrac{1}{(k+1)^2}\right\} \geqq \dfrac{1}{2}\left(3 - \dfrac{1}{k^2}\right) + \dfrac{1}{(k+1)^3}$ …③

イメージは
②で $A \leqq B$
③で $C \geqq B$ かぶってる
↓ぶって…
$A \leqq B \leqq C$
↓つまり…
$A \leqq C$

②③より $1 + \dfrac{1}{2^3} + \dfrac{1}{3^3} + \cdots + \dfrac{1}{k^3} + \dfrac{1}{(k+1)^3} \leqq \dfrac{1}{2}\left\{3 - \dfrac{1}{(k+1)^2}\right\}$

この間に $\cdots \leqq \dfrac{1}{2}\left(3 - \dfrac{1}{k^2}\right) + \dfrac{1}{(k+1)^3} \leqq \cdots$ がはさまってるイメージ!

よって $n=k+1$ でも（*）はOK!!

注 本問では，（*）の式自体が $\leqq$ になっているからすべて $\leqq$ で示してます。
イコールつき

解答でござる

$$1 + \frac{1}{2^3} + \frac{1}{3^3} + \cdots + \frac{1}{n^3} \leqq \frac{1}{2}\left(3 - \frac{1}{n^2}\right) \quad \cdots (*)$$

i) $n=1$ のとき

（*）の左辺 $=1$　（*）の右辺 $=\dfrac{1}{2}\left(3 - \dfrac{1}{1^2}\right) = 1$

よって，$n=1$ で（*）は成立する。

$1 \leqq 1$ より（*）は成立
↑
等しくてもOK！

ii) $n=k$ ($k=1,\ 2,\ 3,\ 4,\ \cdots$) のとき，（*）が成立すると仮定する。つまり，

$$1 + \frac{1}{2^3} + \frac{1}{3^3} + \cdots + \frac{1}{k^3} \leqq \frac{1}{2}\left(3 - \frac{1}{k^2}\right) \quad \cdots ①$$

を仮定する。

①の両辺に $\dfrac{1}{(k+1)^3}$ を加えると

（*）で $n=k$ としました！

とりあえず左辺だけでも $n=k+1$ の状態を作る！

$$1 + \frac{1}{2^3} + \frac{1}{3^3} + \cdots + \frac{1}{k^3} + \frac{1}{(k+1)^3}$$
$$\leq \frac{1}{2}\left(3 - \frac{1}{k^2}\right) + \frac{1}{(k+1)^3} \quad \cdots ②$$

一方，

$$\frac{1}{2}\left\{3 - \frac{1}{(k+1)^2}\right\} - \left\{\frac{1}{2}\left(3 - \frac{1}{k^2}\right) + \frac{1}{(k+1)^3}\right\}$$

$$= \frac{3k+1}{2k^2(k+1)^3} \geq 0 \quad \text{←途中計算は}\textbf{ナイスな導入}\text{参照！}$$

($k = 1, 2, 3, \cdots$ より明らか)

$$\therefore \quad \frac{1}{2}\left\{3 - \frac{1}{(k+1)^2}\right\} \geq \frac{1}{2}\left(3 - \frac{1}{k^2}\right) + \frac{1}{(k+1)^3} \quad \cdots ③$$

②③より

$$1 + \frac{1}{2^3} + \frac{1}{3^3} + \cdots + \frac{1}{k^3} + \frac{1}{(k+1)^3}$$
$$\leq \frac{1}{2}\left\{3 - \frac{1}{(k+1)^2}\right\}$$

よって，$n = k+1$ でも（＊）は成立する。

iii) 以上, i) と ii) より，すべての自然数 n で（＊）が成立することが証明された。← $n = 1, 2, 3, \ldots$ いつもと同じです！

②の右辺が嫌!!
ほしいのは，（＊）で $n = k+1$ としたときの右辺，つまり
$$\frac{1}{2}\left\{3 - \frac{1}{(k+1)^2}\right\}$$
です！

で，
$$\frac{1}{2}\left(3 - \frac{1}{k^2}\right) + \frac{1}{(k+1)^3}$$
$$\leq \frac{1}{2}\left\{3 - \frac{1}{(k+1)^2}\right\}$$

を示したい！
この≧のイコールはあまり意味はないヨ！もとの（＊）の式に≧とイコールがついているもんで…

簡単にいうと，イメージは，
②で $A \leq B$ で
③で $C \geq B$ 〉かぶってる
↓ よって
$A \leq B \leq C$
↓ つまり
$A \leq C$

P.241の クイズ♥ を思い出せ!!

レベル上げるゾ!!　これは，問題23-1 の応用パターン！

問題23-3　　　　　　　　　　　　　　　　　　　　モロ難

n が自然数のとき，2^n と $3n+1$ の大小を比較せよ。

ナイスな導入!!　　$P = 2^n$,　$Q = 3n+1$　とおきましょう！
　実際に $n = 1, 2, 3, 4, \cdots$ と入れてみて，これからの人生設計を立ててみましょう！　無計画な人生は失敗に終わるものです…。

Theme 23 数学的帰納法を用いて不等式をやっつける!!

n	1	2	3	4	5	6	...
P	2^1 2	2^2 4	2^3 8	2^4 16	2^5 32	2^6 64	...
Q	$3\times1+1$ 4	$3\times2+1$ 7	$3\times3+1$ 10	$3\times4+1$ 13	$3\times5+1$ 16	$3\times6+1$ 19	...

ここまでは $P < Q$　　　ここからは $P > Q$ ？

　調べてみた結果，$n=4$，5，6，…では，$P>Q$ となりそうな気がします。ですから，これを**証明**したいのです！
で，**自然数のときの証明**と言えば，**数学的帰納法**が有力!!

解答でござる

　　$P=2^n$，　$Q=3n+1$　とおく。

(イ) $n=1$，2，3 のとき

n	1	2	3
P	2	4	8	← 小
Q	4	7	10	← 大

表にすると見やすい！

　　　より　$P<Q$ となる。

(ロ) $n \geqq 4$ のとき，$P>Q$ となることを数学的帰納法で証明する。

$n=4$，5，6，7，…で $P>Q$ を示す!!

　i) $n=4$ のとき
　　　$P=2^4=16$，　$Q=3\times4+1=13$
　　　よって　$P>Q$ は成立する。

STARTは $n=4$

　ii) $n=k$ ($k=4$，5，6，…) のとき，$P>Q$ が成立すると仮定する。つまり
　　　$2^k > 3k+1$ …① を仮定する

$n=k$ のときの話を具体的な式で！

　　①の両辺を2倍して
　　　$2^k \times 2 > (3k+1) \times 2$

左辺だけでも $n=k+1$ の形にしたいもので…

$$2^{k+1} > 6k+2 \quad \cdots ②$$

一方，　$6k+2-\{3(k+1)+1\}$
　　　$=3k-2>0$ ← 実際に入れこいってみ！
　　（これは $k \geq 4$ より明らか）

∴　$6k+2 > 3(k+1)+1 \quad \cdots ③$

②③より　$2^{k+1} > 3(k+1)+1$

よって，$n=k+1$ でも $P>Q$ は成立する。

iii) 以上，i) と ii) より，**$n \geq 4$ のすべての自然数 n で $P>Q$ は成立する。**　← $n=4, 5, 6, \cdots$

（イ）（ロ）をまとめて

$$n=1, 2, 3 \text{ のとき } 2^n < 3n+1$$
$$n \geq 4 \text{ のとき } 2^n > 3n+1$$

　…（答）

さて，P.241 の クイズ♥ のお話
簡単に言うとイメージは
　②で $P>R$
　③で $R>Q$　かぶってる！
　　↓ よって
　$P>R>Q$
　　↓ つまり
　$P>Q$

$n=1, 2, 3$ で
　　$P<Q$
$n \geq 4$ で
　　$P>Q$

プロフィール

金四郎

　桃太郎を兄貴と慕う大型猫。少し乱暴な性格なので虎次郎には嫌われてます。品種はノルウェージャンフォレットキャットで超剛毛!!　夏はかなり暑そうです。もちろんみっちゃんの飼い猫です。

Theme 24 いろんなところで帰納法 ♥

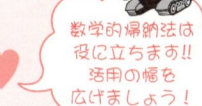

数学的帰納法は役に立ちます!! 活用の幅を広げましょう!

では，バンバンいきますゾ！

問題24-1　ちょいムズ

2以上のすべての自然数 n に対して，$3^n - 2n - 1$ が4の倍数となることを証明せよ。

ナイスな導入!!　またもや自然数 n に対しての証明！

じゃあ，**数学的帰納法**でGO!!　ですネ？
で，クライマックスのとこだけ，解説しておきまーす♥

$n = k$ のとき，$3^k - 2k - 1$ が4の倍数 であると仮定する。

つまり　$3^k - 2k - 1 = 4M$　…①　(M は整数)　を仮定する。
　　　　　↑具体的な式で表す!!

①より　$3^k = 4M + 2k + 1$　…①′　← これがすごい武器となる!!

このとき　$3^{k+1} - 2(k+1) - 1$　← $n = k+1$ のときの式！
　　　　$= 3 \times 3^k - 2k - 3$
　　　　$= 3 \times (4M + 2k + 1) - 2k - 3$　← 3^k のところに①′を代入!!
　　　　$= 12M + 4k$　　①′より
　　　　$= 4(3M + k)$　← 4の倍数となった!!

よって　$3^{k+1} - 2(k+1) - 1$ は4の倍数となる，つまり $n = k+1$ のときもOK！　← $n = k+1$ のとき！

解答でござる

$f(n) = 3^n - 2n - 1$ とおく。

ⅰ) $n = 2$ のとき
　　$f(2) = 3^2 - 2 \times 2 - 1 = 4$　← モロに4の倍数だ!!

よって，$n=2$のとき，$f(n)$は4の倍数である。

ii) $n=k$ ($k=2, 3, 4, \cdots$) のとき，$f(n)$が4の倍数であると仮定する。つまり
$$f(k) = 3^k - 2k - 1 = 4M \quad \cdots ①$$
と表せると仮定する（Mは整数）。

①より　$3^k = 4M + 2k + 1 \quad \cdots ①'$
一方，$f(k+1) = 3^{k+1} - 2(k+1) - 1$
$= 3 \times 3^k - 2k - 3$
$= 3 \times (\mathbf{4M + 2k + 1})$
$\qquad - 2k - 3$ (①'より)
$= 12M + 4k$
$= 4(3M + k)$

よって，$f(k+1)$も4の倍数となる。つまり，$n=k+1$でも$f(n)$は4の倍数である。

iii) 以上，i)とii)より，**2以上のすべての自然数nに対して，$f(n)$は4の倍数となること**が証明された。

> $n=k$のときの話を具体的に式で表す!!
>
> なぜ，このように分けておくかというと，
> $3^k = 4M + 2k + 1$
> ↑
> こいつだけ浮いてませんか？
> 性質の違うもんどうし，左右に分けました！
> ①'より
> $3^k = 4M + 2k + 1$
> 4(……)の形になってしまえはこっちのもんだ!!
>
> $n=2, 3, 4, \cdots$ってことです！

問題24-2　モロ難

$a_n = 5^{n+1} + 6^{2n-1}$ ($n=1, 2, 3, \cdots$) は必ずある素数の倍数となっている。このとき，その素数の値を求めよ。

ナイスな導入!!

とりあえず予測しましょう!!
$n=1$のとき　　$a_1 = 5^{1+1} + 6^{2 \times 1 - 1} = 5^2 + 6^1 = \boxed{31}$
$n=2$のとき　　$a_2 = 5^{2+1} + 6^{2 \times 2 - 1} = 5^3 + 6^3 = 125 + 216$
$\qquad\qquad\qquad = 341 = \boxed{31} \times 11$

もう31しかないネ!!

Theme 24 いろんなところで帰納法 ♥ 251

"ある素数"の正体は**31**であることは明らか!! **しかーーし**，証明が必要です。だって，$n=1, 2, 3, 4, \cdots$ と永遠に a_n が31の倍数になるかどうかわからないでしょ？ だから**数学的帰納法**の登場ってワケです ♥

数学的帰納法は大切だぞ〜っ!!

解答でござる

a_n が31の倍数となることを数学的帰納法で証明する。

ⅰ) $n=1$ のとき　　　◀ STARTは $n=1$ です！

$a_1 = 5^2 + 6^1 = 31$ となり31の倍数である。

ⅱ) $n=k$ $(k=1, 2, 3, \cdots)$ のとき，a_n が31の倍数であると仮定する。つまり

$$a_k = 5^{k+1} + 6^{2k-1} = 31M \quad \cdots ①$$

と表せると仮定する（M は整数）。

◀ $n=k$ のときの話を具体的に式で表す!!

①より　$5^{k+1} = 31M - 6^{2k-1} \quad \cdots ①'$

一方，$a_{k+1} = 5^{(k+1)+1} + 6^{2(k+1)-1}$

$\phantom{a_{k+1}} = 5^{k+2} + 6^{2k+1}$

$\phantom{a_{k+1}} = 5 \times 5^{k+1} + 6^{2k+1}$　（作る！）

$\phantom{a_{k+1}} = 5 \times (31M - 6^{2k-1}) + 6^{2k+1}$

（①'より）

$\phantom{a_{k+1}} = 5 \times 31M - 5 \times 6^{2k-1} + 36 \times 6^{2k-1}$

$\phantom{a_{k+1}} = 5 \times \mathbf{31}M + \mathbf{31} \times 6^{2k-1}$

$\phantom{a_{k+1}} = 31(5M + 6^{2k-1})$

よって，a_{k+1} も31の倍数。つまり，$n=k+1$ のときも a_n は31の倍数となる。

ⅲ) 以上，ⅰ)とⅱ)より，$n=1, 2, 3, \cdots$ で a_n は31の倍数となる。

よって，求める素数は **31** …（答）

◀ この場合はっきりした根拠はないが，あとで代入しやすいように移項しておきます！ だって，いずれ確実に 5^{k+1} が出てきそうでしょ？

①'より
$5^{k+1} = 31M - 6^{2k-1}$

1つ前の項が $5 \times 6^{2k-1}$ より空気を読んで
$6^{2k+1} = 6^2 \times 6^{2k-1}$
$\phantom{6^{2k+1}} = 36 \times 6^{2k-1}$　（そろえる!!）

$-5 \times 6^{2k-1} + 36 \times 6^{2k-1}$
$= (-5 + 36) \times 6^{2k-1}$
$= 31 \times 6^{2k-1}$

ホラ!! 31でくくれました！

数学的帰納法と漸化式の夢のコラボレーション ♥

問題24-3 ちょいムズ

次の漸化式で決定される数列の第 n 項 a_n を求めよ。

$$a_1 = 3, \quad a_{n+1} = \frac{a_n^2 - 1}{n+1}$$

ナイスな導入!! 勉強した人間ならばわかる!!
この漸化式がどのパターンにも属さないことが…。
（Theme 11 ～ Theme 18 までのどこにもナーーイ!!）

↓ こっ，こんなときは…

$n = 1, 2, 3, \cdots$ とあてハメて調べてみましょう！

$$a_{n+1} = \frac{a_n^2 - 1}{n+1} \quad \cdots Ⓐ$$

Ⓐで $n = 1$ とすると $\quad a_2 = \dfrac{a_1^2 - 1}{1+1} = \dfrac{3^2 - 1}{2} = \dfrac{8}{2} = 4$ 　　$a_1 = 3$ であ！

Ⓐで $n = 2$ とすると $\quad a_3 = \dfrac{a_2^2 - 1}{2+1} = \dfrac{4^2 - 1}{3} = \dfrac{15}{3} = 5$

Ⓐで $n = 3$ とすると $\quad a_4 = \dfrac{a_3^2 - 1}{3+1} = \dfrac{5^2 - 1}{4} = \dfrac{24}{4} = 6$

↓ ここまでを見やすく並べると…

$$a_1 = 3, \xrightarrow{+1} a_2 = 4, \xrightarrow{+1} a_3 = 5, \xrightarrow{+1} a_4 = 6, \cdots$$

おそらく
$a_5 = 7$
$a_6 = 8$
⋮

お―――っと！ これはウマくいきすぎだぁーっ!!

↓

$$a_n = n + 2$$

初項3，公差1の等差数列と考えられる
$3 + (n-1) \times 1$
$a + (n-1)d$
$= n + 2$
でもこんなことしなくても
これは見抜けるネ♥

でも!! これで解答が終了したってワケではありません!! あくまでも，$a_1 \sim a_4$ までのお話で **永久にこの規則がウマくいくという保証はナイ** のです!!
だから，これが正しいことを **数学的帰納法** を用いて証明します！

解答でござる

$a_1 = 3$ …①

$a_{n+1} = \dfrac{a_n^2 - 1}{n+1}$ …②

①②より

$a_1 = 3, \quad a_2 = 4, \quad a_3 = 5, \quad a_4 = 6, \cdots$

これから，すべての自然数 n に対して

$$a_n = n + 2 \quad \cdots (*)$$

であると推定される。以下，このことが正しいことを数学的帰納法によって証明する。

i) $n = 1$ のとき，（＊）は明らかに成立する。

ii) $n = k$（$k = 1, 2, 3, \cdots$）のとき，（＊）が成立すると仮定する。すなわち

$$a_k = k + 2 \quad \cdots ③ \text{ を仮定する。}$$

このとき②③より

$$a_{k+1} = \dfrac{a_k^2 - 1}{k+1}$$

$$= \dfrac{(k+2)^2 - 1}{k+1}$$

$$= \dfrac{k^2 + 4k + 3}{k+1}$$

$$= \dfrac{(k+1)(k+3)}{k+1}$$

$$= k + 3$$

$$= (k+1) + 2$$

よって，$n = k + 1$ でも（＊）は成立する。

iii) 以上，i) と ii) より，すべての自然数 n で（＊）が成立することが証明された。

$$\therefore \ a_n = \boldsymbol{n + 2} \cdots (答)$$

いろんな問題があるもんだなぁ…

ナイスな導入 のように，②に次々に代入して求めていく!!
この段階ではあくまでも予想!!

$a_1 = 1 + 2 = 3$ でしょ？

$n = k$ のときの話を具体的に式にする!!

②の n のところを k に入れかえただけです！

③より $a_k = k + 2$

$\dfrac{(k+1)(k+3)}{k+1}$

$a_n = n + 2$ の n のところが $k+1$ に!!

これが答えですヨ!! お忘れなく!!

では，もう一問！

問題24-4 ちょいムズ

数列 $\{a_n\}$ が

$$a_1 = 1, \quad a_{n+1} = \frac{3a_n - 1}{4a_n - 1}$$

で定義されている。
(1) a_2, a_3, a_4 を求めよ。
(2) 一般項 a_n を求めよ。

ナイスな導入!! このタイプの漸化式は，Theme 16 の **問題16-3** & **問題16-4** でやったように，**ヒントつきで出題される**こともあります。しかし，この場合は(1)で，実際に a_2, a_3, a_4 を求めるわけなもんで，**数学的帰納法のニオイ**がプンプンします！
流れにうまく乗ることが，世渡り上手ってもんでっせ ♥

解答でござる

(1) $a_1 = 1$ …①

$a_{n+1} = \dfrac{3a_n - 1}{4a_n - 1}$ …②

①②より
$a_2 = \dfrac{3a_1 - 1}{4a_1 - 1} = \dfrac{3 \times 1 - 1}{4 \times 1 - 1} = \dfrac{2}{3}$ ← $a_1 = 1$

これと②より
$a_3 = \dfrac{3a_2 - 1}{4a_2 - 1} = \dfrac{3 \times \frac{2}{3} - 1}{4 \times \frac{2}{3} - 1} = \dfrac{3}{5}$

$\dfrac{3 \times \frac{2}{3} - 1}{4 \times \frac{2}{3} - 1}$ 分母・分子ともに×3 $= \dfrac{3 \times 2 - 3}{4 \times 2 - 3} = \dfrac{3}{5}$

これと②より
$a_4 = \dfrac{3a_3 - 1}{4a_3 - 1} = \dfrac{3 \times \frac{3}{5} - 1}{4 \times \frac{3}{5} - 1} = \dfrac{4}{7}$

$\dfrac{3 \times \frac{3}{5} - 1}{4 \times \frac{3}{5} - 1}$ 分母・分子ともに×5 $= \dfrac{3 \times 3 - 5}{4 \times 3 - 5} = \dfrac{4}{7}$

以上まとめて
$a_2 = \dfrac{2}{3}, \ a_3 = \dfrac{3}{5}, \ a_4 = \dfrac{4}{7}$ …(答)

Theme 24 いろんなところで帰納法 255

(2) (1) より，すべての自然数 n に対して

$$a_n = \frac{\overset{a+(n-1)d}{1+(n-1)\times 1}}{1+(n-1)\times 2} = \frac{n}{2n-1} \quad \cdots (*)$$

であると推定される。

以下，このことが正しいことを数学的帰納法によって証明する。

> 分子は2，3，4，…より，すぐに普通に n とわかります！ が，ダメな人のために初項1，公差1の等差数列と考えました！

> 分母は3，5，7，…より，初項1，公差2の等差数列

ⅰ) $n=1$ のとき，(*) は明らかに成立する。

ⅱ) $n=k$ ($k=1,2,3,\cdots$) のとき，(*) が成立すると仮定する。すなわち

$$a_k = \frac{k}{2k-1} \quad \cdots ③ \quad \text{を仮定する。}$$

← $n=k$ のときを具体的に式で表す！

このとき，②③より

$$a_{k+1} = \frac{3a_k - 1}{4a_k - 1}$$

← ②の n のところを k に入れかえました！

$$= \frac{3\times \dfrac{k}{2k-1} - 1}{4\times \dfrac{k}{2k-1} - 1}$$

← 分母&分子ともに ×$(2k-1)$

> 計算ミスに注意しよう!!

$$= \frac{3k-(2k-1)}{4k-(2k-1)}$$

$$= \frac{k+1}{2k+1}$$

$$= \frac{k+1}{2(k+1)-1}$$

← (*) の $a_n = \dfrac{n}{2n-1}$ の n のところが $k+1$ にちゃんとなってますヨ♥

よって，$n=k+1$ でも (*) は成立する。

ⅲ) 以上，ⅰ) とⅱ) より，すべての自然数 n で (*) が成立することが証明された。

$$\therefore \quad a_n = \frac{n}{2n-1} \quad \cdots \text{(答)}$$

← これが答えでーす!!

問題一覧表

問題 1-1 〈基礎の基礎〉

次のような等差数列がある。
　　100, 96, 92, 88, 84, ……
このとき，以下の各設問に答えよ。
 (1) 第50項を求めよ。
 (2) この数列の一般項を求めよ。
 (3) -24は第何項目となるか。
 (4) 初項から第40項までの和を求めよ。
 (5) 初項からの和が1260となるのは，初項から第何項までの和のときであるか。 (p.10)

問題 1-2 〈基礎の基礎〉

第11項が15，第21項が10の等差数列がある。この数列の第30項から第100項までの和を求めよ。 (p.12)

問題 1-3 〈基礎〉

-10と120の間にn個の数を入れて得られる数列が等差数列をなし，その和が1485となるとき，nの値を求めよ。 (p.14)

問題 1-4 〈標準〉

数列88, 85, 82, 79, ……の初項から第n項までの和をS_nとするとき，S_nの最大値と，そのときのnの値を求めよ。 (p.15)

問題 1-5 　標準

初項200，公差−5の等差数列がある。この数列の初項から第n項までの和をS_nとするとき，S_nが最大となるときのnの値を求めよ。　(p.18)

問題 2-1 　基礎の基礎

次のような等比数列がある。(ただしa, b, cは実数)

$\quad a, \quad -6, \quad b, \quad c, \quad 48, \quad \cdots\cdots$

このとき，以下の各設問に答えよ。

(1) 初項aと公比rを求めよ。

(2) b, cの値を求めよ。

(3) この等比数列の一般項a_nを求めよ。

(4) 初項から第n項までの和S_nを求めよ。　(p.22)

問題 2-2 　基礎

第20項が6，第25項が192の等比数列がある。

(1) 公比を求めよ。

(2) 第19項から第27項までの和を求めよ。　(p.24)

問題 2-3 　基礎

初項から第3項までの和が3，初項から第6項までの和が−21である等比数列がある。このとき，以下の設問に答えよ。

(1) 公比を求めよ。

(2) 初項から第12項までの和を求めよ。　(p.26)

問題 2-4 　標準

初項から第10項までの和が3，第11項から第30項までの和が18の等比数列がある。このとき，以下の設問に答えよ。

(1) この等比数列の公比をrとしたとき，r^{10}の値を求めよ。

(2) この等比数列の初項から第60項までの和を求めよ。　(p.29)

問題 3-1 　　　　　　　　　　　　　　　　　　　　　　　基礎

3つの数 $8, a, b$ がこの順に等差数列となり，$a, b, 36$ がこの順に等比数列になるとき，a, b の値を求めよ。　　　　　　　　　(p.34)

問題 3-2 　　　　　　　　　　　　　　　　　　　　　　　標準

3つの数 $x, 8, y$ はこの順に等比数列となり，3つの数 $x, \dfrac{32}{5}, y$ はこの順に調和数列になるという。このとき，x, y の値を求めよ。　(p.35)

問題 3-3 　　　　　　　　　　　　　　　　　　　　　　　標準

3つの数 $-1, a, b$ は適当な順に並べると等差数列となり，また，ある順に並べると等比数列となる。ただし，$-1 < a < 0 < b$ とする。このとき，a, b の値を求めよ。　　　　　　　　　　　　　　　　　　(p.38)

問題 4-1 　　　　　　　　　　　　　　　　　　　　　　　基礎の基礎

次の各計算をせよ。

(1) $\displaystyle\sum_{k=1}^{20}(2k^2+3k+4)$

(2) $\displaystyle\sum_{k=1}^{n}(2k+3)(3k-1)$

(3) $\displaystyle\sum_{k=11}^{20}(k^2+3)$ 　　　　　　　　　　　　　　　　　　(p.44)

問題 4-2 　　　　　　　　　　　　　　　　　　　　　　　基礎

次のそれぞれの数列の初項から第 n 項までの和を求めよ。

(1) 　$3\cdot2, \ 5\cdot5, \ 7\cdot8, \ 9\cdot11, \ \cdots\cdots$

(2) 　$1\cdot3, \ 4\cdot7, \ 7\cdot11, \ 10\cdot15, \ \cdots\cdots$

(3) 　$1^2\cdot3, \ 2^2\cdot6, \ 3^2\cdot9, \ 4^2\cdot12, \ \cdots\cdots$ 　　　　　(p.47)

問題 4-3 [基礎]

次のそれぞれの計算をせよ。

(1) $\displaystyle\sum_{k=1}^{n} 3^k$ (2) $\displaystyle\sum_{k=1}^{n} 2^{k+1}$

(3) $\displaystyle\sum_{k=1}^{n+1} 3 \cdot 4^{k-1}$ (4) $\displaystyle\sum_{k=1}^{n+2} 3 \cdot \left(-\frac{1}{2}\right)^k$

(p.50)

問題 5-1 [基礎]

次の数列の初項から第 n 項までの和を求めよ。

$$\frac{1}{2\cdot 5},\ \frac{1}{5\cdot 8},\ \frac{1}{8\cdot 11},\ \frac{1}{11\cdot 14},\ \cdots\cdots$$

(p.59)

問題 5-2 [基礎]

次のそれぞれの計算をせよ。

(1) $\displaystyle\sum_{k=1}^{n} \frac{1}{k(k+1)}$ (2) $\displaystyle\sum_{k=1}^{n} \frac{1}{4k^2-1}$

(3) $\displaystyle\sum_{k=1}^{n} \frac{1}{k(k+2)}$ (4) $\displaystyle\sum_{k=1}^{n} \frac{1}{(k+1)(k+2)(k+3)}$

(p.61)

問題 6-1 [基礎]

初項 a，公比 r の等比数列の初項から第 n 項までの和を S_n とするとき

$$S_n = \frac{a(r^n-1)}{r-1}\quad \text{となることを証明せよ。}$$

ただし $r \neq 1$ とする。

(p.65)

問題 6-2 [標準]

次のそれぞれの計算をせよ。

(1) $\displaystyle\sum_{k=1}^{n} k \cdot 2^k$ (2) $\displaystyle\sum_{k=1}^{n} (2k-1) \cdot 3^k$

(p.66)

問題 6-3 〔ちょいムズ〕

次のそれぞれの値を求めよ。

(1) $\sum_{k=1}^{n} k \cdot 3^{k-1}$ (2) $\sum_{k=1}^{n} k^2 \cdot 3^{k-1}$ (p.71)

問題 7-1 〔標準〕

次のそれぞれの数列の一般項を求めよ。
(1) $2, 4, 7, 11, 16, 22, \cdots\cdots$
(2) $5, 17, 35, 59, 89, 125, \cdots\cdots$
(3) $1, 3, 7, 15, 31, 63, \cdots\cdots$ (p.77)

問題 7-2 〔標準〕

数列 $1, \dfrac{1}{3}, \dfrac{1}{6}, \dfrac{1}{10}, \dfrac{1}{15}, \cdots\cdots$ がある。

(1) この数列の一般項 c_n を n の式で表せ。
(2) この数列の初項から第 n 項までの和を求めよ。   (p.80)

問題 8-1 〔標準〕

$1, 2, 2, 3, 3, 3, 4, 4, 4, 4, 5, 5, 5, 5, 5, \cdots\cdots$
のように自然数 n が n 個ずつ並んでいる数列がある。

(1) 初めて 30 が現れるのは，第何項か。
(2) 第 200 項を求めよ。
(3) 初項から第 200 項までの和を求めよ。   (p.83)

問題 8-2 　標準

$\dfrac{1}{1},\ \dfrac{1}{2},\ \dfrac{2}{2},\ \dfrac{1}{3},\ \dfrac{2}{3},\ \dfrac{3}{3},\ \dfrac{1}{4},\ \dfrac{2}{4},\ \dfrac{3}{4},\ \dfrac{4}{4},\ \dfrac{1}{5},\ \cdots\cdots$

のように分数の列をつくる。

(1) $\dfrac{30}{40}$ は第何項の分数となるか。

(2) 第500項の分数を求めよ。

(3) 分母が l である分数の総和を l で表せ。

(4) 初項から第500項までの分数の総和を求めよ。　　(p.89)

問題 8-3 　標準

$\dfrac{1}{1},\ \dfrac{1}{2},\ \dfrac{2}{1},\ \dfrac{1}{3},\ \dfrac{2}{2},\ \dfrac{3}{1},\ \dfrac{1}{4},\ \dfrac{2}{3},\ \dfrac{3}{2},\ \dfrac{4}{1},\ \dfrac{1}{5},\ \dfrac{2}{4},\ \dfrac{3}{3},\ \dfrac{4}{2},\ \cdots\cdots$

のように分数の列をつくる。

(1) $\dfrac{7}{36}$ は第何項の分数か。

(2) 第1000項の分数を求めよ。　　(p.98)

問題 9-1 　ちょいムズ

初項2, 公差3の等差数列を
　2, 5 | 8, 11, 14, 17 | 20, 23, 26, 29, 32, 35 | 38, 41, …
のように2個, 4個, 6個, 8個, 10個, …と区切って群に分け, 左から順に第1群, 第2群, 第3群, …と呼ぶとき,

(1) 第10群の4番目の数を求めよ。

(2) 335は第何群の何番目の数か。

(3) 第 n 群の初項を求めよ。

(4) 第 n 群に含まれる数の総和を求めよ。　　(p.102)

問題 9-2 （ちょいムズ）

$\dfrac{1}{2}, \dfrac{1}{4}, \dfrac{3}{4}, \dfrac{1}{8}, \dfrac{3}{8}, \dfrac{5}{8}, \dfrac{7}{8}, \dfrac{1}{16}, \dfrac{3}{16}, \dfrac{5}{16}, \dfrac{7}{16}, \dfrac{9}{16}, \dfrac{11}{16},$
$\dfrac{13}{16}, \dfrac{15}{16}, \dfrac{1}{32}, \dfrac{3}{32}, \dfrac{5}{32}, \dfrac{7}{32}, \dfrac{9}{32}, \dfrac{11}{32}, \dfrac{13}{32}, \cdots\cdots$

のように分数の列をつくる。

(1) $\dfrac{777}{2048}$ は，第何項の分数か。

(2) 第4000項の分数を求めよ。

(p.110)

問題 10-1 （標準）

3つの不等式 $\begin{cases} x \geqq 0 \\ y \geqq 0 \\ 3x + y \leqq 300 \end{cases}$

で決定される領域を D とする。

(1) 領域 D 内に含まれる $x = k$ （$k = 0, 1, 2, 3, \cdots\cdots, 100$）上の格子点の個数を k で表せ。

(2) 領域 D 内の格子点の総数を求めよ。

※ただし，格子点とは，x 座標，y 座標がともに整数の点である。　(p.114)

問題 10-2 （基礎）

(1) 次の計算をせよ。（ただし n は正の整数）

　(イ) $\displaystyle\sum_{k=1}^{100} n^2$ 　　　(ロ) $\displaystyle\sum_{k=1}^{n} \dfrac{k}{n}$

(2) n は正の整数とするとき，
$$1^2 \cdot n + 2^2 \cdot (n-1) + 3^2 \cdot (n-2) + \cdots\cdots + (n-1)^2 \cdot 2 + n^2 \cdot 1$$
を求めよ。

(p.118)

問題10-3 　標準

nを正の整数とする。座標平面上で3本の直線

$$x = 0, \quad y = 0, \quad x + 2y = 2n$$

で囲まれる三角形の周上または内部にある格子点の個数をnを用いて表せ。ただし，格子点とは，x座標，y座標がともに整数である点のことである。

(p.121)

問題10-4 　標準

nは自然数として，座標平面上で放物線$y = -x^2 + 3nx$と直線$y = nx$とで囲まれた領域（周も含む）をDとする。
　(1) Dに含まれる格子点のうち，直線$x = k$上にあるものの個数を求めよ。
　　　ただし，$k = 0, 1, 2, 3, \cdots, 2n$とする。
　(2) Dに含まれる格子点の総数を求めよ。
　※ただし，格子点とは，座標平面上でx座標，y座標がともに整数である点をいう。

(p.124)

問題11-1 　基礎の基礎

次の漸化式で決定される数列の第n項a_nを求めよ。
　(1) $a_1 = 3$,　$a_{n+1} = a_n + 5$
　(2) $a_1 = 2$,　$a_{n+1} = 3a_n$

(p.128)

問題11-2 　基礎の基礎

次の漸化式で決定される数列の第n項a_nを求めよ。
　(1) $a_1 = 7$,　$a_{n+1} = a_n + 6$
　(2) $a_1 = 6$,　$a_{n+1} = -3a_n$
　(3) $a_1 = 8$,　$a_{n+1} = 2a_n$

(p.130)

問題 11-3 　基礎

次の漸化式で決定される数列の第n項a_nを求めよ。
(1) $a_1 = 10$,　$a_{n+1} - 3 = 5(a_n - 3)$
(2) $a_1 = 12$,　$a_{n+1} + 4 = 2(a_n + 4)$

(p.132)

問題 12-1 　基礎

次の漸化式で決定される数列の第n項a_nを求めよ。
$a_1 = 10$,　$a_{n+1} = 5a_n - 12$

(p.135)

問題 12-2 　基礎

次の漸化式で決定される数列の第n項a_nを求めよ。
(1) $a_1 = 2$,　$a_{n+1} = 3a_n - 8$
(2) $a_1 = 2$,　$a_{n+1} = 5a_n + 20$
(3) $a_1 = -9$, $a_{n+1} = 6a_n - 15$
(4) $a_1 = 4$,　$a_{n+1} = 2a_n + 4$
(5) $a_1 = 3$,　$a_n = 5a_{n-1} - 8$
(6) $a_1 = 10$, $3a_{n+1} = 2a_n - 3$
(7) $a_1 = -6$, $5a_{n+1} - 3a_n + 8 = 0$
(8) $a_1 = \dfrac{1}{2}$,　$2a_{n+1} - 7a_n - 15 = 0$

(p.139)

問題 13-1 　基礎

次の漸化式で決定される数列の第n項a_nを求めよ。
$a_1 = 7$,　$a_{n+1} = a_n + 2n$

(p.146)

問題 13-2 　基礎

次の漸化式で決定される数列の第n項a_nを求めよ。
(1) $a_1=3$, 　$a_{n+1}=a_n+4n$
(2) $a_1=5$, 　$a_{n+1}=a_n+2n+4$
(3) $a_1=2$, 　$a_{n+1}=a_n+6n^2+4n+2$
(4) $a_1=3$, 　$a_{n+1}=a_n+3^n$
(5) $a_1=4$, 　$a_{n+1}=a_n+2^{n+1}+2n+3$
(6) $a_1=-3$, $a_{n+1}=a_n+\dfrac{1}{n(n+1)}$

(p.149)

問題 13-3 　標準

次の漸化式で決定される数列の第n項a_nを求めよ。
(1) $a_1=6$, 　$a_n=a_{n-1}+2n-2$
(2) $a_1=3$, 　$a_n=a_{n-1}+n^2-2n+3$

(p.152)

問題 14-1 　基礎

次の漸化式で決定される数列の第n項a_nを求めよ。
$a_1=5$
$a_{n+1}+2(n+1)+3=5(a_n+2n+3)$

(p.154)

問題 14-2 　標準

次の漸化式で決定される数列の第n項a_nを求めよ。
$a_1=5$
$a_{n+1}=5a_n+8n+10$

(p.156)

問題 14-3 　ちょいムズ

次の漸化式で決定される数列の第n項a_nを求めよ。
(1) $a_1=4$, 　$a_{n+1}=2a_n+3n-8$
(2) $a_1=-5$, 　$a_{n+1}=5a_n+8n$
(3) $a_1=3$, 　$a_{n+1}=2a_n+n^2-n+1$

(p.159)

問題 15-1 【標準】

次の漸化式で決定される数列の第n項a_nを求めよ。

$$a_1 = 4, \quad a_{n+1} = 6a_n + 2 \cdot 3^n$$ (p.164)

問題 15-2 【標準】

次の漸化式で決定される数列の第n項a_nを求めよ。

$$a_1 = 9, \quad a_{n+1} = 3a_n + 9 \cdot 3^n$$ (p.168)

問題 15-3 【標準】

次の漸化式で決定される数列の第n項a_nを求めよ。

(1) $a_1 = 1, \quad a_{n+1} = 3a_n + 2^n$

(2) $a_1 = 2, \quad a_{n+1} = 3a_n + 3^{n-1}$ (p.171)

問題 15-4 【ちょいムズ】

次の漸化式で決定される数列の第n項a_nを求めよ。

(1) $a_1 = 5, \quad a_{n+1} = 8a_n + 5 \cdot 2^n$

(2) $a_1 = -10, \quad a_{n+1} = 10a_n + 5^{n+2}$

(3) $a_1 = 6, \quad a_n = 2a_{n-1} + 3 \cdot 2^{n+1}$ (p.174)

問題 16-1 【標準】

次の漸化式で決定される数列の第n項a_nを求めよ。

$$a_1 = 1, \quad a_{n+1} = \frac{a_n}{4 - 6a_n}$$ (p.179)

問題 16-2 【標準】

次の漸化式で決定される数列の第n項a_nを求めよ。

(1) $a_1 = \dfrac{1}{3}, \quad a_{n+1} = \dfrac{a_n}{2 - 5a_n}$

(2) $a_1 = 1, \quad a_n = \dfrac{a_{n-1}}{2a_{n-1} + 3}$ (p.182)

問題 16-3 〔ちょいムズ〕

$a_1 = 1$, $a_{n+1} = \dfrac{a_n - 1}{a_n + 3}$ で定義されている数列 $\{a_n\}$ について

(1) $b_n = \dfrac{1}{a_n + 1}$ とおくとき，b_{n+1} と b_n の関係式を求めよ．

(2) 一般項 a_n を求めよ． (p.185)

問題 16-4 〔ちょいムズ〕

$a_1 = 1$, $a_{n+1} = \dfrac{5a_n + 3}{a_n + 3}$ で定義される数列 $\{a_n\}$ について

(1) $b_n = \dfrac{a_n - 3}{a_n + 1}$ とおくとき，b_{n+1} と b_n の関係式を求めよ．

(2) 一般項 a_n を求めよ． (p.188)

問題 17-1 〔ちょいムズ〕

次の漸化式で決定される数列の第 n 項 a_n を求めよ．

$a_1 = 3$, $a_{n+1}^{5} = a_n^{2}$ (p.191)

問題 17-2 〔ちょいムズ〕

次の漸化式で決定される数列の第 n 項 a_n を求めよ．

(1) $a_1 = 5$, $a_{n+1}^{3} = a_n^{4}$

(2) $a_1 = 1000$, $a_{n+1} = 10\sqrt{a_n}$ (p.193)

問題 18-1 〔標準〕

次の漸化式で決定される数列の第 n 項 a_n を求めよ．

(1) $a_1 = 2$, $na_{n+1} = 5(n+1)a_n$

(2) $a_1 = -3$, $a_{n+1} = \dfrac{4n}{3(n+1)} a_n$ (p.196)

問題 18-2 モロ難

次の漸化式で決定される数列の第 n 項 a_n を求めよ。

(1) $a_1 = 4$, $na_{n+1} = 2(n+2)a_n$

(2) $a_1 = 2$, $a_{n+1} = \dfrac{2n+3}{2n-1} a_n$

(p.199)

問題 19-1 標準

数列 $\{a_n\}$ の初項から第 n 項までの和を S_n とする。S_n が次のように表されるとき，$\{a_n\}$ の一般項を求めよ。

(1) $S_n = 2n^2 + 5n$

(2) $S_n = n^2 + 3n + 5$

(3) $S_n = 3^n$

(p.206)

問題 19-2 ちょいムズ

数列 $\{a_n\}$ の初項から第 n 項までの和を S_n とするとき，
$$S_n = 2a_n + 4n - 3$$
をみたしている。

(1) a_{n+1} と a_n の関係式を求めよ。

(2) 一般項 a_n を求めよ。

(p.208)

問題 19-3 ちょいムズ

数列 $\{a_n\}$ の初項から第 n 項までの和を S_n とするとき，
$$2S_n = 3a_n - 2^n$$
をみたしている。

(1) a_{n+1} と a_n の関係式を求めよ。

(2) 一般項 a_n を求めよ。

(p.211)

問題 20-1 標準

次の漸化式で決定される数列の第 n 項 a_n を求めよ。

$a_1 = 1$, $a_2 = 5$, $a_{n+2} - 5a_{n+1} + 6a_n = 0$

(p.214)

問題20-2 （ちょいムズ）

次の漸化式で決定される数列の第n項a_nを求めよ。

$a_1 = 2$, $a_2 = 8$, $a_{n+2} - 4a_{n+1} + 4a_n = 0$ (p.218)

問題20-3 （ちょいムズ）

次の漸化式で決定される数列の第n項a_nを求めよ。

(1) $a_1 = 1$, $a_2 = 4$, $a_{n+2} - 4a_{n+1} - 12a_n = 0$
(2) $a_1 = 1$, $a_2 = 2$, $a_{n+2} + 6a_{n+1} + 8a_n = 0$
(3) $a_1 = 2$, $a_2 = 12$, $a_{n+2} - 6a_{n+1} + 9a_n = 0$ (p.222)

問題21-1 （ちょいムズ）

2つの数列$\{a_n\}$, $\{b_n\}$ が

$a_1 = 2 \quad b_1 = 2$
$\begin{cases} a_{n+1} = a_n - 8b_n & \cdots ① \\ b_{n+1} = a_n + 7b_n & \cdots ② \end{cases}$

で定義されているとする。このとき

(1) $a_{n+1} + \alpha b_{n+1} = \beta(a_n + \alpha b_n)$ をみたす実数(α, β)の組をすべて求めよ。
(2) 一般項a_nとb_nを求めよ。 (p.227)

問題21-2 （ちょいムズ）

2つの数列$\{a_n\}$, $\{b_n\}$ が

$a_1 = 4 \quad b_1 = 2$
$\begin{cases} a_{n+1} = 5a_n + 3b_n + 12 & \cdots ① \\ b_{n+1} = 3a_n + 5b_n + 2 & \cdots ② \end{cases}$

で定義されているとき、一般項a_nとb_nを求めよ。 (p.231)

問題22-1 [標準]

$n = 1, 2, 3, 4, \cdots$ のとき，

$$1^2 + 2^2 + 3^2 + \cdots\cdots + n^2 = \frac{n(n+1)(2n+1)}{6} \quad \cdots (*)$$

が成立することを数学的帰納法を用いて証明せよ。 (p.236)

問題22-2 [標準]

$n = 2, 3, 4, 5, \cdots$ のとき，

$$\left(1 - \frac{1}{2^2}\right)\left(1 - \frac{1}{3^2}\right)\left(1 - \frac{1}{4^2}\right) \cdots \left(1 - \frac{1}{n^2}\right) = \frac{n+1}{2n} \quad \cdots (*)$$

が成立することを証明せよ。 (p.239)

問題23-1 [標準]

$n = 2, 3, 4, \cdots$ のとき，

$$2^n > 2n - 1 \quad \cdots (*)$$

が成立することを数学的帰納法を用いて証明せよ。 (p.241)

問題23-2 [ちょいムズ]

すべての自然数 n について，

$$1 + \frac{1}{2^3} + \frac{1}{3^3} + \cdots + \frac{1}{n^3} \leqq \frac{1}{2}\left(3 - \frac{1}{n^2}\right) \quad \cdots (*)$$

が成立することを数学的帰納法を用いて証明せよ。 (p.244)

問題23-3 [モロ難]

n が自然数のとき，2^n と $3n + 1$ の大小を比較せよ。 (p.246)

問題 24-1 　　　　　　　　　　　　　　　　ちょいムズ

2以上のすべての自然数 n に対して，$3^n - 2n - 1$ が4の倍数となることを証明せよ。　　　　　　　　　　　　　　　　　　　　(p.249)

問題 24-2 　　　　　　　　　　　　　　　　モロ難

$a_n = 5^{n+1} + 6^{2n-1}$ $(n = 1, 2, 3, \cdots)$ は必ずある素数の倍数となっている。このとき，その素数の値を求めよ。　　　　　　　　　(p.250)

問題 24-3 　　　　　　　　　　　　　　　　ちょいムズ

次の漸化式で決定される数列の第 n 項 a_n を求めよ。

$$a_1 = 3, \qquad a_{n+1} = \frac{a_n^2 - 1}{n+1}$$

(p.252)

問題 24-4 　　　　　　　　　　　　　　　　ちょいムズ

数列 $\{a_n\}$ が

$$a_1 = 1, \qquad a_{n+1} = \frac{3a_n - 1}{4a_n - 1}$$

で定義されている。
(1) a_2, a_3, a_4 を求めよ。
(2) 一般項 a_n を求めよ。　　　　　　　　　　　　　　　　(p.254)

〔著者紹介〕

坂田　アキラ（さかた　あきら）

N予備校講師。

1996年に流星のごとく予備校業界に現れて以来、ギャグを交えた巧みな話術と、芸術的な板書で繰り広げられる"革命的講義"が話題を呼び、抜群の動員力を誇る。

現在は数学の指導が中心だが、化学や物理、現代文を担当した経験もあり、どの科目を教えさせても受講生から「わかりやすい」という評判の人気講座となる。

著書は、『改訂版 坂田アキラの 医療看護系入試数学Ⅰ・Aが面白いほどわかる本』『改訂版 坂田アキラの 数列が面白いほどわかる本』などの数学参考書のほか、理科の参考書として『大学入試 坂田アキラの 化学基礎の解法が面白いほどわかる本』『大学入試 坂田アキラの 物理基礎・物理［力学・熱力学編］の解法が面白いほどわかる本』(以上、KADOKAWA) など多数あり、その圧倒的なわかりやすさから、「受験参考書界のレジェンド」と評されることもある。

改訂版
坂田アキラの　数列が面白いほどわかる本　(検印省略)

2014年12月17日　第1刷発行
2019年10月10日　第11刷発行

著　者　坂田　アキラ（さかた　あきら）
発行者　川金　正法

発　行　株式会社KADOKAWA
　　　　〒102-8177　東京都千代田区富士見2-13-3
　　　　03-3238-8521（カスタマーサポート）
　　　　https://www.kadokawa.co.jp/

落丁・乱丁本はご面倒でも、下記KADOKAWA読者係にお送りください。
送料は小社負担でお取り替えいたします。
古書店で購入したものについては、お取り替えできません。
電話049-259-1100（10：00～17：00／土日、祝日、年末年始を除く）
〒354-0041　埼玉県入間郡三芳町藤久保550-1

DTP／フォレスト　印刷・製本／加藤文明社

Ⓒ2014 Akira Sakata, Printed in Japan.
ISBN978-4-04-600731-5　C7041

本書の無断複製（コピー、スキャン、デジタル化等）並びに無断複製物の譲渡及び配信は、著作権法上での例外を除き禁じられています。また、本書を代行業者などの第三者に依頼して複製する行為は、たとえ個人や家庭内での利用であっても一切認められておりません。